内容简介

　　生物技术是 21 世纪的高新技术，是一项具有巨大发展潜力的产业。生物技术最早应用于食品加工，也是目前应用的主要行业，同时，生物技术是提升食品产业技术含量和参与市场竞争的重要核心技术。

　　本书以生物技术为基本内容，基因工程、酶工程、细胞工程、发酵工程、生物分离工程以及食品工业废水的生物处理、食品安全和检测的生物技术等为基础；以生物技术在食品工业中的应用、资源开发、品种改造、品质改善、新产品开发、工艺改进等为核心；介绍国内外食品生物技术的研究成果和发展动态。编写中注重生物技术的系统性与食品实际生产的联系、生物技术的理论性与食品生产应用性的联系。本书适合作为高职高专的食品类课程教材，可供食品相关专业课程教材选用，对从事食品生产和生物技术应用的人员具有参考价值。

21 世纪农业部高职高专规划教材

食品生物技术导论

刘　远　主编

中国农业出版社

中国农业出版社

主　编　刘　远（江苏农林职业技术学院）

副主编　王英臣（吉林农业科技学院）

　　　　石明生（河南农业职业学院）

　　　　唐劲松（江苏畜牧兽医职业技术学院）

参　编　王　良（黑龙江省生物科技职业学院）

　　　　王正云（江苏畜牧兽医职业技术学院）

审　稿　宋金耀（江苏农林职业技术学院）

　　　　林炳芳（南京农业大学）

前　　言

　　新技术革命的浪潮不断地冲击着世界各国的经济结构、社会结构和生产组织的各个方面。生物技术以它独具的潜在巨大经济效益和现实生产力成为新技术革命浪潮中的主流，在我国，生物技术被确定为与航天技术、信息技术、激光技术、自动化技术、能源技术以及新材料技术并列的优先发展的高技术领域。

　　生物技术起源于食品加工，同时也是目前生物技术应用的主要行业，生物技术在整个食品生产中，无论是资源和原料品种改造、品质和工艺改进、新产品开发，还是安全生产和质量检测等方面的渗透是越来越宽广，已成为提升食品工业技术含量和参与市场竞争的重要核心技术。

　　培养既掌握食品加工技术，又熟悉生物技术在食品生产中应用的复合型高等技术应用性人才，是食品工业发展对人才的基本要求。鉴于目前尚没有较为合适的高职高专使用教材，根据中国农业出版社的统一规划，按照教育部《关于加强高职高专教育人才培养工作的意见》和《关于加强高职高专教育教材建设的若干意见》的精神，组织多年来开展食品加工和食品生物技术课程教学的高等职业技术学院的教师，编写出《食品生物技术导论》。

　　本书以生物技术的基本内容为基础，以生物技术在食品工业中的应用为核心。内容包括基因工程、细胞工程、酶工程、发酵工程、生物工业下游技术以及生物技术在食品安全、质量检测和食品工业废水处理等基础知识、基本原理以及在食品生产中的应用。另外还编写了与各章内容相适应的实训实例。本书由刘远编写第一章；王英臣编写第五章和实训九、十、十一；石明生编写第三章、第七章和实训四、五、六、十五；唐劲松编写第二章和实训一、二、三；王良编写第六章、第八章和实训十二、十三、十四；王正云编写第四章和实训七、八；全书由刘远统稿。本书由从事食品加工、生物工程教学与研究多年的宋金耀和林炳芳担任审稿。

　　本书以高职高专的办学定位为指南，广泛吸收国内外教材优点，介绍国内外食品生物技术领域的研究成果和发展动态，力求反映生物技术的基本内容和生物技术在食品工业中的应用，把握理论在生产实践中的够用与实用，旨在突出职业技术教育教材特色；注重各章节的相对独立性、完整性和整体的一致性，尽可能采用图文并茂的描述方法，具有可读性强和适用性强的特点。本书适合作为高职高专的食品类课程教材，可供食品相关专业课程教材选用，对从事食品生产和生物技术应用的人员具有参考价值。

　　由于编者水平和时间有限，错误和不足之处在所难免，敬请批评指正。

编　者
2007 年 5 月

目　　录

第一章 绪 论

20 世纪 70 年代以来，新技术革命的浪潮不断地冲击着世界各国的经济、社会结构和生产组织的各个方面。生物技术以它潜在的巨大经济效益和现实生产力成为新技术革命浪潮中的主流，成为 21 世纪科学技术发展的领头羊。世界各国都把生物技术的研究开发列入高技术发展规划，在我国，生物技术与航天技术、信息技术、激光技术、自动化技术、能源技术以及新材料技术并列为优先发展的高技术领域。目前生物技术已广泛应用于食品、医药、化工、农业、环保、能源、国防等部门，将为世界经济发展所面临的食物短缺、资源枯竭、生态环境恶化、疾病等重大问题的解决提供美好的前景。

第一节 什么是生物技术

生物技术既是一门发展中的传统学科，又是一门新兴科学，它包含传统生物技术和现代生物技术两部分内容。传统的生物技术主要是以自然发酵和纯种发酵为基础，经过长期的发展而建立起来的生产技术；现代生物技术是指 20 世纪 70 年代后发展起来的，以现代生物学研究成果为基础，以基因工程和细胞工程为核心的新兴技术。当前所称的生物技术一般为现代生物技术。

一、生物技术的定义

生物技术是指以现代生命科学为基础，结合先进的工程技术手段和其他基础学科的科学原理，按照预先的设计改造生物体或加工生物原料，为人类生产出所需产品或达到某种目的的一门新型的综合性技术。

先进的工程技术主要包括基因工程、细胞工程、酶工程、发酵工程等新技术；改造生物体是指通过基因重组和细胞融合获得优良品质的动物、植物或微生物新品系；生物原料是指生物体的某一部分，或生物生长代谢过程中所提供的有用物质；为人类生产出所需的产品包括粮食、食品、医药、化工原料、能源、金属等各种产品；达到某种目的则包括疾病的预防、诊断与治疗、环境污染的检测和治理等。

食品生物技术是生物技术按产品用途划分的一门重要分支技术。从内容的含义可叙述为，食品生物技术是指在食品工业领域里所应用的生物技术，或生物技术在食品工业上的应用，其核心内容是用生物技术全新的方法和手段来设计和生产新型食品及食品原料。

二、生物技术的特点

生物技术已经成为全世界、全社会特别关注的热门话题，其原因在于生物技术所具有的以下几个特点。

1. 发展速度快　近年来，生物技术取得了突飞猛进的发展。首先，在农业方面，转基因植物相继出现，并大面积种植，转基因动物已经陆续被克隆出来。人类基因组计划自 1990 年开始以来不断加速，尤其是 2000 年 6 月 26 日公布了人类基因组图谱草图，拉开了后基因组时代的序幕，使生物技术进入了一个全新的阶段。

2. 意义重大　转基因植物能够大幅度提高粮食产量，为解决世界人口增长速度高于粮食增长速度所带来的粮食短缺问题提供了根本性的出路；某些生物酶的催化速度比化学催化剂高 100~1 000 倍，有可能改变某些污染严重的食品和化工行业的生产工艺，为彻底治理污染提供有利的手段；转基因动物生物反应器技术的出现，可以使产品的成本降低，并使新药生产的周期缩短；人类基因组计划的实现，将使医疗保健进入一个崭新的时代，有望一举攻克许多疑难病症的治疗难关，使人类的寿命大幅度提高。

3. 商业价值高　生物技术尤其是基因工程的商业价值集中体现在制药和食品行业，生物制药的焦点又集中在寻找疾病相关基因上。可以说，一个基因可以成就一个企业，甚至带动一个产业。

4. 竞争激烈　基因是一种有限的资源，一些发达国家和跨国公司争相对发展中国家进行基因偷猎，在发展中国家寻找有价值的疾病家系和病人，以期得到和克隆相关疾病的基因，并竞相申请专利，进而开发基因药物，占领包括发达国家和发展中国家在内的医药市场，从中获取高额利润。

5. 特殊问题多　由于生物技术的飞速发展，正在引发越来越多的法律、政治、经济、宗教、社会公德、伦理道德等十分棘手的问题。例如，是否可以对人的基因、转基因动植物授予专利，是否应当鼓励干细胞研究，如何防止克隆技术的滥用，转基因食品是否安全，生物技术会不会影响生态平衡和造成环境污染等。

第二节 生物技术发展简史

生物技术的发展过程可简单分为传统的生物技术和现代的生物技术两个阶段。传统生物技术是现代生物技术的基础，现代生物技术是传统生物技术的创新和发展。

一、传统生物技术

传统的生物技术起源于食品发酵，首先在食品工业中得到广泛运用。公元前 6000 年苏美尔人和巴比伦人开始啤酒发酵；公元前 4000 年埃及人开始制作面包；石器时代后期我国人民利用谷物造酒，到公元前 221 年周代后期就能制作豆腐、酱和醋，并一直沿用至今。10 世纪我国就有了预防天花的活疫苗，到了明代，就已经广泛地种植痘苗以预防天花；16 世纪，我国的医生已知道被疯狗咬伤可传播狂犬病。1675 年，荷兰人 Leeuwenhoek（列文虎克）制成了能放大近 300 倍的显微镜，并首先观察到了微生物。

19 世纪 60 年代，法国科学家 L. Pasteur（巴斯德）首先证实发酵是由微生物引起，随后德国科学家 Koch（柯赫）建立了微生物的纯种培养技术，从而为发酵技术的发展提供了理论基础，使发酵技术进入了科学的发展轨道。到了 20 世纪 20 年代，工业生产中开始采用大规模的纯种培养技术发酵生产化工原料，如丙酮、丁醇等。20 世纪 50 年代，在青霉素大规模发酵生产的带动下，发酵工业和酶制剂工业进入了迅速发展的阶段。发酵技术和酶制剂生产技术被广泛应用于食品、医药、化工、制革、农产品加工等部门。

21 世纪初，遗传学的建立及其应用，产生了遗传育种学，并于 60 年代取得了辉煌的成就，被誉为"第一次绿色革命"，使水稻品种矮秆化，大大地提高了水稻的单产和总产。

在今天看来，上述诸方面的发展，还只能被视为传统的生物技术，因为它们还不具备高技术的诸要素，如高效益、高渗透、高要求、高投入、高风险等。

二、现代生物技术

现代生物技术是以 20 世纪 70 年代以后，DNA 重组技术的建立为标志。在 1944 年 Avery（埃弗里）等阐明了 DNA 是遗传信息的携带者；1953 年 Watson（沃森）和 Crick（克里克）提出了 DNA 的双螺旋结构模型，阐明了 DNA 的半保留复制模式；1961 年 Khorana（科拉纳）和 Nirenberg（尼伦伯格）破译了遗传密码，揭开了 DNA 编码的遗传信息是如何传递给蛋白质这一秘密。基于上述基础理论的发展，从而开辟了分子生物学研究的新纪元。

1972 年 Berg（伯格）首先实现 DNA 体外重组，标志着基因工程技术的开始，它向人们提供了一种全新的技术手段，使人们可以按照意愿在试管内切割 DNA、分离基因并经重组后导入其他生物或细胞，借以改造农作物或畜牧品种；也可以导入细菌这种简单的生物体，由细菌生产大量的有用的蛋白质，或作为药物，或作为疫苗；也可以直接导入人体内进行基因治疗。

随着细胞融合技术及单克隆抗体技术的相继成功，实现了动植物细胞的大规模培养、固定化生物催化剂广泛应用、新型反应器不断涌现等，形成了具有划时代意义和战略价值的现代生物技术，使生物技术从原来的鲜为人知的传统产业，一跃成为代表 21 世纪的新技术发展方向，成为具有远大发展前景的新兴学科和朝阳产业。

第三节　生物技术的基本内容

根据生物技术研究对象及应用范围不同，生物技术的主要内容包括基因工程、细胞工程、酶工程、发酵工程以及生物分离工程。

一、基因工程

基因工程是在分子水平上对基因进行操作的复杂技术。它是用人为的方法将所需要的某一供体生物的遗传物质（DNA）大分子提取出来，在离体条件下用适当的工具酶进行切割，将切割后的 DNA 片段与作为载体的 DNA 分子连接起来，然后与载体一起导入某一更易生长、繁殖的受体细胞，在受体细胞中进行正常的复制和表达，从而获得新物种或产生生物产品的一种崭新技术。

基因工程技术的主要内容：①目的基因获取，从复杂的生物体基因组中，分离带有目的基因的 DNA 片段，或用化学方法人工合成基因；②基因的体外重组，将外源 DNA 片段与载体分子在体外连接，形成重组 DNA 分子；③基因的转移，把重组的 DNA 分子引入到适宜的受体细胞中；④重组体的检测，从受体细胞繁殖的大量群体中筛选和鉴定获得重组 DNA 分子的克隆子；⑤克隆基因的表达，从所筛选的克隆子中提取目的基因后，再将其克隆到表达载体上，导入寄主细胞，在新的背景下实现遗传功能表达，产生人们所需的物质。

二、细胞工程

细胞工程是应用现代细胞生物学、发育生物学、遗传学和分子生物学的理论与方法，按照人们的需要和意图，在细胞水平上进行遗传性的操作。通过细胞融合、核移植、染色体转移等技术，改变细胞的遗传功能，培养出人们所需要的新物种；设计适应于不同细胞生长繁殖的反应器，提供不同细胞生长繁殖所需要的条件，使细胞达到快速繁殖。

细胞工程的优势在于避免了分离、纯化、剪切、拼接等复杂的基因操作，只需将细胞遗传物质直接转移到受体细胞中就能够形成杂交细胞，因而能够提高基因的转移效率。

细胞工程技术主要包括：①细胞培养：把所需细胞接种在特制的容器内，并提供必要的生长条件，使它们在体外生长与繁殖；②细胞融合：在一定的条件下，将两个或多个细胞融合为一个杂交细胞；③细胞重组：在体外条件下，从活性细胞中分离出各种细胞的结构或组成"部件"，再把它们在不同细胞之间重新进行装配，成为新型生物活性细胞；④遗传物质转移：主要是指基因在细胞水平的转移，如基因矫正、基因置换等技术。

三、酶 工 程

酶工程是指利用酶（或微生物细胞、动植物细胞）的特异催化功能，在体外设计相应的生物化学反应，建立生产生物化学产品的工艺，达到快速高效地将原料转化为有用物质或生物产品的技术。

酶是生物体内的一种特殊蛋白质，具有生物催化作用。催化反应的主要特点是反应的高效性，通常比一般的化学催化剂的效率高 $100\sim1\,000$ 倍；催化底物的专一性，一种酶只对一种或一类物质起催化作用；反应条件的温和性，酶的催化反应一般在常温常压和接近中性的环境中进行，反应产物容易纯化。另外，酶促反应能耗低，污染少，操作简单，易控制。因此，它与传统的化学反应相比，具有极强的竞争力。

酶工程技术主要包括：①酶的制备技术；②酶的固定化技术；③酶的修饰与改造技术；④酶反应器设计等技术。酶工程的应用，主要集中于食品工业、轻工业以及医药工业中。

四、发酵工程

发酵工程（也称微生物工程）是利用微生物生长速度快、生长条件简单以及代谢过程特殊等特点，在合适条件下，通过现代化工程技术手段，生产出人类所需物质和产品的技术。

现代发酵工程是以基因工程、细胞工程技术为基础，应用微生物学、生物化学和化学工程等基本原理建立起来的一门应用性技术。发酵工程技术的主要内容包括：①工业生产菌种的选育；②最佳发酵条件的选择和控制；③生化反应器（发酵罐）的设计；④产品的分离、提取及精制等技术。

发酵工程的产品可分为细胞（菌体）、酶类和代谢产物三大类，广泛应用于食品、轻工、化工、能源、环保、农业、医药等诸多领域。

五、生物分离工程

生物分离工程也称生物工程下游技术，是指将发酵工程、酶工程和细胞工程生产的生物原料，经过提取、分离、纯化、加工等步骤，最终形成产品的一门新技术。

生物分离技术与传统的分离技术类似，根据分离成分及主要杂质的物理、化学和生物学特性不同设计相应的分离提纯流程。但生物产品的分离具有其特殊性，如待分离成分的浓度低、分离成分与杂质的特性十分接近、分离成分往往具有生物活性等，因此，传统的分离技术不能满足生物产品的分离要求，从而出现了许多新概念、新工艺和新装备，带来了一系列高度选择性的新颖分离技术的产生，形成了一个全新的产业。

生物分离工程技术主要包括：①沉淀分离；②萃取和浸取；③膜分离；④色谱分离；⑤离子交换技术等。

上述5项工程技术并不是各自独立的，它们彼此之间相互联系、互相渗透。其中基因工程技术是核心技术，它能带动其他工程技术的发展。如，通过基因工程对遗传性物质进行改造可获得"工程菌"或"工程细胞"，改造后的细胞可通过发酵工程或细胞工程来实现新的遗传特征的表达；又如，通过基因工程技术对酶进行改造以增加酶的产量、提高酶的稳定性以及酶的催化效率；

最后，生物产品必须采用特定的产物分离提纯技术，达到所需的质量标准，生产有用的物质和产品，实现生物技术产业化。

第四节 生物技术在食品工业发展中的应用

我国以农业食品为主体的现行格局很快将过渡成为以工业食品为主体的结构，这是社会和科学技术发展的方向。工业食品依赖于农副产品，离不开酶的作用，即生物技术贯穿于整个食品工业的资源改造、加工生产及其后继工序（包装、贮运、检测）。

一、改造与开发新资源和新品种

利用基因工程、细胞工程改造动物、植物、微生物资源，为人类提供各种各样的转基因食品原料。目前以转基因植物为代表，一方面提高了农作物产量、改善农作物抗虫、抗病、抗除草剂和抗寒能力；另一方面使食品的营养价值、风味品质得到改善，食品贮藏和保存时间有所延长。

自 1983 年世界上第一例转基因植物获得成功以来，到 2005 年全世界转基因植物在 21 个国家开展种植，面积从 1996 年的 170 万 hm^2 增加到 9 000 万 hm^2。涉及食品原料的转基因农产品主要有大豆、玉米、油菜、马铃薯、番茄、甜椒、番木瓜、西葫芦等。另外，细胞工程技术已培养出含水量大大降低的番茄、洋葱、马铃薯等新品种，其特点是可节约原料消耗和加工能耗、延长货架期；培养出了带咸味和奶味的适宜膨化加工的玉米新品种，适应低盐、低脂的消费需求；还获得了出油率高、不饱和脂肪酸含量较高的油料作物等一大批具有特殊品质的基因工程植物。

通过转基因技术可使动物获得某些重要的优良性状，除了提高生长速度和增强抗病能力以外，还可以改变肉质的结构。如应用基因工程技术生产的畜用激素在养殖中的应用，在不增加饲料消耗的情况下，生长激素可提高奶牛产奶量、猪的日增质量；调节素可增大猪的瘦肉比例等。

由于微生物菌体的蛋白质含量高，同时还含多种维生素，因此它是一种理想的蛋白质资源。从 20 世纪 70 年代以来，世界上广泛开展了单细胞蛋白（SCP）的研究，目前，利用多种非食用资源和废弃资源作原料（甲醇、正烷烃、可再生植物资源、工农业生产废弃物等），以工业化方式生产 SCP 已成为解决全球性蛋白质资源紧缺的一条重要途径。

二、改善品质和开发新的食品

目前，食品生物技术在新产品开发方面，主要集中在功能性食品和添加剂的生产。功能性食品的兴起与研究是 21 世纪食品工业的新发展、新课题，如以保加利亚乳杆菌接种在鲜奶中发酵，经调配而成的乳酸饮料，在调整肠道菌群、抑制腐败菌生长、防止腐败胺类对人体的不良作用方面起到了良好的保健功效；国内外正在积极开发以双歧杆菌（被公认为长寿因素）为活性成分的富含双歧杆菌的系列食品；现在世界上利用发酵法或酶法制造的功能性食品素材已有低聚糖、糖醇、多价不饱和脂肪酸、肽类、复合脂质、乳酸菌类、矿物营养素、功能性多糖类物质等。

食品工业对添加剂的要求越来越高，从植物中萃取食品添加剂，来源有限、成本昂贵；化学合成食品添加剂虽然成本较低，但常可能危害人体健康，使用生物方法合成食品添加剂代替从植物中萃取或化学法合成已成为大势所趋。食品添加剂的生物合成方法中，发酵工程技术已成为食品添加剂生产的首选方法，用微生物发酵已出现了品种繁多的甜味剂、酸味剂、鲜味剂、增稠剂、维生素以及食品香味和风味添加剂等现代发酵产品，广泛开发的领域还有保鲜剂、香料香精、防腐剂、天然色素等。

酶制剂的应用在改善食品品质方面发挥着积极的作用。在加工过程中可采用酶工程技术对食品的品质进行改良，如利用谷氨酰胺转氨酶处理大豆蛋白，提高大豆蛋白的凝胶性、降低寡肽的苦味等。另外，生产特定营养补充剂方面，生物技术潜力巨大，利用发酵技术和酶技术可生产双歧杆菌增殖因子、各种活性肽，提高人类的营养水平和健康状况。

三、改变食品加工工艺

工业食品的发展趋势是充分利用生物资源的丰富性和多样性优势，将现代生物技术与食品加工技术相结合，开发出新一代生物技术产品，同时利用现代生物技术对传统生产技术进行改造，达到节粮、节能、缩短生产周期、提高食品质量、减少环境污染等目的。

生物技术在改造传统食品生产工艺方面的应用，主要体现为改良食品微生物的生产性能，提高发酵食品质量，使加工过程更合理化，实现重要产品的高水平低成本生产，改良风味和品质。生物技术在肉食品加工过程中的应用也初露端倪，如利用蛋白酶对肉类的嫩化作用，加工产品取得了良好的效果。

另外，现代生物技术的应用主要表现在食品加工过程中，通过添加一些酶类，不仅可以提高单位产量，降低单位能耗，而且还可以改善产品的色泽、风味、质地和保藏期。如使用双酶法糖化工艺取代传统的酸法水解工艺，用于生产味精，提高原料利用率 10% 左右；采用新的工艺，生产高果糖浆、菌蛋白，其产量和纯度都有很大提高。因此，利用生物技术开发出一些具特定功能的酶种已成为生产竞争的焦点，目前蛋白酶、葡萄糖淀粉酶、α-淀粉酶和葡萄糖异构酶已大量生产。

四、食品分析及保鲜

近年来，人们研究出用淀粉为原料，经微生物发酵生产乳酸、β-羟基丁酸，再经化学方法制成共聚物，生成可降解的食品包装材料。另外，利用生物技术在包装材料中加入生物酶，制造出具有抗氧化、杀菌、延长食品反应速度等特殊功能的包装纸、包装膜。利用酶的催化作用防止或消除外界因素的不良影响达到改变食物贮藏方式，保持食品原有的优良品性，如葡萄糖氧化酶能除氧气，延长食品的保鲜期，保持食品色、香、味的稳定性，被应用于茶叶、冰淇淋、奶粉、罐头等产品的除氧包装；溶菌酶能消除有害微生物的繁殖，而让某些有益菌得以繁殖，被广泛应用于黄酒、乳制品、水产品、香肠、奶油等食品中，以延长保鲜期。

生物技术在食品分析方面主要是酶的作用，酶法分析包括食品成分的酶法测定、食品质量的酶法评价、食品卫生与安全等方面的问题。酶法分析的特点是准确、快速、特异性强和灵敏性高。由固定化的生物材料（酶或细胞）与适当的换能器件组合构成的分析工具或系统称为生物传感器，可用在生产线上监控食品加工流程、发酵工艺过程及微生物浓度的控制，又可在包装材料上测知食品是否经过不当温度的贮存、冷冻时微生物含量及贮存寿命的预警等。

利用生物技术制造的食品的产量与产值占生物技术的首位。现代生物技术在食品工业中应用的主要表现：食品原料和相关资源的开发与改造；食品微生物的筛选和改良；发酵工艺的改进和革新；新型的功能食品和食品添加剂的生产。此外，还广泛应用于食品包装、食品检测等方面。

思 考 题

1. 生物技术具有哪些主要的特点？
2. 传统生物技术与现代生物技术的显著区别是什么？
3. 生物技术包含有哪些内容？其各自的特点是什么？
4. 举例说明现代生物技术在食品工业中的应用。

第二章　基因工程与食品工业

基因工程的出现与发展基于分子生物学和分子遗传学在理论和技术上的重大突破。

1. 理论上的三大发现

（1）证实 DNA 是遗传物质。1944 年，Avery 和 Griffith 报道了肺炎球菌的转化实验，首次证明了生物的遗传物质是 DNA，而且 DNA 可以把一个细菌的性状转给另一个细菌。

（2）揭示 DNA 分子的双螺旋结构模型。1953 年，Watson 和 Crick 提出了 DNA 结构的双螺旋模型，标志着遗传学研究进入了分子遗传学阶段。

（3）破译遗传密码并提出"中心法则"和操纵子学说。

2. 技术上的三大发明

（1）限制性内切酶的发现与应用。1970 年，Smith 和 Wilcox 等人首次从嗜血流感杆菌中分离纯化了限制性内切酶 HindⅡ型。1972 年，Boyer 实验室又发现了名叫 EcoRⅠ的核酸内切酶。此后，人们发现了大量的限制性内切酶，每种酶都有自己独特的识别序列，切割 DNA 分子产生相应的末端，从而可以获得所需的 DNA 分子特殊片段，这为基因工程提供了重要的技术基础。

（2）连接酶的发现与应用。1967 年，世界上多个实验室同时发现了 DNA 连接酶，这种酶能参与 DNA 裂口的修复。这为基因工程的创立又提供了重要的技术基础。

（3）基因工程载体的研究与应用。仅有对 DNA 切割与连接的工具酶，还不能完成 DNA 体外重组的工作，因为大多数 DNA 片段不具有自我复制的能力，这就需要借助于载体分子。载体是指可以插入外源性 DNA 片段，并在细胞间转移后能在细胞内稳定保存、自主复制、扩增的 DNA 分子。人们对载体研究比核酸内切酶还早，但直到 1973 年，斯坦福大学的 S. Cohen 等人以质粒作为载体，成功地进行了体外 DNA 重组并转化成功，基因工程从此诞生。所以，基因工程载体的研究与发现是基因工程诞生的又一重要技术基础。

自 20 世纪 70 年代以来，基因工程已展现了惊人的发展速度和极其广阔的应用前景，尤其在生物、食品、医药领域出现了大量的新技术、新产品（表 2-1）。

表 2-1 重组 DNA 技术发展的部分重要事件

时　间	事　件
1953 年	Waston 和 Crick 提出了 DNA 双螺旋分子结构模型
1965 年	Jacob 和 Monod 提出了乳糖操纵子模型
1972 年	Boyer 实验室室分离出核酸酶 EcoR I
1977 年	Sanger 设计出双脱氧链终止法测定 DNA 序列
1984 年	Kohler 等人发展了单克隆抗体技术
1985 年	第一批转基因家畜（兔、猪、羊）诞生
1986 年	Mullis 发明了聚合酶链式反应（PCR）
1994 年	基因工程番茄在美国上市

第一节　基因工程概述

一、基因的概念和特征

基因是编码蛋白质多肽链或 RNA 分子遗传信息的基本遗传单位，也是突变单位和交换单位。其化学本质是核酸，通常是 DNA 序列，有些基因还包括不同类型的 RNA。

基因的一般特性：基因可以自我复制；基因决定生物表型和性状；基因能够发生突变，并可以遗传。

二、基因结构与功能

1. 基因的结构　基因按其功能主要分为结构基因、调控基因、操纵基因。结构基因是编码蛋白质或 RNA 的基因，调控基因是调节控制结构基因表达功能的基因。操纵基因是指能结合来自调节基因合成的调节蛋白，使结构基因转录活性得以抑制的特定的 DNA 区段。

一个完整的基因包括启动子、结构基因、终止子三个部分（图 2-1、图 2-2）。但原核细胞基因和真核细胞基因在内部结构功能上有很大差别。原核细胞中，结构基因通常指一个 DNA 片段，它可以转录产生 mRNA 分子，再经过翻译合成多肽链，最终形成原核细胞中所需的蛋白质。真核细胞中，结构基因的编码区域（外显子）往往被非编码区域（内含子）所分开，因此转录后的 mRNA 还需经过剪切后才能成熟，再通过翻译产生多肽链，经修饰加工最终形成真核细胞中所需的蛋白质。

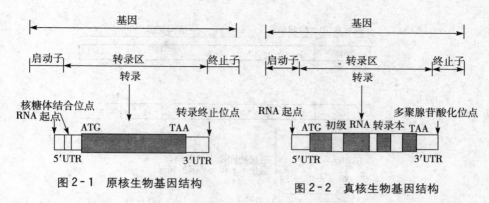

图 2-1　原核生物基因结构　　　　图 2-2　真核生物基因结构

2. 基因的功能　　1961 年，法国的分子生物学家 F. Jacoba 和 J. Monod 提出了操纵子模型，所谓操纵子是一种完整的原核基因的表达单位，由结构基因、调节基因和控制单元组成。控制单元包括一个操纵基因和启动区序列。例如大肠杆菌乳糖操纵子模型，结构功能见图 2-3。在大肠杆菌乳糖利用中，调节基因表达控制的分子是蛋白质抑制物，抑制物一旦发生作用，结构基因的功能活动便停止，这种调控方式我们称为负调控。而真核细胞中基因没有明显的操纵子结构，主要是由激体 RNA 传达控制信息的。激体 RNA 一旦和受体基因结合，结构基因的功能便开始发挥作用，我们称这种控制方式为正调控。

三、基因工程的主要研究内容

基因工程是分子水平上对基因进行操作的技术，具体地说，基因工程指运用限制性核酸内切酶将不同 DNA 进行体外切割，用连接酶连接构成重组 DNA，再将重组 DNA 导入受体细胞进行克隆表达，从而改变生物遗传特性，创造生物新种质，通过大量扩增为人类提供有用产品的技术。

根据一般的技术操作流程，基因工程的研究内容主要包括以下 7 个方面：

（1）从复杂的生物基因组中，通过酶切或 PCR 扩增等方法，分离制备带有目的基因的 DNA 片断。

（2）选择或改造作为载体的 DNA。

（3）在体外将带有目的基因的外源 DNA 片段连接到能自我复制的克隆载体分子上，形成重组 DNA 分子，即重组体。

（4）将重组 DNA 分子引入到适当的受体细胞，并与之一起增殖，获得转

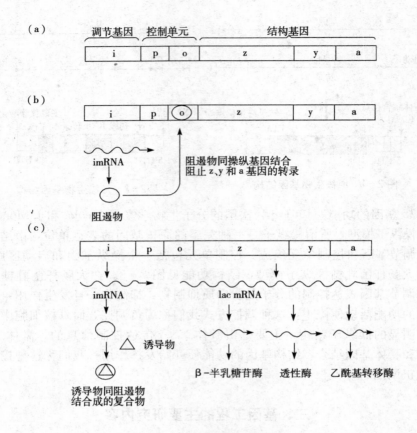

图 2-3　乳糖操纵子模型

（a）乳糖操纵子及其调节基因模型　　（b）阻遏状态：*lac* I 基因合成出阻遏物，
它的四聚体分子同操纵基因结合，阻断了结构基因的转录活性

（c）诱导状态：加入的诱导物使阻遏物转变成失活的状态，不能同操纵基因结合，
于是启动基因开始转录，合成出 3 种不同的酶，即 β-半乳糖苷酶、
透性酶和乙酰基转移酶

化体。

（5）采用合适的方法从大量细胞繁殖群体中，筛选出获得重组转化体的阳性克隆。

（6）对重组转化体的阳性克隆进一步分析及操作，提取已得到扩增的目的基因。

（7）将目的基因连接到表达载体分子上，导入宿主细胞，使之在宿主细胞中表达，产生人类所需的物质。其具体操作流程如图 2-4。

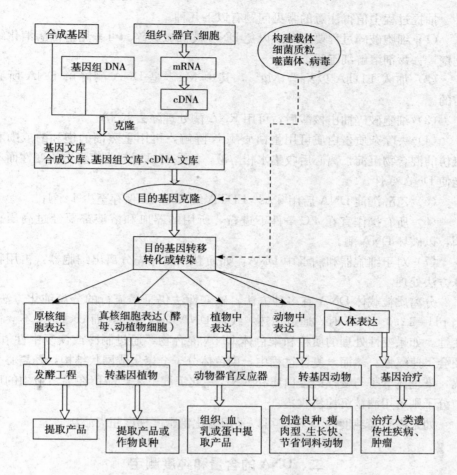

图 2-4 基因工程的流程图

第二节 DNA 提取与检测技术

一、碱抽提法提取 DNA

用于分子操作的 DNA 通常需要被分离并纯化，对于细胞的总 DNA 的提取最常用的方法是碱抽提法。

方法流程：细胞或组织匀浆（4℃/无菌设备）→细胞裂解（去污剂/溶菌酶）→螯合剂（EDTA/柠檬酸盐）→蛋白酶制剂（蛋白酶 K）→酚提取（酚/氯仿）→乙醇沉淀（70％乙醇/100％乙醇）→DNA 再溶解（TE 缓冲液）。

抽提过程中值得注意的常见问题有以下几种。

（1）细胞破碎过程要温和，以免 DNA 被机械破碎。可采用溶菌酶消化细胞壁，去污剂溶解细胞膜。

（2）加入 EDTA 以络合 Mg^{2+}，其中 Mg^{2+} 是 DNA 酶降解 DNA 所必需的。

（3）细胞破碎抽出核酸后，可用 RNA 酶处理除去 RNA。

（4）去除杂质蛋白质可用蛋白质酶 K 降解，再用重蒸馏的饱和酚或酚和氯仿的混合物沉淀，离心后收集水相溶液。这些有机试剂能使蛋白质变性而不能使 DNA 变性。

（5）乙醇沉淀 DNA 后用 Tris - EDTA 缓冲液 4℃保存至少 1 个月。

（6）所有操作宜在 4℃条件下进行，所用的器皿和溶液都要经过高压灭菌，以破坏 DNA 酶。

（7）对于细胞器和病毒中 DNA，如质粒，最好先分离出细胞器，再用特殊方法处理。

分离质粒载体 DNA 有多种方法，碱变性法仍是最流行的分离纯化方法。当 pH＝12.0～12.5 时，通过加热，线性 DNA 会被变性，而 cccDNA 不会被变性。如果变性处理的质粒和染色体 DNA 混合物，通过制冷或恢复中性 pH 便会迅速复性。然而，复性过程中，染色体分子会聚集成网状结构，经离心分离，染色体分子与变性的蛋白质和 RNA 一起沉淀下来，滞留在上清液中的质粒分子则可用酒精沉淀法收集。

如果需要高纯度的 DNA，可以采用氯化铯密度梯度超离心法。

二、DNA 的含量和纯度测定

测定制品中的 DNA 含量通常有两种方法：分光光度法和溴化乙锭荧光法。

1. 分光光度法测定 DNA 含量　对于纯品 DNA（不含蛋白质、酚、琼脂糖、其他核酸等污染物），利用该法简单快速，准确可靠。测定时，应在 260nm 和 280nm 两个波长下读数。DNA 纯品的 $A_{260}/A_{280}＝1.8$，如果比值小于 1.8，则表示样品中有污染物蛋白质或酚，此时无法对样品的核酸进行精确定量。A_{260} 用于计算样品中的核酸浓度：DNA 浓度（$\mu g/mL$）＝$50 \times A_{260}$（$A_{260}＝1$ 相当于 $50\mu g/mL$ 双链 DNA，$40\mu g/mL$ 单链 DNA）。

2. 溴化乙淀荧光法测定 DNA 含量　如果样品中 DNA 含量很低（＜250ng/mL）或被污染，含有影响紫外吸收的杂质，无法用分光光度法精确测定时,宜采用本法。嵌入 DNA 中的溴化乙锭分子受紫外光激发而放出荧光,荧光强度与 DNA 总量成正比,因此可通过荧光强度测定对样品中的 DNA 进行定量,这一方法可检测出低至 1～5ng 的 DNA。但该法也有不足,溴化乙锭是一种强诱变剂,并有中度毒性,而且紫外辐射也有危害性,因此实验操作中应加强防护。

三、DNA 的序列测定

DNA 序列测定是分子生物学的最基本的实验技术。经典 DNA 序列测定技术有两种:一种称为酶法,也称为 Sanger 双脱氧链终止 DNA 测序法;另一种是化学法,也称为 Maxam‑Gilbert 化学修饰测序法。目前普遍使用的是 Sanger 测序法。

(一)Sanger 测序法原理

1977 年,英国剑桥大学分子生物学实验室的生物化学家 F. Sanger 等人发明的一种简单快速的 DNA 序列分析方法,该方法使用一种单链的 DNA 为模板和一种适当的 DNA 合成引物,利用 DNA 聚合酶和双脱氧链终止物测定 DNA 核苷酸顺序,被称为 Sanger 双脱氧链终止 DNA 测序法,也被称为引物合成法。

引物是用化学方法合成的短链分子,长约 20 个核苷酸,与所需要测序的单链 DNA 分子的某部分是互补反向平行的。在合适的条件下,引物与模板 DNA 杂交,并且为聚合酶催化的延长反应提供特定的起始位点。

1. Sanger 测序法的基本原理 DNA 聚合酶能够以单链 DNA 为模板,利用 dNTP 合成准确的 DNA 互补链,但是如果使用 ddNTP(2,3-双脱氧核苷三磷酸)作底物,使之加入到寡核苷酸链的 3'-末端,则终止 DNA 链的延长。具体方法原理如图 2‑5。

2. Sanger 测序法基本条件

(1)模板。纯单链 DNA

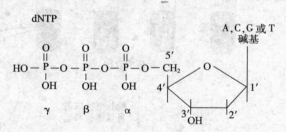

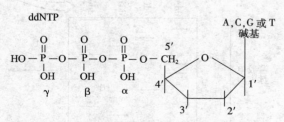

图 2‑5 脱氧核苷三磷酸(dNTP)和双脱氧核苷三磷酸(ddNTP)的分子结构式

或变性双链 DNA 可作为 Sanger 法测序的模板。

（2）引物。可以采用能与位于待测序的靶 DNA 侧翼的载体序列互补的通用引物作为 DNA 合成的引物。一般多采用标记引物进行测序。

（3）耐热 DNA 聚合酶。有几种不同的酶可用于 Sanger 法测序：大肠杆菌 DNA 聚合酶 I 的 Klenow 片段、反转录酶、*Taq*DNA 聚合酶、测序酶等。

（4）dNTP 和 ddNTP。当 dNTP/ddNTP＝1∶100 时，DNA 谱带分离效果较佳。

3. Sanger 测序法过程　双脱氧测序反应可分为两个阶段进行：一是退火反应，即寡核苷酸引物与模板 DNA 杂交；二是 4 组链延伸—链终止反应，这阶段引物得以延伸而所合成的 DNA 链由于 4 种 ddNTP 的分别掺入而终止。合成结束后，4 支测序管中的物质可用一种高分辨率的聚丙烯酰胺凝胶电泳系统进行分析（图 2-6）。

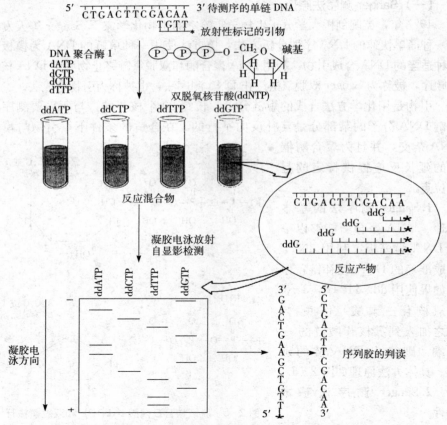

图 2-6　Sanger 双脱氧链终止 DNA 序列分析法原理

（二）Maxam-Gilbert 化学修饰测序法基本原理

Maxam-Gilbert 化学修饰测序法是 1977 年美国哈佛大学的 A. Maxam 和 W. Gilbert 发明的，他们利用与碱基发生专一性反应的化学试剂在同一种或两种特定核苷酸位置上随机断裂 3′端或 5′端标记的 DNA 链，用化学试剂处理末端带有放射标记的 DNA 片段，造成碱基特异性切割，由此产生一组具有各种不同长度的 DNA 片段混合物，经凝胶电泳分离和放射自显影之后，便可根据 X 线底片上所显示的相应谱带，直接读出待测 DNA 链的核苷酸序列。

（三）其他方法

在此基础上还有直接 PCR 测序法、循环测序法、自动荧光测序法、杂交测序法、生物芯片测序法等。

随着基因工程技术的发展，人们已不断研制出操作简便、快速、自动化程度高和应用范围广泛的各种 DNA 测序仪。如美国 PE 公司推出的 ABI PRISM 310 型全自动 DNA 测序仪和 377 型全自动 DNA 测序仪。310 型测序仪采用毛细管电泳技术取代传统的聚丙烯酰胺凝胶平板电泳进行 DNA 测序分析，不仅具有 DNA 测序、PCR 片段大小分析和定量分析功能，而且实现了全部操作自动化，包括自动灌胶、自动进样、自动数据收集分析；377 型测序仪采用 4 种荧光染料标记、激光检测的方法，具有测序精确度高，每个样品判读序列长（700bp），一次电泳可测定样品数个（64 个），快速方便，不需要同位素，测序方法灵活多样等特点。此外，该测序仪在各种应用软件的辅助下，还可进行 DNA 片段大小分析和定量分析。

第三节 目的基因获取与基因扩增

基因克隆的第一步就是目的基因的获得。根据人们对目的基因的认识情况，可采用不同的基因克隆策略。对于未知的目的基因，一般可通过两种类型的基因文库来获得，即基因组文库和 cDNA 基因文库。对于已知的目的基因，一般可直接通过化学合成或 PCR 技术来获得。

一、基因组文库的构建

基因组文库指包含某一生物基因组 DNA 的全部序列的克隆集合。

如果最终目的是认识某一特定的基因结构、表达调控和基因功能时，尤其研究真核基因，宜选择构建使用基因组文库。

构建基因组文库的基本方法步骤：提取染色体 DNA→染色体 DNA 的不

完全消化→将每一条 DNA 片段插入载体（重组 DNA）→将每一个重组子克隆并转化细菌。

从生物组织细胞中提取全部 DNA 后，对 DNA 消化可采用物理方法和酶法。物理方法多利用超声波或搅拌剪力，但效率较低，目前更多的是使用混合的限制酶进行不完全消化。不完全消化的优点表现在：①文库规模减小，建立筛选文库省时省力；②随机裂解基因组 DNA，则由各染色体生成若干重叠片段，有助于克隆鉴定；③无需预知靶序列内部及其周围限制酶切位点仍能分离 DNA 片段。

载体可选择使用噬菌体、黏粒或 YAC、BAC 载体。经消化的所有大小片段经载体重组后转化入受体细胞，经复制扩增，许多细胞一起组成了一个含有基因组各个 DNA 片段克隆的集合体，即基因组文库。

通过构建基因组文库，再利用分子杂交等技术获得基因克隆的方法也称为鸟枪法。从基因组文库中，利用鸟枪法或 PCR 方法能获取该生物的全部基因或 DNA 序列。当基因组比较小的时候，该法容易成功。当生物基因组较大时，从庞大的基因组文库中获取目的基因有一定的难度，因而限制了其应用。

二、cDNA 基因文库的构建

cDNA 指以 mRNA 为模板，在逆转录酶的作用下形成互补 DNA。cDNA 基因文库则指包含了细胞全部 mRNA 信息的 cDNA 克隆的集合。

如果最终目的是研究蛋白质产物或组织特异性表达和时间模式的测定，建立 cDNA 基因文库更为适合。另外，来源于真核细胞的目的基因，是不能进行直接分离的。真核细胞中单拷贝基因只是染色体 DNA 中很小的一部分，为其 $10^{-5} \sim 10^{-7}$，即使多拷贝基因也只有其 10^{-3}，因此从染色体中直接分离纯化目的基因极为困难。另外，真核基因内一般都有内含子，如果以原核细胞作为表达系统，即使分离出真核基因，由于原核细胞缺乏 mRNA 的转录后加工系统，真核基因转录的 mRNA 也不能加工、拼接成为成熟的 mRNA，因此实际应用中对于未知目的基因的获得更多来自于 cDNA 文库。

cDNA 基因文库仅代表一个特定类型的细胞在发育过程中某一特定的时间细胞产生的 mRNA。因此，构建 cDNA 基因文库时，确定从哪种细胞或组织类型中提取 mRNA 更为重要。

构建 cDNA 基因文库的基本方法步骤：提取 mRNA→用逆转录酶合成 cDNA→将每一条 cDNA 插入载体（重组 DNA）→将每一个重组子克隆并转化细菌。

下面具体介绍 cDNA 文库构建过程：先分离纯化目的基因是 mRNA，再反转录成 cDNA 的克隆表达。为了克隆编码某种特异蛋白质多肽的 DNA 序列，可以从产生该蛋白质的真核细胞中提取 mRNA，以其为模板，在逆转录酶的作用下，反转录合成该蛋白质 mRNA 互补 DNA（cDNA 第一链），再以 cDNA 第一链为模板，在逆转录酶或 DNA 聚合酶Ⅰ（或者 klenow 酶大片段）作用下，最终合成编码该多肽的双链 DNA 序列。cDNA 序列只反映基因表达的转录及加工后产物所携带的信息，即 cDNA 序列只与基因的编码序列有关，而无内含子。这是制取真核生物目的基因常用的方法。

1. mRNA 的纯化　逆转录法的前提是必须首先得到该目的基因的 mRNA，而要分离纯化目的基因的 mRNA，其难度几乎不亚于分离目的基因。细胞内含有 3 种以上的 RNA，mRNA 占细胞内 RNA 总量的 2%～5%，相对分子质量大小很不一致，由几百到几千个核苷酸组成。在真核细胞中的 mRNA 的 3′末端常含有一多聚腺苷酸［poly（A）］组成的末端，长达 20～250 个腺苷酸，足以吸附于寡聚脱氧胸苷酸［Oligo（dT）］纤维上，从而可以用亲和层析法将 mRNA 从细胞总 RNA 中分离出来。利用 mRNA 的 3′末端含有 poly（A）特点，在 RNA 流经寡聚 dT 纤维素柱时，在高盐缓冲液的作用下，mRNA 被特异地结合在柱上；当逐渐降低盐的浓度洗脱时或在低盐溶液和蒸馏水洗脱的情况下，mRNA 被洗脱下来：经过两次寡聚 dT 纤维素柱后，就可得到较高纯度的 mRNA。

2. cDNA 第一链的合成　一般 mRNA 都带有 3′-poly（A），所以可用寡聚 dT 作为引物，在逆转录酶的催化下，开始 cDNA 链的合成。在合成反应体系中加入一种放射性标记的 dNTP（如 α-^{32}P-dATP 或 α-^{32}P-dCTP），在反应中以及反应后可通过测定放射性标记的 dNTP 掺入量，计算出 cDNA 的合成效率，凝胶电泳后，进行放射自显影分析产物的分子大小，探索最佳反应条件。一次好的逆转录反应可使寡聚 dT 选出的 mRNA 有 5%～30%被拷贝。

3. cDNA 第二链的合成　先用碱解或 RNaseH 酶解的方法除去 Cdna-mRNA 杂交链中的 mRNA 链，然后以 cDNA 第一链为模板合成第二链。由于第一条 cDNA 链 3′末端往往形成一个发夹形结构，所以，可以从这一点开始合成 cDNA 第二链。此反应是在 DNA 聚合酶Ⅰ催化下完成的。核酸酶 SI 专一性切除单链 DNA，因此用它可以切除发夹结构。发夹结构切除后，双链 cDNA 分子的大小常用变性琼脂糖凝胶电泳进行测定。

4. cDNA 克隆　用于 cDNA 克隆的载体有两类：质粒载体（如 pUC、pBR322 等）和噬菌体载体（如 λgt10、λgt11 等）。根据重组后插入的 cDNA 是否能够表达、能否经转录和翻译合成蛋白质，又将载体分为表达型载体和非表达型载体。pUC 及 λgt11 为表达型载体，在 cDNA 克隆插入位置的上游具有启动基因顺序；而 pBR322、λgt10 为非表达型载体。在 cDNA 克隆操作中应根据不同的需要选择适当的载体。cDNA 插入片段小于 10kb，可选用质粒载体，如大于 10kb 则应选用噬菌体 DNA 为载体，选用表达型载体可以增加目的基因的筛选方法，有利于目的基因的筛选。

分离得到含有目的基因的阳性克隆后，必须对其做进一步的验证和鉴定，主要是进行限制酶图谱的绘制、杂交分析、基因定位、基因测序以及确定基因的转录方向、转录起始点等。

聚合酶链反应（PCR）创立后，人们将其与逆转录方法结合起来，得到一种新的合成 cDNA 的方法，即逆转录-聚合酶链反应法。该方法是 mRNA 经逆转录合成的 cDNA 第一链，不需再合成 cDNA 第二链，而是在特异引物协助下，用 PCR 法进行扩增，特异地合成目的 cDNA 链，用于重组、克隆。

cDNA 文库优点：对研究 RNA 病毒 cDNA 克隆是唯一可行的方法；cDNA 文库构建筛选简单易行，因为一个完整的 cDNA 文库所含的克隆数要比完整的基因组文库克隆数少得多；cDNA 文库出现假阳性几率较低；有利于研究在细菌中表达的基因及序列的结构，因为 cDNA 不存在间隔子。

cDNA 文库不足：仅反映了 mRNA 分子结构，不能真实反映出基因组 DNA 的间隔序列；低丰度 mRNA 的 cDNA 克隆含量低，不容易分离；不能克隆基因组 DNA 中的非转录区的序列；不同组织及不同发育阶段的 mRNA 表达都有差异，因此 cDNA 文库在这些特异性研究中表现出了它的局限性。

三、化学法合成目的基因

较小的蛋白质或多肽的编码基因可以用人工化学合成法合成。化学合成法有个先决条件，就是必须知道目的基因的核苷酸排列顺序，或者知道目的蛋白质的氨基酸顺序，再按相应的密码子推导出 DNA 的碱基序列，用化学方法合成的目的基因 DNA 不同部位的两条链的寡核苷酸片段，再退火成为两端形成黏性末端的 DNA 双链片段，然后将这些双链片段按正确的次序进行退火使连接成较长的 DNA 片段，再用连接酶连接成完整的基因。

Khorana 于 1967 年就提出了用化学方法合成基因的想法，并进行了实践。经过几十年的发展，现在计算机的全自动核酸合成仪已被广泛使用。基因的合成中，首先要合成出有一定长度的、具有特定序列结构的寡核苷酸片段，然后再通过 DNA 连接酶的作用，使它们按照一定的顺序共价地连接起来。基因的化学合成方法有磷酸二酯法、磷酸三酯法、亚磷酸三酯法、固相磷酸三酯法（图2-7）、固相亚磷酸三酯法和自动化法。目前最通用的方法是固相亚磷酸三酯法。

固相亚磷酸三酯法是将DNA固定在固相载体上完成DNA链的合成，其合成方向是由合成引物的$3'\rightarrow5'$合成，相邻核苷酸通过$3'\rightarrow5'$磷酸三酯键连接。其基本过程包括4步。

1. 脱三苯甲基作用 将预先连接在固相载体（可控微孔玻璃CPG）上的活性被保护的核苷酸与TCA（三氯乙酸）反应，脱去其$5'$羟基的保护基团DMT（二甲氧基三苯甲基），获得游离的$5'$羟基。

2. 偶联反应 合成DNA的原料（亚磷酰胺保护的核苷酸单体）与活化剂四氮唑混合，得到反应活性很高的核苷亚磷酸活化中间体，其$3'$端被活化，但$5'$端仍然被DMT保护，然后与溶液中游离的$5'$—OH发生缩合。

3. 封端反应 加入乙酸酐激发乙酰化作用，把没有参加偶联反应的$5'$—OH全部封闭起来。

4. 氧化作用 在氧化剂碘液的作用下，偶联的亚磷酰被氧化成稳定的$3'\rightarrow5'$磷酸三酯键。

经过以上四个步骤，一个脱氧核苷酸被连接到固相载体的核苷酸上。重复循环以上步骤，即可合成具有所需长度的DNA片段。合成终止时，固相载体上携带着被完全保护的寡聚DNA，可用浓氨水脱去保护基团，再使用各种纯化方法除去合成过程中形成的短片段，即可得到真正需要的寡核苷酸产物。

该方法合成产率高，速度快，适合于合成150～200bp长度的寡核苷酸片段，通常用来合成PCR引物、DNA探针、测序引物及目的基因合成等。

人工化学合成基因的主要限制：①不能合成太长的基因。目前DNA合成仪所合成的寡核苷酸片段长度仅为50～60bp，因此该法只适用于克隆小分子肽的基因。然而，绝大多数基因大小都超过这个范围，因此，还需要借助组装基因的方法才能把合成的寡核苷酸片段构建成完整的基因。②人工合成基因时，遗传密码的兼并给选择密码子带来很大困难，如用氨基酸顺序推测核苷酸序列，得到的结果可能与天然基因不完全一致，易造成中性突变。③费用较高。

四、PCR技术及应用

聚合酶链反应（polymerase chain reaction，PCR）是一种在体外扩增特定基因或DNA序列的方法，又称为基因体外扩增法。

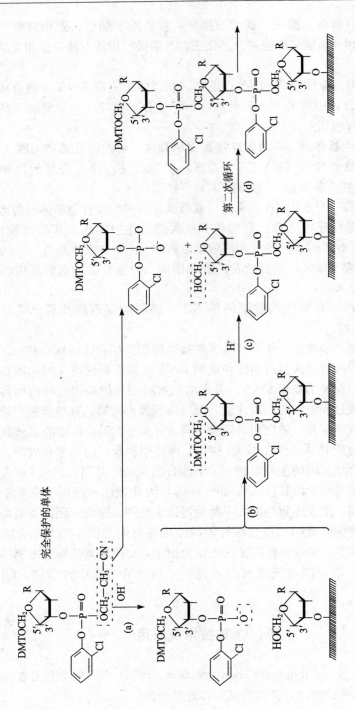

图 2-7　固相磷酸三酯法合成寡聚脱氧核苷酸片段

1971 年，Khorana 提出：经过 DNA 变性，与合适引物杂交，用 DNA 聚合酶延伸引物，并不断重复该过程便可克隆 tRNA 基因。

1985 年，美国 PE-Cetus 公司的 Mullis 等人发明了聚合酶链反应（PCR），基本原理是在试管中模拟细胞内的 DNA 复制。最初采用 *E-coli* DNA 聚合酶进行 PCR，由于该酶不耐热，使这一过程耗时，费力，且易出错，耐热 DNA 聚合酶的应用使得 PCR 能高效率的进行，随后 PE-Cetus 公司推出了第一台 PCR 自动化热循环仪。

1989 年美国《Science》杂志列 PCR 为十余项重大科学发明之首，比喻 1989 年为 PCR 爆炸年，Mullis 因此荣获 1993 年度诺贝尔化学奖。

（一）PCR 的原理

PCR 技术实际上是模板 DNA、引物和 dNTP 在 DNA 聚合酶的作用下酶促合成反应。首先是 DNA 分子在被加热到临近沸点的温度时发生 DNA 变性，即分离成两条单链的 DNA 分子，然后 DNA 聚合酶以单链 DNA 为模板，利用引物和四种 dNTP 分子合成新的 DNA 互补链。

反应的特异性依赖于引物，即与模板 DNA 互补的寡核苷酸序列。引物通常分 $5'$ 引物和 $3'$ 引物。$5'$ 引物又称为上游引物，是与模板 $5'$ 端序列相同的寡核苷酸序列，$3'$ 引物又称为下游引物，是与模板 $3'$ 端序列互补的寡核苷酸序列。引物在扩增过程中，决定了新合成链的起点，两引物间距离决定了扩增片段的长度。

由于新合成的互补链都具有引物结合位点，因此经过反复循环，理论上得到 DNA 分子的最高数量为 2^n，经过 30 个循环反应，可得到 10^9 倍的扩增，但实际是 $10^6 \sim 10^7$ 倍的扩增（图 2-8）。

（二）PCR 的反应过程

PCR 的反应过程经过高温变性、低温复性、适温延伸三个阶段循环进行。高温变性过程中，DNA 变性形成 2 条单链作为扩增的模板链，低温复性过程中发生 DNA 单链与引物复性，适温延伸过程中子链延伸，DNA 链加倍。重复三个阶段 $25 \sim 30$ 循环，目的 DNA 片段扩增 100 万倍以上（图 2-9）。

（三）PCR 的反应特点

1. 灵敏度高　具体表现在：①能将 DNA 分子从皮克（$pg = 10^{-12} g$）量级扩增到微克（$\mu g = 10^{-6} g$）水平；②能从 100 万个细胞中检出一个靶细胞；③病毒检测的灵敏度可达 3 个 RFU（空斑形成单位）；④细菌检测的最小检出率为 3 个细菌。

2. 高效性　一次性加好反应液，$2 \sim 4h$ 完成扩增，而且扩增产物一般用电泳分析，操作方便。

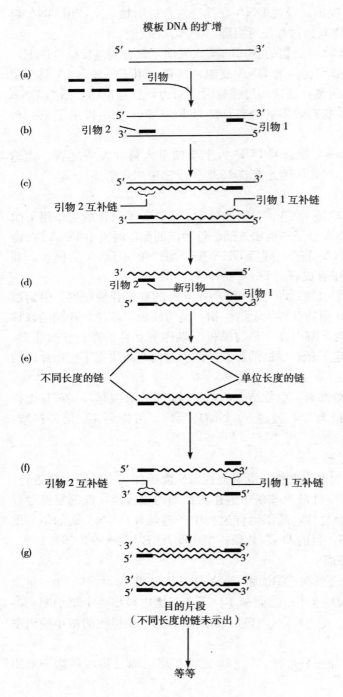

模板 DNA 的扩增

图 2－8　聚合酶链式反应示意图

（a）起始材料是双链 DNA 分子　（b）反应混合物加热后发生链的分离，然后制冷使引物结合到位于待扩增的靶 DNA 区段两端的退火位点上（c）*Taq* 聚合酶以单链 DNA 为模板，在引物的引导下利用反应混合物中的 dNTPs 合成互补的新链 DNA　（d）将反应混合物再次加热，使旧链和新链分离开来；这样便有 4 个退火位点可供引物结合，其中两个在旧链上，两个在新链上（为了使图示简化，在以下略去了起始链的情况）　（e）*Taq* 聚合酶合成新的互补链 DNA，但这些链的延伸是精确地局限于靶 DNA 序列区。因此这两条新合成的 DNA 链的跨度是严格地定位在两条引物界定的区段内　（f）重复过程，引物结合到新合成的 DNA 单链的退火位点（同样也可形成不同长度的链，但为简洁起见，图略去了这些链）　（g）*Taq* 聚合酶合成互补链，产生出两条与靶 DNA 区段完全相同的双链 DNA 片段

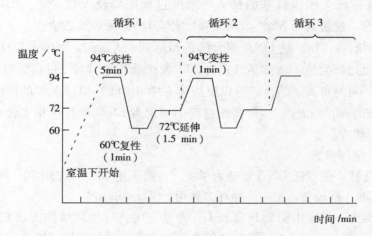

图 2-9　PCR 的反应过程

3. 特异性　这是由引物所决定的，它能指导特定的 DNA 序列的合成。

4. 对标本的纯度要求低　可以对血液、体腔液、洗漱液、毛发、细胞、活组织等组织的粗提 DNA 进行扩增。

（四）PCR 的反应体系与条件

1. 标准的 PCR 反应体系

①4 种 dNTP 混合物：各 $200\mu mol/L$。

②引物：各 $10\sim100pmol$。

③模板 DNA：$0.1\sim2\mu g$。

④*Taq* DNA 聚合酶：2.5U。

⑤Mg^{2+}：1.5mmol/L。

⑥Tris-HCl 缓冲液：$10\sim50mmol/L$。

2. PCR 反应条件

（1）PCR 反应成分。

①模板：单、双链 DNA 均可。但不能混有蛋白酶、核酸酶、DNA 聚合酶抑制剂、DNA 结合蛋白类。一般每 $100\mu L$ 含 100ng DNA 模板。模板浓度过高会导致反应的非特异性增加。

②引物浓度：一般含采用 $0.1\sim0.5\mu mol/L$，浓度过高易导致模板与引物错配，反应特异性下降。

③*Taq* DNA 聚合酶：一般采用 0.5$\sim$2.5 $U/50\mu L$，酶量增加使反应特异性下降，酶量过少影响反应产量。

④dNTP：dNTP 浓度取决于扩增片段的长度，四种 dNTP 浓度应相等。

浓度过高易产生错误碱基的掺入，浓度过低则降低反应产量。dNTP 可与 Mg^{2+} 结合，使游离的 Mg^{2+} 浓度下降，影响 DNA 聚合酶的活性。

⑤ Mg^{2+}：Mg^{2+} 是 DNA 聚合酶的激活剂。$0.5 \sim 2.5mmol/L$ 反应体系。Mg^{2+} 浓度过低会使 *Taq* 酶活性丧失、PCR 产量下降；Mg^{2+} 过高影响反应特异性。Mg^{2+} 可与负离子结合，所以反应体系中 dNTP、EDTA 等的浓度影响反应中游离的 Mg^{2+} 浓度。一般操作过程中要求对 Mg^{2+} 进行优化实验来确定其最佳使用浓度。

（2）循环参数。

① 变性：使双链 DNA 解链为单链，一般采用 94℃，作用 $20 \sim 30s$。但由于模板 DNA 链较长，第一个循环多采用 94℃，5min。

② 退火：温度由引物长度和 GC 含量决定。可用简单的方法粗略计算：$T_m = 4(G+C) + 2(A+T)$，一般在 $50 \sim 60$℃，增加温度能减少引物与模板的非特异性结合；降低温度可增加反应的灵敏性。一般操作过程中要求对退火温度进行优化实验来确定其最佳使用温度。

③延伸：一般采用 72℃延伸，延伸时间由扩增片段长度决定。

④循环次数：主要取决于模版 DNA 的浓度，一般为 $25 \sim 35$ 次，次数过少，合成量少；次数过多，扩增效率降低，错误掺入率增加。

（3）引物设计。

①序列应位于高度保守区，与非扩增区无同源序列。

②引物长度以 $15 \sim 40$ bp 为宜。

③碱基尽可能随机分布，G+C 占 $40\% \sim 60\%$。

④引物内部避免形成二级结构。

⑤两引物间避免有互补序列。

⑥引物 3′端是延伸起点，因此引物 3′端 $5 \sim 6$ 个碱基与模板 DNA 配对需精确，尽量避免引物 3′端第一个碱基为"A"，防止错配，5′端无严格限制。

（五）PCR 的应用

PCR 技术自建立以来，不断演变发展，已出现了十多种具体的实用技术，如反转录 PCR（RT - PCR）、重组 PCR（R - PCR）、反向 PCR（I - PCR）、多重 PCR、长距离 PCR（long - PCR）、不对称 PCR 等。这些 PCR 技术被大量应用于基因克隆、测序、检测、配型、鉴定、诊断、治疗及基因工程产品等方面，在分子生物学和临床医学多个应用领域发挥了重要的作用，比如研究分析基因突变，细菌、病毒、寄生虫检测诊断，遗传图谱、表达图谱的构建，DNA 测序，犯罪现场标本分析，肿瘤检测，分子进化等。

第四节　基因体外重组与转移

如果简单地将外源基因加到微生物细胞、植物细胞或动物细胞中进行体外复制表达，都不能成功。主要原因有两个：首先，只有有限数量的细菌种类能够自然吸收 DNA，大多数细菌和动植物细胞都不能这样做。其次，外源 DNA 即便是都被吸收了，通常也不能在受体细胞中保留。从外部带入细胞的 DNA 只有在其能够自我复制或整合到受体的基因组中才能被保留。否则，外源 DNA 不仅不能在细胞培养过程中繁殖，而且将最终在细胞核酸酶的作用下被降解。

随着 DNA 技术的发展，尤其是限制酶和载体技术的出现，使 DNA 体外重组成为可能。DNA 重组技术经过不断完善与发展，也逐步成为基因工程的核心技术。

一、限制性核酸内切酶

（一）限制酶

限制酶即限制性核酸内切酶的简称，是一类能水解作用于核酸链特定区域特异位点专一性很强的核酸内切酶。与一般的 DNA 水解酶不同之处在于它们对碱基作用的专一性及对磷酸二酯键的断裂方式上具有一些特殊的性质。它们在基因的分离、DNA 结构分析、载体的改造及体外重组中均起着重要作用。

1. 限制酶的种类　根据限制性核酸内切酶的功能特性、相对分子质量大小及反应时对辅助因子的需求等，可将其分成 3 种主要的类型（表 2-2）。

表 2-2　分类比较三种限制酶

主要特征	Ⅰ型酶	Ⅱ型酶	Ⅲ型酶
酶蛋白构成 辅助因子	三种不同亚基 ATP、Mg^{2+}、S-腺苷蛋氨酸	两个相同亚基 Mg^{2+}	两种不同亚基 ATP、Mg^{2+}
识别序列特征	$EcoB$ I：TGAN$_8$TGCT $EcoK$ I：AACN$_8$GTGC	旋转对称	$EcoP$ I：AGACC $EcoP_{15}$ I：CAGCAG
切割位点	距特异识别位点至少 1 000bp 处随机切割	在特异识别位点上或其附近特异切割	距特异识别位点 3′端 24～26bp 处特异切割

注：N 代表任何一种核苷酸。

Ⅰ型酶：早期提取的酶类，是一类复杂的多功能酶，在基因工程上的应用价值不大。

Ⅱ型酶：相对分子质量较小，20 000～100 000，是简单的单功能酶，作用时无需辅助因子或只需 Mg^{2+}，能识别双链 DNA 上特异的核苷酸序列，底物作用的专一性强，而且其识别序列与切断序列相一致。这类酶对基因工程中的生化操作特别重要。

1970 年，霍普金斯（Hopkins）大学的 Kelly、Smith 和 Wilcox 等从流感嗜血杆菌 Rd 株中分离纯化出第一个Ⅱ型酶。后来越来越多的Ⅱ型酶陆续被发现和纯化。几乎所有细菌的属、种中都发现至少有一种限制酶，有的一个属就有好几种，同一品系列的菌株中也常有识别不同序列的两种酶。至今已发现和分离成功的Ⅱ型限制酶大约有 500 种，其中有些已商品化了。

Ⅲ型酶：这种类型限制酶数量相当少，它的识别序列是非对称的，和Ⅰ型酶一样，在基因工程上的应用价值不大。

2. 限制酶的命名 限制性核酸内切酶（简称限制酶）的命名法，是在 1973 年由 Smith 和 Nathaus 提出来的。是以寄主微生物属名的第一个字母（大写）和种名的前两个字母（小写）写成斜体字的 3 个字母缩写，菌株名以非斜体符号加在这个三个字母的后面。若同一菌株中有几种不同的限制酶时，则以罗马数字加以区分。例如 HindⅢ 表示是从 Haenophilus influenxae（流感嗜血杆菌）菌株 d 中分离出来的第 3 种限制酶。又如 EcoRⅠ 表示从 Escherichia coli（大肠埃希氏菌）菌株 RY13 中分离出来的第 1 种限制酶。

3. Ⅱ型限制酶的特性

（1）特异性。各种限制酶能专一性识别相应的特异核苷酸序列。各种限制酶对 DNA 识别序列的大小不同，长度一般在 4～7 个碱基。如有的识别序列由严格而独特的六核苷酸组成，如 EcoRⅠ 是 5′- GAATTC - 3′；有些识别五核苷酸序列，如 AsuⅠ 是 5′- GGACC - 3′；而另一些则识别四核苷酸序列，如 MbolⅠ 是 5′- GATC - 3′。

（2）旋转对称性。虽然各种限制酶识别的核苷酸序列各不相同，但却有一个共同的地方，那就是所有这些识别序列的核苷酸都作双重旋转对称排列。如果都从 5′末端向 3′末端读其碱基顺序，则在识别序列的两条核苷酸链中的碱基排列次序是完全相同的，这种结构称为回文结构（palindromic structure），即正读与反读都相同。如限制酶 BamHⅠ 的识别序列：5′- GGATCC - 3′、3′- CCTAGG - 5′，正读时是 GGATCC，反读时是 GGATCC。

（3）产生黏性末端或平整末端。各种限制酶的切割方法也有所不同，切后产生不同类型的核酸链末端。

一种是限制酶错位切断 DNA 双链而形成的彼此互补的单链末端，称为黏性末端。这种具有黏性末端的 DNA 片段很容易通过单链区的碱基配对而连接在一起，产生线状 DNA 分子。这对 DNA 的体外重组是十分有利的。绝大多数限制酶都通过这种切割方式而形成黏性末端。

另一种是限制酶在同一位点平齐切断 DAN 两条链而形成的双链末端，称为平整末端。

（4）比较限制酶的识别序列和切点位置（表 2-3），还可以发现下列几种特殊情况。

①同尾酶：一些限制酶来源不同，识别序列不同，切割后产生相同的黏性末端，这类限制酶称为同尾酶。例如 $BamH \text{I}$、$Bgl \text{II}$ 和 $Bcl \text{I}$ 就是一组同尾酶。这三种不同来源的限制酶的识别序列是不同的，分别是 G↓GATCC、A↓GATCC 和 T↓GATCC，但它们切割后都产生相同的 $5'$- GATC 黏性末端。这类酶的 DNA 酶解片段都可在体外互相重组，在连接酶的作用下，可以得到嵌合 DNA，称为异源二聚体。这种二聚体不再能被原来限制酶所识别，有利于得到大量的重组 DNA 分子，故在基因工程上是非常有用的。

②同裂酶：一些限制酶来源不同，识别序列相同，切点位置相同，形成同样的末端，这类限制酶称为同裂酶。例如：$Hpa \text{II}$ 和 $Msp \text{I}$ 是一对同裂酶。它们共同的识别序列是 CC↓GG。但它们对其识别位点上的甲基化碱基的敏感性有所区别。当 $CC^* GG$（＊表示甲基化碱基）甲基化时，$Hpa \text{II}$ 就不能切割它，而 $Msp \text{I}$ 不受其影响能够切割。

③其他：还有一些限制酶来源不同，识别序列相同，但其切割位点不同，因而产生的切割末端也不同。例如，$Xmz \text{I}$ 和 $Sma \text{I}$ 虽然都识别六核苷酸序列 CCCGGG，但前者的切点在 CC↑CCGGG，形成黏性末端的 DNA 片段，而后者切点却在 CCC↓GGG，并不形成黏性末端而是平整末端。还有些特例如：远距离裂解酶和可变酶。

表 2-3　一些限制性内切酶的识别位点

限制性内切酶	识别位点	产生的末端类型	限制性内切酶	识别位点	产生的末端类型
$Bbu \text{I}$	↓ GCATGC CGTACG ↑	黏性末端 （$3'$突出）	$Not \text{I}$	↓ GCGGCCGC CGCCGGCG ↑	平整末端
$BamH \text{I}$	↓ GGATCC CCTAGG ↑	黏性末端 （$5'$突出）	$Sau3A \text{I}$	↓ GATC CTAG ↑	黏性末端 （$5'$突出）

（续）

限制性内切酶	识别位点	产生的末端类型	限制性内切酶	识别位点	产生的末端类型
EcoR I	↓ GAATTC CTTAAG ↑	黏性末端 （5′突出）	Alu I	↓ ACCT TCGA ↑	平整末端
HindⅢ	↓ AAGCTT TTCGAA ↑	黏性末端 （5′突出）	Hpa I	↓ GTTAAC CAATTG ↑	平整末端

4. 限制性内切酶的主要用途　首先，可利用限制性内切酶获得基因文库或分离目的基因。假定四种碱基在序列中随机分布，那么平均每 4 096（4^6）个碱基就会出现一个长度为 6bp 碱基对的识别序列。如果使用 EcoRI（识别序列为 5′- GAATTC - 3′）消化基因组 DNA 时，将会产生许多片段，平均每个片段大小仅 4kb 多一点。因此，可以利用限制酶消化获得 DNA 片段，建立基因文库。

其次，可利用限制性内切酶制出基因物理图谱。酶解 DNA 样品时，假设所有的识别位点都被切割，它总是产生相同的 DNA 片段，如果用不同的限制性内切酶酶解同一个 DNA 分子，然后用琼脂糖凝胶电泳的方法对酶解过的 DNA 片段大小进行比较，最后将这一 DNA 片段上的限制性内切酶位点的顺序标出来，就可以制出物理图谱。

限制性内切酶还有一个非常重要的用途，可利用限制性内切酶使目的基因形成黏性末端或平整末端，为 DNA 分子重组提供条件。两个不同的 DNA 样品用同一个黏性末端酶酶切后，能产生相同的黏性末端，把酶切后的分子混在一起时，由于黏性末端的碱基配对的互补作用，就会产生一个新的重组 DNA 分子，两个平整末端 DNA 片段也可以进行相互拼接。当然，几个配对的碱基产生的氢键还不足以把两个 DNA 分子连接在一起，还需要通过 DNA 连接酶在 3′羟基和 5′磷酸基团之间形成新的磷酸二酯键。

二、克隆载体

想使新的重组 DNA 分子在宿主细胞中保存下去，就要求这两个不同来源的 DNA 分子中至少有一个分子必须提供其在细胞中保存下来所需的生物学功能，这个分子即是现在人们常用的克隆载体。

克隆载体指具有在细胞内进行自我复制的 DNA 分子，是外源 DNA 片段

（基因）的运载体。又可称为分子载体或无性繁殖载体。有了复制外源 DNA 的载体，外源 DNA 不仅能进入受体细胞，而且能在受体细胞中生存和繁殖，因而使基因工程得以成为一种现实可行的技术。

但实际工作中，要区别与鉴定重组体（插入目的基因的质粒）与非重组体（无插入目的基因而自身重新环化的载体）并非轻而易举，因此，在进行克隆之前，必须慎重地挑选克隆载体。

本节我们以质粒载体为例，介绍克隆载体的结构功能和应用。

1. 质粒基本特征　质粒是一些存在于细胞染色体外的共价闭合环状双链的小型 DNA 分子，是能进行独立自我复制并保持恒定遗传的辅助性遗传单位。它是基因工程中一类主要的分子克隆载体。在宿主细胞中的复制转录时表现出了非染色体控制的遗传性状，能使宿主细胞获得新的遗传特性。

（1）大小。质粒分子长度一般为 $1\sim500kb$，相对分子质量在 $10^{-6}\sim10^{-8}$，仅能编码 $2\sim3$ 种中等大小的蛋白质。

（2）拷贝数。拷贝数指宿主细胞分裂前质粒 DNA 自我复制的份数。小型质粒拷贝数较多。

（3）DNA 构型。①超螺旋（CCC 型）：分子结构为共价闭合的双股 DNA 分子呈超螺旋结构；②开环型（OC 型）：双链 DNA 有一条链断开，开成"缺口"；③线型（LC 型）：双链 DNA 在某处完全断开，形成直线型结构。这三种构型的 DNA 分子，在琼脂凝胶中有不同的电泳速度，一般为 CCC 型＞LC 型＞OC 型。

（4）复制类型。①严紧型质粒：这类质粒拷贝数少，具有自身传递能力，其复制依赖于宿主细胞的 DNA 聚合酶及蛋白质合成系统，因此其复制受宿主细胞严格控制；②松弛型质粒：这类质粒拷贝数多，其复制与染色体复制不同步，只需聚合酶 I，因此受宿主细胞的松弛控制。用氯霉素可抑制 DNA 聚合酶和蛋白质的合成，使细菌 DNA 和严紧型质粒 DNA 的复制停止，而松弛型质粒依然进行复制，并且拷贝数大量扩增。

2. 质粒载体的改造和构建　质粒载体具有稳妥可靠和操作简便优点，特别是对于要克隆较小（＜10kb）而又结构简单的目的基因，质粒的确要比任何其他载体更胜一筹。

作为理想的质粒克隆载体必须具备以下特性：

（1）具有复制起始点，能够进行自我复制，重组前后都能够被宿主细胞接受，且忠实复制、稳定表达。

（2）要有多种限制酶的单一切点，能插入、运载一定大小的基因，并适用于多种限制酶产生的 DNA 片段插入。

（3）具有两种以上易被检测的选择性遗传标记，作为对重组与非重组转化体的选择标记，最好在选择性遗传标记内部存在限制酶单一的酶切位点。

（4）质粒载体 DNA 的分子质量要尽可能小，以利于载体容纳较长外源 DNA 片段。实验证明，质粒大于 15kb 的时候，其将外源 DNA 转入大肠杆菌的效率就大大下降了。

（5）应属于松弛型复制，与宿主细胞染色体复制不同步，质粒载体 DNA 能在氯霉素存在下扩增其拷贝，有较高的载体转化效率和复制拷贝数。

（6）从安全防护考虑，质粒载体应为非传递性，有较小的宿主范围，不为传递性载体所诱导，易于获得，易于改造，而且载体和重组体都具有较高的稳定性。

要达到上述的要求，就必须对天然存在的质粒进行改造并构建成理想的质粒载体，质粒载体的发展可分为 3 个阶段：

①将选择标记引入质粒中。第一个经改造的认为较完整的质粒载体是 pBR313，属松弛型复型，引入了两个选择标记——抗四环素基因和抗氨苄苯霉素基因（tet^r 和 amp^r）以及一些有用的限制酶切点。②调整质粒载体的结构，提高质粒载体的效率。此阶段主要是构建了一些 pBR322 衍生质粒。经改造后成为不含有与控制拷贝数和转移性有关的辅助序列的小型理想载体。③引入多种用途的辅助序列，构建具有某些特化功能的质粒载体。

3. pBR322 质粒载体

（1）pBR322 结构（图 2 - 10）。是最早构建成功的较理想的质粒载体，多年来一直都是质粒载体中的主力军。pBR322 是按照标准的质粒载体命名法命名的。"P"表示质粒，"BR"则来自该质粒的两位构建者姓氏的第一个字母，"322"指实验编号。该载体相对分子质量为 2.6×10^6 g，整个载体的全序列均已分析清楚，其长度从 EcoRI 限制酶的识别位点（GAATTC 中的第一个 T 为 1）开始沿 tet^r 基因到 amp^r 基因按顺时针方向计数，总长 4 363bp。pBR322 含有两个抗性基因（tet^r 和 amp^r），可作为选择标记。已确定了 32 个限制酶切割位点，其中 24 种核酸内切限制酶对 pBR322 分子都只有单一的识别位点。复制起始点 ori 位于 tet^r 基因和 amp^r 基因之间，复制从 ori 位点沿 tet^r 基因到 amp^r 基因按逆时针方向进行复制。

（2）pBR322 质粒载体的优缺点。pBR322 的优点：①具有较小的分子质量。仅长 4 363bp，不仅易于自身 DNA 纯化，而且即使克隆了一段 6kb 的外源 DNA 之后，其重组体分子大小也仍然在符合要求的范围之内。②具有两种抗菌素抗性基因可供作转化子的选择标记。24 种核酸限制内切酶对 pBR322 分子都只有单一的识别位点，其中 7 种限制位于四环素抗性基因内，另两个位

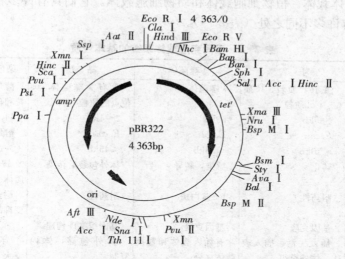

图 2-10　质粒 pBR322 的图谱

于四环素抗性基因的启动区内，还有 3 个限制酶在氨苄青霉素抗性基因内，在这些位点插入外源基因都会导致相应基因的失活，这种 DNA 插入而导致基因失活的现象称之为插入失活效应。③具有一个松弛的 DNA 复制起始点，保证了质粒能被宿主细胞所复制，同时具有较高的拷贝数，经过氯霉素扩增后，每个细胞内可累积 1 000～3 000 拷贝。

但 pBR322 中，从复制起点到 *tet*^{r} 基因之间还有一个较长的非必需区域，因而其分子质量相对较大，有实验发现，它能被质粒 Colk 带动转移，而有关转移的 mob 区段则好在非必需区域内，此外 *Eco*R I 位点位点克隆外源 DNA 却不会发生插入失活效应等等，因为上述种种原因 pBR322 已在很大程度上让位于更完善更有效的衍生载体。

①pAT153 载体：用限制酶 *Hae* II 进行部分消化 pBR322 后再重新连接而获得。该载体是在 1 644～2 349 位点之间缺失了 2 个 *Hae* II 片段（B 和 H 片段），去除 705hp，其中包含接合转移的有关序列，故 pAT153 是不能被带动转移的较小质粒载体（3.66kb），其拷贝数比 pBR322 增加 1.5～3 倍。

②pBR327 载体：用 *Eco*R II 部分酶切 pBR322，去除非必需区段（位点 1 442～2 502）后构建而成，比 pBR322 具有三点优越性：a. 长仅 3.27kb，比 pBR322 小 1 090bp；b. 没有泳动功能，比 pBR322 更为安全；c. 质粒拷贝数比 pBR322 增加 2～4 倍。

4. 其他载体　目前在基因工程中常用的目的基因克隆载体主要有四类：质粒、λ噬菌体、黏粒和染色体载体。此外，根据载体来源也分为大肠杆菌载体、λ噬菌体载体、植物细胞载体和动物细胞载体。它们具有许多相类似的特性，但也有许多不同之处（表2-4）。

表2-4 不同克隆载体系统的基本性质

载 体	质 粒	λ噬菌体	黏 粒	染色体（YAC）
来源	基于F质粒、R质粒、Col质粒	λ噬菌体	含有λ噬菌体cos位点的质粒	酵母着丝粒、端粒和自主复制序列
大小	约5kb	50kb	2～4kb	11.4kb
宿主细胞	*E. coli*	*E. coli*	*E. coli*	酵母
供体DNA	<10kb	<23kb	<45kb	>2 000kb
导入宿主	转化	感染，转导	体外包装后转染	转染酵母原生质体
重组筛选	耐药性	lac蓝白斑	耐药性	耐药性，基因突变抑制
应用	基因克隆	基因克隆	基因组文库构建	穿梭质粒，容量大
主要特点	插入失活、插入表达，体外重组	有插入载体和置换载体之分	体外包装，体内复制	

总之，随着基因技术的发展，目前已依据外源基因特点、限制性内切酶位点的选择测定、筛选标记等方面，开发出各种不同的商品化载体，以供DNA的体外重组选择。

三、DNA连接

DNA连接实质上就是由DNA连接酶参与的一个酶促反应。DNA重组技术的核心步骤就是DNA的体外连接。DNA体外重组是将目的基因（外源DNA片段）用DNA连接酶在体外连接到合适的载体DNA上，这种重新组合的DNA称为重组DNA，简称重组体。其中，DNA连接酶的作用是可以催化在两条DNA链的末端形成磷酸二酯键，即一条DNA链游离的$3'$-OH和另一条DNA链游离的$5'$-P之间发生连接。如图2-11。DNA连接酶有两种来源，一种是由大肠杆菌分离出来的叫做DNA连接酶，另一种是由T4噬菌体中分离出来的叫T4 DNA连接酶。值得注意的是，DNA连接酶所连接的是双链DNA分子上相邻核苷酸之间的切口，而不是缺口，另外单链DNA或环化的单链DNA分子也不能连接。

我们以目的基因DNA与质粒载体DNA的连接为例，说明常用的DNA连接方法。

依据外源DNA（目的基因）片段末端的性质以及质粒载体与外源DNA上限制酶切位点的性质，最常见的外源DNA片段与质粒载体的连接有下列两

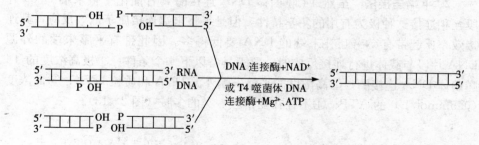

图 2 - 11　DNA 连接酶的连接作用

种类型：①黏性末端连接法：用 DNA 连接酶直接连接具有互补黏性末端的 DNA 分子；②平端连接法：用 T4 DNA 连接酶直接连接平整末端，或通过各种方法使平整末端形成互补的黏性末端后，再用连接酶将它们连接起来。

1. 黏性末端连接法　对于带有相同黏性末端的外源 DNA 片段，必须与用同一限制酶消化而形成具有同样匹配黏性末端的线状质粒载体相连接（图 2 - 12）。

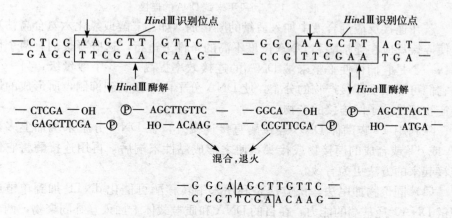

图 2 - 12　两段黏性末端 DNA 的连接

在连接反应中，质粒载体和外源 DNA 都可能发生自身环化，也有可能形成串联寡聚物。因此，为提高重组率，使目的连接产物的数量达到最佳水平，必须仔细调整连接反应中两种 DNA 的浓度。更有效的方法是用碱性磷酸酶去除线状载体 DNA 两端的 5′磷酸基团以尽量减少载体 DNA 自身环化与连接，但去磷酸化载体仍可以和外源 DNA 相连接，产生一个含有两个切口的环状重组 DNA 分子，可直接转化并由宿主菌修复切口，由于这种带切口的环状 DNA 的转化效率比线状 DNA 高得多，故获得重组转化体的几率较高。

2. 平端连接法 虽然 T4 噬菌体 DNA 连接酶具有催化平整末端 DNA 片段互相连接这种极为有用的酶学特性，但是平整末端连接属于低效反应，其连接效率比起带有突出互补末端的 DNA 要低得多。因此带有平整末端的外源 DNA 片段与载体进行连接反应时，要求具备以下 4 个条件：①极高浓度的 T4 噬菌体 DNA 连接酶；②高浓度的平整末端外源 DNA 和质粒 DNA；③低浓度（0.5mmol/L）的 ATP；④不存在亚精胺一类的多胺（图 2-13）。

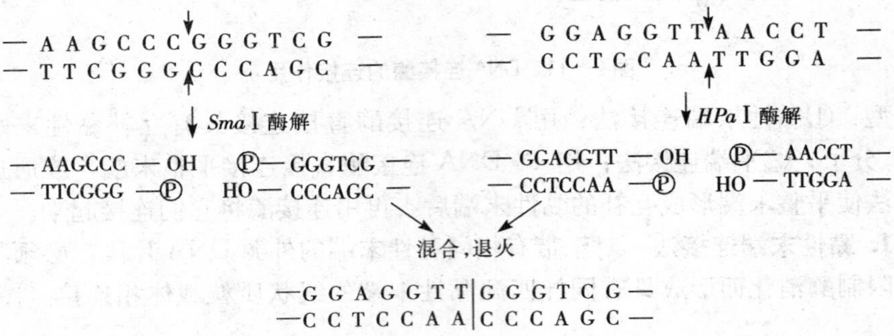

```
— A A G C C C G G G T C G —        — G G A G G T T A A C C T —
— T T C G G G C C C A G C —        — C C T C C A A T T G G A —
        ↓ Sma I 酶解                       ↓ HPa I 酶解
— AAGCCC — OH    Ⓟ— GGGTCG —     — GGAGGT — OH    Ⓟ— AACCT —
— TTCGGG —Ⓟ    HO — CCCAGC —     — CCTCCAA —Ⓟ   HO — TTGGA —

                      混合,退火

              — G G A G G T T G G G T C G —
              — C C T C C A A C C C A G C —
```

图 2-13 两段平末端 DNA 的连接

若在连接反应混合液中加入适量的凝聚剂（如乙二醇或氯化六氨合高钴），可使连接反应在连接酶和 DNA 浓度不高的条件下进行，这些凝聚剂有两个作用：一个是它们可使平整末端 DNA 的连接效率提高 1~3 个数量级，另一个是它们可以改变连接产物的分布，使 DNA 分子内连接受到抑制，所形成的连接产物都是分子间连接的产物。

除利用 T4 噬菌体 DNA 连接酶直接连接外，在 DNA 分子末端加上多聚 dA 或 dT 或合成的衔接物或接头，使之形成黏性末端后，再用连接酶将它们连接起来的方法更为有效。

（1）同聚物加尾法。该方法是利用末端转移酶可催化 dNTP 加到单链或双链 DNA3′羟基端的能力，在目的 DNA 和质粒载体上加入互补同聚物，两者再通过互补同聚物之间的氢键形成可转化大肠杆菌的开环重组分子。

多年来目的 cDNA 的克隆常采用 GC 加尾的方式进行，即将 dC 残基加到双链 cDNA 上，而将互补的 dG 残基加到用 Pst I 消化的质粒载体上，两者通过 dC：dG 配对连接而形成带有两个缺口的重组质粒，在转化适当的宿主时，缺口被宿主酶修复，从而在目的 cDNA 两端恢复 Pst I 位点，使插入质粒中的目的 cDNA 易于切下来。但该法也存在若干弊端：①只对质粒载体有效，所产生的 cDNA 文库较难贮存和复制；②质粒和 cDNA 上的同聚物长度难于控制相等，因而影响克隆效率；③用其转入宿主菌的效率依不同菌株而有较大差别。

（2）加合成接头或衔接头法。合成接头是化学合成的两个互补的核苷酸寡聚体（8~12bp），而两个寡聚体可形成带一个或一个以上限制酶切点的平整末端双链体。因此在平整末端目的 DNA 上加接头可为其增加一个以上限制酶切点，从而易于与载体末端相匹配而连接。目前，商品化的合成接头种类很多，可根据需要将目的 DNA 和载体的末端转换成理想的形式。但一般均优先采用由制造商用化学方法进行磷酸化的接头。使用合成接头的克隆需进行两次连接反应。第一次反应是使平整末端的双链接头与平整末端的目的 DNA 相连，要求接头的末端浓度比目的 DNA 片段的末端浓度高 2~3 个数量级，通过由接头"驱动"的反应使接头聚合于目的片段的两末端。然后经加热灭活连接酶，并用适当的限制酶切割以产生黏性末端，再通过柱层析除去剩余的接头。第二次连接反应是将加上接头的目的 DNA 片段与带有匹配黏性末端的载体 DNA 相连接。

衔接头与接头不同，它是一小段带有一个平整末端（与双链 DNA 连接）和一个黏性末端（与载体的相应末端连接）的双链寡核苷酸。它在与双链目的 DNA 连接后无需限制酶消化，便可与去磷酸化载体 DNA 进行连接反应。由于带有两个衔接头的目的 DNA 分子在连接反应中自身可形成共价闭环分子或线状嵌合分子，因此可先将组成衔接头的两条寡核苷酸中较短的一条磷酸化，再与目的 DNA 进行平整末端连接（衔接头的浓度必须至少高于目的 DNA 末端浓度 100 倍）。连接产物经 Sepharose CL‐4B 柱层析，将每端各带一个衔接头的目的 DNA 分子与衔接头分子二聚体，未反应的衔接头以及低分子质量产物分离开。然后利用 T4 噬菌体多核苷酸激酶将带衔接头的目的 DNA 分子末端磷酸化，再与过量的去磷酸化载体相连接。

（3）其他转换末端形式连接法。在进行 DNA 克隆操作时，许多时候出现目的 DNA 片段的末端与载体 DNA 末端并不匹配的情况，如把目的 DNA 片段从某一类型的载体亚克隆到另一类型载体时，往往会碰到这些问题，因而必须设法转换其中一个或两个片段的末端形式以便使之易于连接，进行这种转换除上述介绍的在平整末端 DNA 上加接头或衔接头外，还有下述 3 种方法：

①部分补平 3′凹端：使用大肠杆菌 DNA 聚合酶 I（或 klenow 片段）部分补平 3′凹端，该法往往可将本来无法匹配的 3′凹端转变为黏性末端；②完全补平 3′凹端：使用大肠杆菌 DNA 聚合酶 I（或 klenow 片段）完全补平 3′凹端，产生平整末端 DNA 分子，可与任何其他平整末端 DNA 相连接；③除 3′突出端：用于去除 3′突出端首选的酶是 T4 噬菌体 DNA 聚合酶，因为它具有特别强的 3′→5′切核酸酶活力，而在高浓度的 4 种 dNTP 存在下，一到达

DNA 分子双链区，该酶即停止其切除活力。

四、重组体导入受体细胞

目的基因与载体连接后，要导入宿主细胞才能复制扩增。不同载体在不同宿主细胞中复制，导入细胞的方法也不同。

作为基因工程的宿主细胞必须具备下面的性能：①具有接受外源 DNA 的能力，即能发展成感受态细胞；②一般应为限制酶缺陷型（或限制与修饰系统均缺陷），即外源 DNA 进入宿主细胞后不致被限制酶所降解或修饰；③一般应为 DNA 重组缺陷型，以保持外源 DNA 在宿主细胞中的完整性；④不适于在人体内或在非培养条件下生存；⑤它的 DNA 不易转移，重组载体 DNA 只有在宿主中复制。

目前，以大肠杆菌、枯草芽孢杆菌和酵母菌为受体细胞的基因工程在技术上最为成熟。其中大肠杆菌虽然是条件致病菌，但是通过人工改造，可以使它成为一个很安全的宿主菌。迄今为止，在基因工程中应用最广泛和使用得较好的载体受体系统是大肠杆菌系统，这是因为对它的遗传学和生物化学特性了解得最多。

要实现外源目的基因的克隆，除了必须选择理想的载体、合适的受体及成功地构建重组体外，还必须有将重组引入受体细胞的有效途径。这些途径将随载体种类和受体系统的不同而异。常见的方法有转化、感染、转染。

（一）转化

转化指将质粒 DNA 或重组质粒 DNA 导入细胞的方法。1943 年，Avery 等就发现有毒肺炎链球菌的 DNA 与无毒肺炎链球菌共培养后产生有毒后代，这种转化现象证明，质粒 DNA 具有进入细胞的能力，但在自然状态其转化效率极低。在基因工程中，常采用一些方法处理细胞，使之处于感受态。感受态指细胞处于最适合于摄取和容忍外来 DNA 的生理状态。处于这种状态，容易接受外界 DNA 的细胞即称之为感受态细胞。一般用低浓度 $CaCl_2$ 处理受体细胞，再做短暂加热后，可以引起细胞膨胀，增大细胞的通透性，诱导产生出一种短暂的感受态，使重组 DNA 进入细胞，提高转化效率。感受态是转化成功与否的关键之一。

感受态细胞特点：①细胞表面具有 DNA 的可接受位点（溶菌酶处理可充分暴露接受位点）；②细胞膜的通透性增加（Ca^{2+} 处理，DNA 可直接穿过质膜进入细胞）；③细胞的修饰酶活性增强，而限制酶活性受抑制；④细胞本身处于非生长繁殖状态；⑤无特异性，对各种外来 DNA 都可接收。

这些特点都有利于 DNA 的转化。大肠杆菌是应用最广的受体细胞之一。最常用的转化方法有 $CaCl_2$ 法和电穿孔法。

1. $CaCl_2$ 转化法 该法由 Cohen 等人发明，其转化率一般为每微克 DNA$10^5 \sim 10^6$ 转化子。该方法完全适用于大多数大肠杆菌菌株，并且具有简单快速、重复性好的优点。常用于成批制备感受态细菌。

转化过程是将受体细胞在 4℃以 Mg^{2+} 洗涤后，加入 $70 \sim 80mmol/L$ 的 Ca^{2+} 处理受体细胞，使之成为感受态，再加入重组的 DNA，以 42℃瞬间热处理，最后加入培养基 37℃培养，经培养后在培养板上筛选出相应的转化子。

2. 电转化法 该法由 Dower 等人在 1988 年发明，其转化率可达每微克 DNA$10^9 \sim 10^{10}$ 转化子，是用化学方法制备感受态细胞的转化率的 $10 \sim 20$ 倍。转化过程是用高压脉冲电击受体细胞，使细胞摄取外源 DNA。当电场强度和电脉冲长度以一定方式组合而使细胞死亡率在 $50\% \sim 75\%$ 时，其转化效率可达到最高。由于可以不制备感受态细胞，操作简便，而且适用于各种细胞，转化率高，因此目前已广泛使用。其缺点是转化细胞因被电击，活性受到影响。

自从 1970 年 Mandel 和 Higa 发现并确立了感受态转化基本技术以来，已对该技术作了很多改进并大大提高了转化效率。如：使经过改造的大肠杆菌菌株在按一定形式组合而成的二价阳离子中处理更长时间，并且用二甲基亚砜 (DMSO)、DTT（二硫苏糖醇）、氯化六氨合高钴等试剂复合处理细菌，其转化效率可提高 $100 \sim 1\ 000$ 倍。

（二）感染

若重组噬菌体 DNA 被包装到噬菌体头部成有感染力的噬菌体颗粒，再以此噬菌体为运载体，将头部重组 DNA 导入受体细胞中，这一过程称为转导，通常称为感染。它比转染的克隆形成效率要高出几个数量级。经人工改造的噬菌体或病毒作载体时，重组后需要在体外包装形成有活力的噬菌体或病毒，模仿天然过程，借用噬菌体或病毒的外壳蛋白将重组 DNA 注入宿主细胞，使目的基因得以复制繁殖。感染效率高，但包装操作繁琐。

（三）转染

转染指将噬菌体、病毒或以其为载体的重组 DNA 直接导入宿主细胞的过程。转染过程不需要体外包装形成病毒颗粒，而是先制备感受态细胞，然后噬菌体或病毒 DNA 以质粒 DNA 的形式进入宿主细胞，并复制扩增。常见的方法有磷酸钙共沉淀转染、DEAE-葡萄糖介导的转染、电穿孔法 DNA 转染等。转染效率在很大程度上取决于所用受体细胞的型别，不同的培养细胞系，其摄取和表达外源 DNA 的能力相差达几个数量级。

五、重组体克隆的筛选与鉴定

重组体的筛选，指将含有目的基因重组体从细胞群中分离出来的过程。从通过转化或感染获得的细胞群体中筛选出含有目的基因重组体，这是基因工程操作中的一项十分重要的步骤。由于目的基因与载体 DNA 连接时，限制酶切片段是大小不一的混合物，连接的产物除了带有目的基因的重组载体 DNA 外，还混杂有其他类型的重组载体 DNA，此外，在转化（或转导）子群体中存在仅有载体 DNA 转化而成的菌落。因此，必须从群体中分离筛选出带有目的基因的重组体。

根据不同的克隆载体及相应的宿主细胞，重组体的筛选鉴定方法不同。常用的筛选方法：平板筛选、电泳筛选、原位杂交筛选等，对其进一步鉴定常用分子杂交、免疫化学、核酸测序等。

（一）重组体的筛选

平板筛选是初步筛选的常用方法，简单快速。下面介绍两种常见的平板筛选法。

1. 抗生素抗性基因插入失活法 载体 pBR322 即采用了插入失活抗生素平板筛选的方法，它是利用抗性基因的插入失活效应来选择转化细胞的一种方法。pBR322 具有抗氨苄青霉素基因（amp^r）和抗四环素基因（tet^r）两个抗性基因，如将外源 DNA 片段克隆在 pBR322 质粒的 BamH I 或 Sal I 位点上，由于阻断了 tet^r 基因编码序列的连续性，致使其失活，这样产生了具有 $amp^r tet^s$（r 表示抗性，而 S 则表示非抗性）表型的重组体，当这些重组体转化给野生型（$amp^s tet^s$）宿主细胞，那么这些细胞能在含氨苄青霉素的选择性培养基上生长，而在四环素的选择性培养基上不能生长。但实际应用中，由于重组率和转化率的发生，宿主细胞出现三种表型：1 $amp^s tet^s$：表示重组 DNA 没有被转化；2 $amp^r tet^r$：表示载体质粒被转化；3 $amp^r tet^s$：表示重组质粒被转化。通过平板培养，根据表型可进行重组质粒的筛选（图 2 - 14）。

具体做法（以外源基因插入 BamH I 位点为例）：由于外源基因的插入，使 tet^r 失活，变为对四环素敏感，但对氨苄青霉素的抗性并没有失活。故将转化的细胞涂在含有氨苄青霉素的培养基上，先淘汰大部分非转化子细胞。然后再将在含 amp 培养基上生长的菌落（一些含有重组质粒，而另一些只含自身环化的质粒）用无菌牙签挑在含有四环素的培养基上。在此培养基上不能生长的菌落，即为外源基因插入质粒 tet^r 基因的 BamH I 位点的重组菌株。

2. 半乳糖苷基因插入失活法 许多载体（如 pUC 系列）都带有一个来自

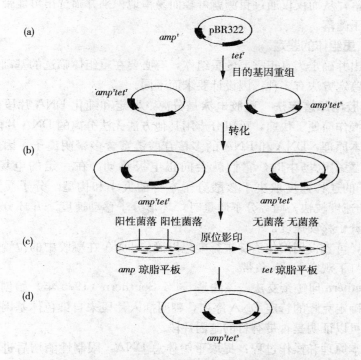

图 2 - 14 应用插入失活分离带有外源 DNA 片段的重组体质粒

(a) 外源 DNA 片段插入在 pBR322 质粒 *tet*r 基因的编码序列内,使该基因失活

(b) 体外重组反应混合物转化给大肠杆菌 *amp*s*tet*s 菌株,并涂布在 *amp* 琼脂平板上,凡获得
了 pBR322 质粒和重组质粒(*amp*r*tet*s)的寄主细胞都可长成菌落

(c) 将 *amp* 琼脂上的菌落原位影印在 *tet* 琼脂平板上生长,对比这两个平板的菌落生长情况,
凡在 *amp* 平板上能够生长而在 *tet* 平板上不能生长的菌落,便是属于带有重组体质粒的转
化子克隆

(d) 挑出这样的阳性克隆,扩增分离带有外源 DN   入片段的重组体质粒

大肠杆菌的 lac 操纵子 DNA 区段,其中   β-半乳糖苷酶基因(lac Z)的头
146 个氨基的编码信息(lac Z)和调节器   序列(lac Ⅰ),还插入了一个多克
隆位点(但不破坏读框)。这一区段编码   半乳糖苷酶 N 端的一个片段(但无
酶活力)。而宿主细胞可编码 β-半乳糖苷酶 C 端部分片段(也无酶活力),但
两者之间可以实现基因内互补(称为 α 互补),从而融为一体,形成具有酶学
活力的蛋白质,由 α 互补而产生的 lac+ 细菌在有诱导物 IPTG(异丙基-β-D-
硫代半乳糖苷)和生色底物 X-gal(5-溴-4-氯-3′-吲哚-β-D-半乳糖苷)存
在下形成蓝色菌落。然而,当外源 DNA 片段插入到质粒的多克隆位点后,使
lac Z 的 N 端片段失活,破坏了 α 互补作用。因此,带有重组质粒的细菌将产

生白色菌落，从而仅仅通过目测就可轻而易举地识别并筛选出可能带有重组质粒的转化子菌落。

（二）重组体的鉴定

为选出并确定为真正需要的重组体，有必要在重组体筛选的基础上进一步的鉴定，鉴定方法有多种，因设计要求而不同。

1. 凝胶电泳鉴定法　凝胶电泳是分离、鉴定和纯化 DNA 片段的标准方法。该法操作简便、快速，可以分辨用其他方法无法分离的 DNA 片段。

其基本原理：DNA 和 RNA 的多核苷酸链富含多聚阴离子，因此当核酸分子被放置在电场中时，它们就会向正电极移动。在一定的电场强度下，DNA 分子的迁移速度取决于核酸分子本身的大小和构型。分子质量较小的 DNA 移动速度较快；同等分子质量时，环形分子移动速度＞开环分子移动速度＞直链分子移动速度。

此外，可直接用溴化乙锭进行染色以确定 DNA 在凝胶中的位置，并直接接于紫外灯下观察 DNA 条带。

2. Southern 印迹杂交法　该法是 E. M. Southern（1975 年）始创的，不仅可以用来确定克隆的特定 DNA 序列，判明插入片段来自染色体基因组的某一部位，还可以证明是否带有目的基因片段。

其基本原理和操作过程：提取重组体总 DNA，限制性酶切后进行琼脂糖凝胶电泳，然后将含 DNA 片段的琼脂糖凝胶变性，并将变性后的单链 DNA 经毛细管虹吸作用被原位转移到硝酸纤维素膜或尼龙膜上，而各 DNA 片段的相对位置保持不变，将膜上 DNA 烤干固定后，加入杂交液和标记探针进行杂交，洗去多余探针，在 X 光底片上放射自显影。

3. 基因产物鉴定法　该法是用于鉴定产物是否是目的基因产生的产物。从产物的鉴定结果也可以进一步证明所克隆的 DNA 片段或分离的 mRNA 是否为目的基因片段或其 mRNA。

4. 重组 DNA 的序列分析　为了确证所构建的重组 DNA 的结构与方向或对突变点（突变和缺失）进行定位和鉴定，以便进一步对重组 DNA 进行分析，改造并提高目的基因的表达水平，必须对重组 DNA 中的局部区域（如插入片段）进行核苷酸序列分析。

第五节　克隆基因的表达

基因表达，是指结构基因在生物体中的转录、翻译以及所有加工过程。获得目的基因后，人们关心的问题主要是目的基因的表达产量、表达产物的稳定性、产物的生物学活性和表达产物的分离纯化。因此在进行基因表达设计时，必须综合考虑各种影响因素，建立最佳的基因表达体系。外源基因高效表达的关键在于克隆基因、表达载体和宿主细胞三者之间的相互关系。

表达载体中含有受体细胞所要求的调控序列，这些调控序列包括启动子、终止子和核糖体结合位点等，能使外源基因在受体细胞中进行功能表达，产生稳定的 RNA 和大量的蛋白。由于单独的目的基因往往很难进入宿主细胞，即使进入细胞，也由于不带有复制系统及在宿主细胞中进行功能表达的调控系统而不能表达，因此需要有借助于表达载体实施表达功能。

而宿主细胞的选择应满足以下要求：容易获得较高浓度的细胞、能利用易得廉价原料、不致病；不产生内毒素、发热量低、需氧低、适当的发酵温度和细胞形态；容易进行代谢调控；容易进行 DNA 重组技术操作；产物的产量、产率高，产物容易提取纯化。

基于以上特点，用于基因表达的宿主细胞分为两大类，第一类为原核细胞，目前常用的有大肠杆菌、枯草芽孢杆菌、链霉菌等；第二类为真核细胞，常用的有酵母、丝状真菌、哺乳动物细胞等。

虽然各种微生物从理论上讲都可以用于基因的表达，但由于克隆载体、DNA 导入方法以及遗传背景等方面的限制，目前使用最广泛的宿主仍然是大肠杆菌和酿酒酵母。一方面对它们的遗传背景研究得比较清楚，建立了许多适合于它们的克隆载体和 DNA 导入方法，另一方面许多外源基因在这两种宿主菌中得到成功表达，现在不但要继续利用大肠杆菌和酿酒酵母，把影响基因表达的各种因素之间关系研究清楚，提出更有效的解决方法，而且还要寻找更好的适用于不同外源基因表达的微生物宿主菌。

借助于宿主细胞对克隆基因的表达可以达到以下几个目的：①产生大量标记 cDNA 作为探针使用；②构建表达文库；③在蛋白水平上分析和利用基因的功能；④商业性生产蛋白；⑤制备抗体；⑥捕捉相互作用的分子。

一、表达载体

1. 根据真核基因在原核细胞中表达的特点，表达载体必须具备的条件

(1) 载体能够独立地复制。载体本身是一个复制子，具有复制起点。根据载体复制的特点，可将其分为严紧型和松弛型。严紧型伴随宿主染色体的复制而复制，在宿主细胞中拷贝数少（1～3 个）；松弛型的复制可不依赖于宿主细胞，在宿主细胞中拷贝数可多达 3 000 个。

(2) 应具有灵活的克隆位点和方便的筛选标记，以利于外源基因的克隆、

鉴定和筛选，而且克隆位点应位于启动子序列后，以使克隆的外源基因得以表达。

（3）应具有很强的启动子，能为大肠杆菌的 RNA 聚合酶所识别。

（4）应具有阻遏子，使启动子受到控制，只有当诱导时才能进行转录。

（5）应具有很强的终止子，以便使 RNA 聚合酶集中力量转录克隆的外源基因，而不转录其他无关的基因，同时很强的终止子所产生的 mRNA 较为稳定。

（6）所产生的 mRNA 必须具有翻译的起始信号，即起始密码 AUG 和 SD 序列以便转录后能顺利翻译。SD 序列又称为核糖体结合位点序列，长度范围为 3～9 个碱基，包含 AGGAGGU，位于转译起始密码子上游 3～12 个碱基的位置。通过它与 16SrRNA 之间的碱基互补配对，能将转译起始密码子安置在核糖体的适当方位，从而启动转译反应。

2. 两个基因工程研究中常用的表达载体

（1）pBV20 系统。pBV20 系统是国内使用最多的一个载体系统，由中国预防医学科学院病毒研究所构建，已成功地用于表达 IL-2、IL-3、IL-4、IL-6、IL-8、IFNa、ILNγ、TNF、G-CSF、GM-CSF 多种细胞因子。

本载体由 6 个部分组成：来源于 pUC18 的多克隆位点、核糖体 *rrn*B 基因终止信号、pBR322 第 4 245～3 735 位、pUC18 第 2 066～680 位、人噬菌体 CIts857 抑制子基因及 PR 启动子、pRC23 的 PL 启动子及 SD 序列，共 3 665bp。pBV20 具有以下优点：①CIts857 抑制子基因与 PL 启动子同在一个载体上，可以转化任何菌株，以便选用蛋白酶活性较低的宿主细胞，使表达产物不易降解；②SD 序列后面紧跟多克隆位点，便于插入带起始 ATG 的外源基因，可表达非融合蛋白；③强的转录终止信号可防止出现"通读"现象，有利于质粒-宿主系统的稳定；④整个质粒仅为 3.66kb，有利于增加其拷贝数及容量，可以插入较大片段的外源基因；⑤PR 与 PL 启动子串联，可以增强启动作用。

本系统宿主菌可以是大肠杆菌 HB101、JM103 或 C600，质粒拷贝数较多，因此小量简便快速抽提就可以满足研究及生产过程中检测和鉴定的需要。本系统为温度诱导，外源基因表达量可达到细胞总蛋白的 20%～30%，正常情况下，产物以包涵体的形式存在于细胞内，表达产物不易被降解，均一性好。

（2）pET 系统。pET 系统被认为是最有潜力的系统。插入基因的转录和翻译系统来源于噬菌体。表达由位于宿主细胞上的 RNA 聚合酶所控制，RNA 聚合酶启动子为 lacUV，由 IPTG 诱导。克隆宿主可用大肠杆菌 K12 系的

HB101、JM103 等，其在克隆宿主中不会因表达而造成细胞损伤；表达宿主为 BL21（Ianrrb‐mB‐）ADE30，表达菌在 LB 培养基（胰蛋白胨 1％、酵母提取物 0.5％、NaCl1％）或 M9 培养基中生长良好。产物以包涵体形式存在于细胞内，外源基因最大表达量可占细胞总蛋白的 50％，中试生产中可以用乳糖代替 IPTG 作为诱导剂，不影响表达率，大大降低发酵成本。

pET 系统多克隆位点有 Ndel 或 Ncol 单一切点，切开的黏性末端后三位为 ATG，可直接插入带 ATG 的外源基因。不带 ATG 的外源基因，质粒切开后以 DNA 聚合酶大片段补平，再与外源基因连接，进行表达。

pET 系统较新的型号带有 his 标记，标记与克隆位点之间有酶切割位点，使产物能方便地使用金属螯合物分离材料，进行分离，一步即可达到高纯度、高收率，而且可在有盐酸胍的情况下操作。该质粒有 a、b、c 3 种，分别为 3 种可读框，使用方便。

二、宿主细胞

大肠杆菌作为外源基因的表达宿主，遗传背景清楚，技术操作简便，培养条件简单，大规模发酵经济，因此备受遗传工程专家的重视。目前大肠杆菌是应用最广泛、最成功表达体系，并常常作为高效表达研究的首选体系。

真核基因要在大肠杆菌中复制与表达，必须有合适的表达载体把它导入宿主菌中，然后将其表达成蛋白质。

外源基因还可以在真核细胞中表达，如酵母菌、动物细胞、植物细胞等。其中酵母菌是研究基因表达调控最有效的单细胞真核微生物，其基因组小，仅为大肠杆菌的 4 倍，世代时间短，有单倍体、双倍体两种形式。酵母繁殖迅速，可以廉价地大规模培养，而且没有毒性。基因工程操作与原核生物相似，现已在酵母中成功地建立了几种有分泌功能的表达系统，能够将所表达的产物直接分泌出酵母细胞外，从而大大简化了产物的分离纯化工艺。表达产物能糖基化。特别是某些在细菌系统中表达不良的真核基因，在酵母中表达良好。在各种酵母中，以酿酒酵母的应用历史最为悠久，研究资料也最丰富。目前已有不少真核基因在酵母中获得成功克隆和表达，如干扰素、乙肝表面抗原基因等。

三、真核基因在大肠杆菌中的表达形式

来源于真核细胞的基因，在大肠杆菌中的表达方式有 3 种，即融合蛋白的

形式、非融合蛋白的形式和分泌型表达蛋白的形式。

1. 以融合蛋白的形式表达基因 真核基因大肠杆菌中表达的简便方法，是使其表达为融合蛋白的一部分，该融合蛋白的氨基端是原核序列，羧基端是真核序列，这样的蛋白质是由一条短的原核多肽和真核蛋白结合在一起的，故称融合蛋白。表达融合蛋白的优点是基因操作简便，蛋白质在菌体内比较稳定，不易被细菌酶类所降解，容易实现高效表达。

2. 以非融合蛋白的形式表达基因 非融合蛋白是指在大肠杆菌中表达的蛋白质以真核蛋白的 mRNA 的 AUG 为起始，在其氨基端不含任何细菌多肽序列。为此，表达非融合蛋白的操纵子必须改建：细菌或噬菌体的启动子—细菌的核糖体结合位点（SD 序列）—真核基因的起始密码子—结构基因—终止密码。要表达非融合蛋白，要求 SD 序列与翻译起始密码 ATG 之间的距离要合适，SD 序列与翻译起始密码 ATG 之间的距离即使只改变 2～3 个碱基，表达效率也会受到很大的影响。非融合蛋白能够较好地保持原来的蛋白活性，其最大缺点是容易被蛋白酶破坏，另外，非融合蛋白 N 末端常常带有甲硫氨酸，需要剪切加工。

3. 分泌型表达蛋白基因 外源蛋白的分泌表达，是通过将外源基因融合到编码原核蛋白信号肽序列的下游来实现的，利用大肠杆菌的信号肽，构建分泌型表达质粒，常用的信号肽有碱性磷酸酶信号肽（phoA）、膜外周质蛋白信号肽（OmpA）、霍乱弧菌毒素 B 亚单位（CTXB）等。将外源基因接在信号肽之后，使之在细胞质内有效地转录和翻译，当表达的蛋白质进入细胞内膜与细胞外膜之间的周质时，被信号肽酶识别而切掉信号肽，从而释放出有生物活性的外源基因表达产物。某些真核信号肽（如大白鼠胰岛素原的信号肽）可被细菌信号肽酶所识别和切割，利用某些真核信号肽，也可以把真核基因产物运输到胞浆周质中。

分泌型表达具有以下特点：一些可被细胞内蛋白酶所降解的蛋白质，在周质中是稳定的；由于有些蛋白质能按一定的方式折叠，所以在细胞内表达时，无活性的蛋白质分泌表达时却具有活性；蛋白质信号肽和编码序列之间能被切割，因而分泌后的蛋白质产物不含起始密码 ATG 所编码的甲硫氨酸等，但是，外源蛋白分泌型 I 表达过程中也会遇到一些问题，如产量不高、信号肽不被切割、不在特定位置上切割等。

四、影响目的基因在大肠杆菌中表达的因素

外源基因表达产量与单位体积产量是正相关的，而单位体积产量与细胞溶

液和每个细胞平均表达产量成正相关。细胞浓度与生长速率、外源基因拷贝数和表达产量之间存在着一个动态平衡，只有保持最佳的动态平衡才能获得最高产量；单个细胞的产量又与外源基因拷贝数、基因表达效率、表达产物的稳定性和细胞代谢负荷等因素有关，因此必须从这些因素入手，寻找提高外源基因表达效率的有效途径。

1. 外源基因的拷贝数 一般来说细菌内基因拷贝数增加，基因的表达产物也增加。外源基因是克隆到载体上的，因此载体在宿主细胞中的拷贝数应直接关系到外源基因的拷贝数。将外源基因克隆到高拷贝数的表达质粒上，含外源基因的重组表达质粒拷贝数的增加，必然导致外源基因拷贝数的增高，这对于提高外源基因的总体表达水平非常有利。

2. 外源基因的表达效率 目前所知，有许多因素，如启动子的强度、核糖体结合位点的有效性、SD 序列和起始密码 AUG 的间距、密码子的组成等都会不同程度地影响外源基因的表达效率。

（1）启动子的强弱。启动子在转录水平上影响基因表达。外源基因在大肠杆菌中的有效表达，首先必须实现从 DNA 到 mRNA 的高水平转录，转录水平的高低是决定该基因能否高效表达的基础。转录水平的高低受到启动子等调控元件的控制，因此外源目的基因进入受体细胞，就必须受控于受体的启动子，所以在载体的目的基因的上游，必须连有一个适当的启动子。启动子有强有弱，要使目的基因高效表达，需寻找强的启动子。由于真核基因启动子不能被大肠杆 RNA 聚合酶识别，因此在进行真核基因高效表达时，必须将真核基因编码区置于大肠杆菌 RNA 聚合酶识别的强启动子控制下，选择具有强启动子的表达载体。常用的强启动子 lac、trp、tac、λPl、bla 等，将目的基因插入表达载体启动子的下游，可以增加基因的表达。

（2）核糖体结合位点的有效性。大肠杆菌核糖体结合位点对真核基因在细菌中的高效表达十分重要。所以必须增加核糖体结合点的有效性，消除在核糖体结合位点及其附近的潜在二级结构。

（3）SD 序列和起始密码 AUG 的间距。SD 序列和起始密码 AUG 之间的距离及其序列对翻译效率有明显影响。调整 SD 序列和起始密码 ATG 的间隔，改变附近的核苷酸序列，可提高非融合蛋白的合成水平，表达非融合蛋白的关键是原核 SD 序列和真核起始密码 ATG 之间的距离，距离过长或过短都会影响真核基因的表达。

（4）密码子组成。真核基因与原核基因对编码同一种氨基酸所"偏爱性"使用的密码子不尽相同，这可能与不同的宿主系统中不同种类 tRNA 的浓度有关。所以，真核系统中"喜欢用"的密码子，在原核细胞中的翻译效率有可能下降。为了提高表达水平，在根据蛋白质结构来设计引物或合成基因时，应选择使用大肠杆菌"偏爱"的密码子。

3. 表达产物的稳定性 当外源基因表达时，细胞内降解该蛋白质的酶由于应急反应，其产量会迅速增加。所以，即使原始表达量很高，由于很快在细胞体内被降解，因而实际产量很低。为提高表达产物在菌体内的稳定性，可以采用下列几种方法：①组建融合基因，产生融合蛋白。许多融合蛋白与天然的真核蛋白相比较，在细菌体内比较稳定，不易被细胞酶类所降解。②利用大肠杆菌的信号肽或某些真核多肽中自身的信号肽，把真核基因产物运输到胞浆周质的空隙中，而使外源蛋白不易被酶降解。③采用位点特异性突变的方法，改变真核蛋白二硫键的位置，从而增加蛋白质的稳定性。④选用蛋白酶缺陷型大肠杆菌为宿主细胞，有可能减弱表达产物的降解。黄嘌呤核苷（Ion）是大肠杆菌合成蛋白酶的主要底物，Ion-营养缺陷型大肠杆菌不能合成黄嘌呤核苷，从而不能合成蛋白酶，减少了表达产物在细胞体内的降解。

4. 细胞的代谢负荷 外源基因的表达产物属于异己物质，并可能对宿主细胞有毒性，同时大量的外源基因表达产物可能打破宿主细胞的生长平衡。由于基因工程产物在细胞内过量合成，必然会影响宿主的生长和代谢，而细胞代谢的损伤，又抑制了外源基因产物的合成，所以必须合理调节这种消长关系，使宿主细胞的代谢负荷不致过重，又能高效表达外源基因。

为了减轻宿主细胞的代谢负荷，提高外源基因的表达水平，可以采取当宿主细胞大量生长时，抑制外源基因表达的措施，即将细胞的生长和外源基因的表达分成两个阶段，使表达产物不会影响细胞的正常成长，当宿主细胞的生长达到饱和时，再进行基因产物的诱导合成，以减低宿主细胞的代谢负荷。减轻宿主细胞代谢负荷的另一个措施是将宿主细胞的生长与重组质粒的复制分开。当宿主细胞迅速生长时，抑制重组质粒的复制，当细胞生物量积累到一定水平后，再诱导细胞中重组质粒的复制，增加质粒拷贝数。拷贝数的增加必须伴随外源基因表达水平的提高。但是，在外源基因大量表达的同时，质粒上其他基因的表达水平也相应增加，不利于基因产物的分离纯化。

5. 工程菌的培养条件 外源基因的表达与其所处的环境条件息息相关，所以必须优化基因工程菌的培养条件，进一步提高基因表达工程水平。

第六节　基因工程在食品工业中的应用

基因工程技术，在 20 世纪 90 年代开始在食品工业中应用，随着技术的完善，转基因食品生物技术由提高农作物抗性和耐贮性，改善食品品质、增加食品营养，逐步过渡到功能性食品研制开发，基因工程正为食品资源利用发挥着积极的作用。

作为一门重要的高新技术，在食品工业中的应用主要涉及以下几个方面：①改造食品微生物性能；②改良食品加工原料；③改良食品生产工艺；④酶制剂的生产；⑤生产食品添加剂及功能性食品。

一、改造食品微生物性能

第一个采用基因工程改造的食品微生物为面包酵母。经过酶基因转移，大大提高了该菌中麦芽糖透性酶和麦芽糖酶的含量，在面包加工中产生的 CO_2 含量较高，从而烘焙制造出膨发性能好、松软可口的面包产品。

由于微生物的细胞和基因组相对简单，人们对其有较为详细的了解，容易进行基因工程的操作，因此任何一个转基因生物的研发，都无一例外地需要首先在微生物中进行试验，观察基因改造的效果，调整基因重组体的结构，并将需要的基因用于转基因生物的生产。常见的微生物性能改造见表2-5。

表 2-5　微生物性能改良相关目的基因及主要机制

目的基因	功　能	主要机制
杀虫蛋白基因	微生物农药	表达杀虫结晶蛋白
酶基因（淀粉酶、蛋白酶、脂酶等）	食品工程菌	高效表达酶产物，提高食品加工性能和质量
固氮基因	微生物肥料	提高固氮能力
抗菌基因	微生物饲料添加剂	表达产物抑制致病菌活性

二、改良食品加工原料

目前国内外已研究开发并商品化生产的主要转基因农作物有大豆、玉米、水稻、马铃薯、番茄、甜瓜、棉花、胡萝卜、向日葵、油菜、苜蓿、亚麻、甜菜、辣椒、番木瓜、芹菜、黄瓜、大白菜、莴苣、豇豆、烟草等；转基因动物主要有家畜家禽、水生物和食用昆虫。大批具有全新性状的转基因动植物品种已经研发成功。

多聚半乳糖醛酸酶（PG）是果实成熟过程中新合成的一种细胞壁水解酶，通过其降解果胶质，从而软化果实。PG 是一个受发育调控的具有组织特异性的酶，在果实成熟过程中合成。1994 年 5 月 21 日，美国 Colgene 公司研制的转基因 PG 番茄通过了美国 FAD 认可并推向市场，成为第一个商业化的转基因食品。

研究人员先将 PG 基因的一个几乎全长的 cDNA 的 5′端的 730bp 片段和一个含有 PG 基因完整阅读框架的 1.6kb 的 cDNA 片段，构成反义 PG 基因，利用 PCR 技术扩增克隆，将其反向插入植物转化载体 Bin$_{19}$ 的 CaMV35S 启动子和 Nos 的 3′端非转译区之间，构成表达反义 PG 基因的双元载体，经农杆菌与番茄苗子叶外植体共培养进行转化。在所获得的转反义 PG 基因的番茄果实中，PG 基因的 mRNA 水平及 PG 酶活性下降了 70%～90%，果实采后的贮藏期可延长 1 倍，因而果实抗裂，抗机械损伤，便于运输；抗真菌感染；提高果酱加工的出品率；减少因过熟和腐烂所造成的损失。

植物细胞内的淀粉合成酶和分枝酶分别控制直链淀粉和支链淀粉的合成，通过基因工程技术对这些酶的活性进行控制，可生产出具有不同比例淀粉成分，符合不同需要的马铃薯等产品；基因改造技术还可以改良油料作物所含脂肪酸的链长、增加不饱和脂肪酸含量，减少不饱和脂肪酸含量；采用基因改造方法，还可使一些鱼能够适应低温（或高温）、酸性（或碱性）及不同盐度水域，扩大了其养殖范围。

研究人员利用 PCR 技术对水稻谷蛋白基因最富变化的区域加以修饰，使其能编码赖氨酸、色氨酸和蛋氨酸，这大大提高了其营养价值。

总之，目前经过基因工程操作，对食品加工原料改良集中表现在改良动植物品种品质与营养，提高其抗性、环境耐受力、生长速度、产量等方面，见表 2-6。

表 2-6　部分食品加工原料改良相关目的基因与性能及主要机制

目的基因	目标功能	主要机制
核糖体失活蛋白基因	抗病毒、抗真菌	抑制病毒、真菌蛋白质的生物合成
蛋白酶抑制剂基因	抗害虫	阻断昆虫消化道内蛋白酶的消化作用
抗冻蛋白基因	抗逆境	减少细胞冰晶生长，提高抗冻能力
AAC 合成酶反义基因	按需成熟	抑制酶活性和乙烯合成，延缓成熟
细胞分裂素基因	提高产量	促进植物细胞分裂，器官分化
乳铁蛋白基因	优质乳品	提高牛乳中乳铁蛋白含量
生长激素基因	提高生长速度	提高饲料的转化率（肉类蛋白质）

三、改良食品生产工艺

利用基因重组技术，借助于微生物工程和细胞工程可改进食品生产工艺，最终收集细胞或细胞表达产物，生产食品或食品添加剂，以减少生产步骤，提高生产效率。

醇溶蛋白含量是啤酒生产中的重要指标，含量过高会使啤酒易产生浑浊，增加过滤难度，影响啤酒品质。采用基因工程技术，可降低大麦中的醇溶蛋白含量，从而改良啤酒大麦的加工工艺，有利于啤酒的生产。

改变编码 α-淀粉酶和葡萄糖淀粉酶基因，使它们具有同样的最适温度和最适 pH，使液化和糖化在同一条件下进行，从而改良了果糖和乙醇的生产工艺，降低生产成本。

四、酶制剂的生产

凝乳酶是第一个应用基因工程技术生产的酶。Nishimori 等人于 1981 年首次用 DNA 重组技术将凝乳酶原基因克隆到 *E.coli* 中并表达成功。1990 年，美国 FAD 已批准在干酪生产中使用。

重组技术生产小牛凝乳酶，首先从小牛胃中分离出凝乳酶原的 mRNA，然后制备相应专一的 cDNA 克隆，在所获得的核苷酸序列外插入适当的转录启动子序列、核糖体结合部位以及起始密码子 AUG，该基因可在宿主细胞中有效表达。利用基因工程菌生产凝乳酶成为解决凝乳酶传统生产成本高、数量少的理想途径。

基因工程的迅速发展，人们可以容易地克隆各种各样的天然酶基因，经酶基因改造，使其在微生物中高效表达，并通过发酵大量生产酶制剂。目前已有凝乳酶基因等 100 多种酶基因克隆成功。部分改组酶性质见表 2-7。

表 2-7　部分基因工程技术生产酶制剂改组酶性质与策略

酶	改组性质	基因突变策略
α-淀粉酶	耐热稳定性	易错 PCR
3-异丙基苹果酸脱氢酶	耐热稳定性	基因整合
β-半乳糖苷酶	底物专一性	DNA 改组
酿酒酵母 FLP 酶	酶活力	易错 PCR / DNA 改组
核酸酶	底物专一性	易错 PCR / DNA 改组
天冬氨酸酶	活性与稳定性	随机/定位诱变

注：易错 PCR 指通过 PCR 时掺入一定比例的位点突变，以不同的条件进行扩增，可得到一系列具有不同突变位点、突变方式的 DNA 链。

五、生产食品添加剂及功能性食品

食品作为人类生存和发展的物质基础，具有营养、保健、调节、享用等功能。食品添加剂及功能性食品越来越受人们关注，也成为食品工业新的增长点。

氨基酸在食品工业中可作为风味增强剂、抗氧化剂、营养补充剂，全世界每年生产50多万t的氨基酸。目前多数氨基酸产品是从蛋白质水解物中提取或生物发酵生产得到的。利用DNA重组技术可大大提高其产量。如色氨酸生产，其生物合成途径中的限速酶是邻氨基苯甲酸合成酶。把编码这种酶的基因转化到生产色氨酸的菌株中，使之正确高效表达，就会增加其产量。有研究表明，通过这种方法可使色氨酸的合成能力提高130%左右。

除了添加剂，还可生产保健功能性食品。决定于其富含的功能因子，如真菌多糖、生物活性肽、功能性微量元素、功能性脂肪酸等。利用基因工程技术突破了传统的养殖加工方式，丰富了食品的来源，提高了食品的价值。

思 考 题

1. 试述基因的结构和功能。
2. 基因工程的研究内容是什么？
3. 试用图表阐述Sanger测序原理。
4. 试比较基因组文库和cDNA文库。
5. 试分析PCR反应体系及反应条件。
6. 比较限制酶的类型和特征。
7. 举例说明基因工程在食品工业中的应用。

第三章 酶工程与食品工业

自然界已经发现 2 000 多种酶，但目前在工业化生产及应用中的酶仅有几十种，由此说明酶工程发展潜力巨大。本章介绍酶的概念和特性，酶工程及其发展概况，酶的发酵生产及发酵条件控制，酶的分离、纯化、精制、酶活力测定及酶制剂的保存，酶的固定化技术与酶反应器和酶传感器，酶工程在食品工业中的应用。

第一节 酶工程概述

酶是由生物活细胞合成的、对其特异性底物起高效催化作用的蛋白质。生物体内的各种化学反应几乎都是在酶的催化下完成的。酶作为生物催化剂，由于反应条件温和，专一性强，在工业生产中利用酶的催化反应来代替一些需要高温、高压、强酸、强碱的化学反应生产产品，可简化工艺、降低设备投资和产品成本、提高产品质量和效率、改善劳动条件、减少化学污染等，因此日益受到人们的重视，应用也越来越广泛。

酶工程是将酶学理论与化工技术相结合，研究酶的生产和应用的一门新的技术性学科，包括酶制剂的制备、酶的固定化、酶的修饰与改造、酶反应器等方面内容。

一、酶的基本概念和特性

1. 酶的基本概念 酶是一类由活细胞产生的，具有催化活性和高度专一性的特殊蛋白质，是一类生物催化剂。酶参与的化学反应称为酶促反应，被其作用发生化学变化的物质称为底物，反应生成物称为产物。酶的化学本质是蛋白质，基本组成单位是氨基酸。

2. 酶的基本特性 酶作为生物催化剂，其作用与一般的无机催化剂或有机催化剂相比，具有显著的特点。

（1）极高的催化效率。酶的催化效率比没有催化剂催化的反应高 $10^8 \sim 10^{20}$ 倍，比一般催化剂催化的反应高 $10^7 \sim 10^{13}$ 倍。

（2）专一性。一般一种酶只催化一种反应或一类反应。许多细胞内的酶只作用于一种特定的底物，表现出对底物高度的特异性和选择性。

（3）不稳定性。由于大多数酶都是蛋白质，具有蛋白质的结构和生物学特性，因此在高温、高压、强酸、强碱、紫外线等不利的物理或化学条件下，容易使酶蛋白变性，从而失去催化活性。

（4）催化活性在体内受到调节控制。生物体内酶的活性受到酶原活化、激活剂和抑制剂的作用、激素调节等各种方式的调节和控制。酶活性的调控使新陈代谢得以顺利进行。

3. 酶的种类　酶的种类繁多，按其化学组成可分为单纯酶和结合酶两种。根据酶催化反应的类型可将酶分为六大类，分别为氧化还原酶类、转移酶类、水解酶类、裂解酶类、异构酶类、连接酶（合成酶）类。

二、酶工程及其发展概况

酶工程是利用酶所特有的生物催化性能，将酶学理论与化工技术结合而成的一门生物新技术。也就是，利用离体酶或微生物细胞、动植物细胞、细胞器特定的催化功能，借助工程手段将相应的原料转化成有用物质的一门科学技术。酶工程在工业、农业、化工、医药、食品、保健业、环境保护等各方面发挥着越来越重要的作用。

酶工程是近几十年才发展起来的一门高新生物技术产业，它的发展大体经历了以下几个时期：20世纪50～60年代早期的酶工程技术，人们直接从动植物或微生物体内提取、分离、纯化制造成各种酶制剂，并将其应用于化工、食品、医药等工业领域。比如，加酶的洗涤剂、淀粉酶、糖化酶、蛋白酶等；20世纪70年代以后，伴随着第二代酶——固定化酶及其相关技术的产生，酶工程才算真正登上了历史舞台。固定化酶正日益成为工业生产的主力军，在化工、医药、轻工、食品、环境保护等领域发挥着巨大的作用；不仅如此，还产生了威力更大的第三代酶，它是包括辅助因子再生系统在内的固定化多酶系统，它正在成为酶工程应用的主角。在当今日新月异的技术革命中，酶工程具有广阔的发展前景。

第二节　酶的生产

目前，酶的生产主要有两种方法，即直接提取法和微生物发酵生产法。早期酶制剂是以动植物作为原料，从中直接提取的，例如，从胰脏中提取蛋白酶，从麦芽中提取淀粉酶。现在，生产酶制剂所需要的酶大都来自微生物。

一、微生物作为酶源的优越性

广义来讲，一切生物体都可作为酶的来源，但为便于应用，则要求酶的含量必须丰富，而且要便于提取。酶的早期来源主要是动物脏器和植物种子，但很快就转为以微生物来源为主，其原因如下。

1. 酶的品种齐全 微生物种类繁多，目前已鉴定的微生物约有 20 万种，再加上尚未鉴定的及人工改良的菌种，使我们有可能从种类繁多的微生物中，选出我们生产所需酶的微生物。

2. 酶的产量高 微生物具有生长繁殖快、生活周期短、代谢能力强等特点，能在较短的时间内获得大量的酶。

3. 容易培养、生产成本低 一般微生物的生活条件比较温和，生产设备简单，培养微生物的原料，大部分比较廉价，如：麸皮、米糠、豆饼、玉米浆、尿素、无机盐、废糖蜜等。与从动植物体内提取酶相比要经济得多。

4. 便于提高酶制品获得率 由于微生物具有较强的适应性和应变能力，可以通过适应、诱变等方法培育出高产量的菌种。另外，结合基因工程、细胞融合等现代化的生物技术手段，可以按照人类的需要使微生物产生出目的酶，大大提高了对酶的产量和类型进行优化的可能性。

二、酶的发酵生产

发酵法是目前生产酶的主要途径。它是利用细胞（主要是微生物细胞）的生命活动而获得人们所需要的酶。要想获得大量的酶，除了要选择性能优良的产酶菌种外，还必须根据菌种的性能，选择合适的发酵方法，提供各种工艺条件，并根据发酵过程的变化进行优化控制，以满足微生物细胞生长、繁殖和产酶的需要。

（一）发酵方法

酶的微生物发酵生产主要有以下两种方式。

1. 固态发酵法 该法一般采用麸皮、米糠等为主要原料，另根据需要添加豆饼、玉米粉、无机盐等辅料，再拌入适量的水，作为微生物生长和产酶用的培养基。固态法又可分为浅盘法、转鼓法和厚层机械通风法，近年来多采用厚层机械通风法。固态发酵法适用于霉菌发酵。

2. 液态发酵法 是利用合成的液体培养基在发酵罐内进行发酵的方法，它又可分为液体表面发酵法和液体深层发酵法两种，其中后者是目前工业生产中主要的发酵方式。液体深层发酵的机械化程度高，技术条件要求也高，但产酶率高，易回收，质量好，劳动强度小。

（二）微生物发酵生产法的条件控制

微生物酶的发酵生产是在人为控制的条件下有目的进行的，因此条件控制是决定酶制剂质量好坏的关键因素。条件控制包括以下几个方面。

1. 优良菌种的筛选 菌种必须具有繁殖快、培养基成分经济、产酶性能稳定、酶粗品易于分离纯化等特性。

2. 培养基 培养基是提供微生物生长、繁殖和代谢以及合成酶所需要的营养物质。由于大多数酶是蛋白质，酶的合成也是蛋白质合成的过程。因此，培养基的 pH、营养物质的成分和比例等条件必须有利于蛋白质的合成。同时，还要注意有些微生物生长繁殖的营养与产酶的营养要求不同，要根据不同的阶段配制不同组分的培养基。

3. pH 适宜的酸碱度是微生物正常生长以及产酶的必需条件。培养基应根据特定微生物的需要，在发酵起始或发酵过程中调节合适的 pH。pH 及其变化对酶的合成有一定的影响，所以发酵过程中要密切注意培养基 pH 的变化。有些微生物能同时产生几种酶，可以通过控制培养基的 pH 以影响各种酶之间的比例。pH 的控制可以通过调整初始培养基中的碳氮比（C/N）或初始 pH，以及发酵过程中间补料等方法实现。

4. 温度 温度不仅影响微生物的生长繁殖，而且对酶和其他代谢产物的合成、分泌和积累也有明显的影响。严格控制发酵温度可加速发酵进程、缩短发酵周期、提高产量。一般情况下，菌种的产酶温度低于最适生长温度。这是因为在较低的温度条件下，可提高酶的稳定性，延长细胞产酶时间。如利用酱油曲霉生产蛋白酶，在 28℃条件下发酵时，蛋白酶的产量比在 40℃下高 2～4 倍，在 20℃温度下发酵，蛋白酶的产量还会更高。但并不是温度越低越好，温度过低会影响细胞的生长，反而会降低酶产量。因此，在酶的发酵生产中要在不同阶段控制不同的温度条件。

5. 通气和搅拌 用于酶制剂生产的菌种基本上都是好氧性微生物，发酵过程中必须供给大量的氧以满足细胞的生长繁殖和产酶的需要。为了提高培养基中的溶解氧，应对培养液加以通气和进行搅拌，但通气和搅拌应适当，过度的溶解氧对某些酶的合成不利。

6. 泡沫 发酵法生产酶的过程中往往产生大量泡沫。泡沫不仅阻碍二氧化碳的排除，直接影响氧的溶解，从而影响到微生物的生长繁殖和酶的生成，而且，泡沫过多时，易造成发酵液溢出罐外，不但浪费原料，还容易污染杂菌。因此，必须生产中采取消泡措施。

（三）提高发酵产酶量的措施

在酶的发酵生产过程中，为了提高酶的产量，除了控制以上条件外，还可以采取一些与酶发酵工艺有关的措施。

1. 添加诱导物　对于诱导酶的发酵生产，在发酵培养基中添加相应的诱导物，能显著提高酶的产量。酶的诱导物可分为三类：①酶的作用底物：许多诱导酶都可由其作用底物诱导产生。例如，纤维素酶、果胶酶、淀粉酶、蛋白酶等均可由各自的底物诱导产生。②酶的反应产物：有些酶可由其催化反应的产物诱导产生。如，半乳糖醛酸是果胶酶催化果胶水解的产物，它却可以作为诱导物诱导产生果胶酶。③酶的底物类似物：酶的最有效的诱导物是不能被酶作用或很少被作用的底物类似物。例如，异丙基-β-D-硫代半乳糖苷（IPTG）对β-半乳糖苷酶的诱导效果比乳糖高几百倍。另外，有些产物类似物对酶也有诱导作用。

2. 降低阻遏物浓度　微生物酶的合成常受到阻遏物的阻遏作用，为了提高酶的产量，必须设法解除这种阻遏作用。阻遏作用有产物阻遏和分解代谢物阻遏两种。阻遏物可以是酶催化反应产物、代谢末端产物以及分解代谢物。降低阻遏物浓度是解除阻遏、提高酶产量的有效措施。对于受分解代谢产物阻遏的酶，常采用分批添加碳源或限制供应相应的生长因子的方法，使培养基中的分解代谢产物保持在不致引起阻遏的浓度；对于合成代谢的酶可以采用以下两种方法来解除其末端产物阻遏：一是向培养基中添加末端产物类似物或添加末端产物形成的抑制剂；二是使用营养缺陷型菌株，同时限制其生长必需因子的供应。

3. 添加产酶促进剂　有些物质用量虽少，但却能显著提高酶的产量，人们称之为产酶促进剂。它可能是酶的激活剂或稳定剂，也可能是酶的诱导物或者是产酶微生物的生长因子等。发酵生产中添加产酶促进剂，往往能显著提高酶的产量。如添加植酸钙镁可使霉菌蛋白酶和橘青霉磷酸二酯酶的产量提高10～20倍。

4. 添加表面活性剂　人们发现许多表面活性剂能提高酶的产量，特别有利于霉菌胞外酶的产生。表面活性剂可能是通过提高了细胞膜的通透性，使细胞内的酶更易透过细胞膜分泌出来，从而打破了细胞内酶合成的反馈平衡，有利于微生物细胞合成更多的酶。有些表面活性剂对酶有一定的稳定、激活作用，从而提高酶的活性。生产中通常使用的是非离子型表面活性剂，如吐温80、Triton X-100等，它们对微生物没有毒性或毒性很小。而离子型表面活性剂有些对细胞有毒害作用，一般不用于酶的发酵生产。

5. 通过基因突变提高酶产量　采取诱变的方法使微生物细胞发生基因突

变，获得产酶量高的菌株，以提高酶的产量。

第三节 酶的分离和纯化

酶的分离纯化是指将酶从发酵液中或菌体中提取出来，使之成为不同纯度的酶产品。酶分离纯化的方法是根据酶的蛋白质特性而建立的。

一、酶的提取

抽提的要求是要将尽可能多的酶、尽量少的杂质从原料引入溶液。抽提包括以下环节。

1. 破碎细胞 如果微生物发酵产生的酶是胞外酶，就可用溶剂直接从液体发酵的培养液或固体培养物中抽提酶类；如果微生物发酵产生的是胞内酶，应先分离收集菌体，将其破碎，再利用提取液将酶抽提出来。

微生物细胞最外层是一层坚固的细胞壁，其内部是细胞膜，在提取细胞内酶时，需要先破坏细胞壁和细胞膜，使酶溶解到溶液中。细胞破碎的方法：① 机械破碎法：即利用机械运动的剪切力使细胞破碎的方法。常用的有捣碎法、研磨法、匀浆法、超声波破碎等。② 非机械法有温度差破碎法、渗透压差破碎法、冻融法、化学破碎法、酶溶法等。

2. 抽提 细胞破碎后，可采用两种方式进行抽提：一是"普遍"抽提；二是选择性抽提。大多数酶蛋白都可用缓冲溶液浸泡抽提。抽提时应注意溶剂种类、溶剂量、溶剂 pH、盐的浓度、温度等条件的选择。

3. 过滤 离心分离是目前酶分离纯化中最常用的方法，主要用于分离发酵液中的菌体残渣、固性物、悬浮固体物或抽提过程中生成的沉淀物。在进行离心分离时要根据欲分离物质及杂质的大小、密度、特性等不同，选择适当的离心机、离心条件和离心方法。工业上常采用板框压滤机和真空转鼓过滤机来完成酶的粗分离。

4. 浓缩 发酵液或酶提取液中，酶浓度一般都比较低，必须经过浓缩才能进一步纯化，也便于保存、运输和使用。常用的方法有蒸发浓缩、超滤浓缩、胶过滤浓缩、反复冻融等。

二、酶的纯化

在抽提液中，除了目的酶以外，通常不可避免地混杂有其他小分子和大分子物质。其中，小分子杂质在相继的纯化步骤中一般会自然地除去，因此比较容易解决；大分子物质包括核酸、黏多糖、其他蛋白质等，须采用相应的不同方法加以除去。

1. 根据溶解度不同进行的纯化 根据溶解度不同进行的纯化方法是使用最普遍的方法。具体的操作方法：盐析法，其原理是根据酶和杂蛋白在高盐浓度的溶解度差别而建立的一种纯化方法；有机溶剂沉淀法，原理是不同蛋白质需要加入不同量的有机溶剂才能使它们分别从溶液中沉淀析出；等电点沉淀法，其原理是不同的蛋白质在各自的等电点处溶解度最低，易于沉淀析出。除此以外还有共沉淀方法、选择性沉淀方法、液-液分离方法等。

2. 按照分子大小进行的纯化 按照分子大小进行纯化的常用方法有胶过滤（层析）方法、筛膜分离方法和超离心分离方法等。

3. 依据解离性质进行的纯化 建立在解离性质基础上进行的纯化，常用的方法有吸附交换（层析）分离方法、电泳分离方法、聚焦层析方法、快速液相层析方法等。

另外还有，利用专一亲和作用进行的纯化、高效液相层析进行的纯化、根据稳定性差别建立的纯化、通过结晶进行的纯化等。

在上述的纯化方法中，沉淀法、吸附法、离子交换法和选择性变性法以前用得较多，而近年来，胶过滤法、亲和层析法和聚焦层析法应用日益广泛。

三、酶 活 力

（一）酶活力及酶活力单位

所谓酶活力，是指酶催化一定化学反应的能力。一般用单位酶制剂中酶活力单位数来表示。液体酶制剂用每毫升酶液中的酶活力单位数（U/mL）表示；固体酶制剂用每克酶制剂中酶活力数（U/g）表示。

酶单位（U）是人为规定的对酶进行定量描述的基本度量单位，其含义是在一定条件（酶反应最适条件）下，单位时间（1min 或 1h）内完成一个规定的反应量（底物减少量或产物增加量）所需的酶量。为了避免酶单位混乱现象，1961 年国际生化学会酶学委员会对酶单位做了统一规定：在最适条件（最适底物、最适 pH、最适缓冲液的离子强度及 25℃）下，每分钟催化 $1.0\mu mol$ 底物转化为产物的酶量为一个酶活力国际单位（IU）。国际单位在实际应用中较繁琐，一般常采用各自规定的单位。如我国标准 QB546—80 中，对 α-淀粉酶活力单位规定为每小时分解 1g 可溶性淀粉的酶量为 1 个单位。

为了比较酶制剂的纯度和活力的高低，常常采用比活力这一概念。酶的比活力是指在特定的条件下，单位酶制剂中的酶活力单位数。即：

$$酶比活力＝酶活力（单位）/酶蛋白（g）$$

（二）酶活力测定方法

在酶的生产及应用过程中，常常需要进行酶活力的测定，以确定酶的活力大小及其变化情况。酶活力测定可分为两个阶段，首先在一定条件下，让酶与其作用底物反应一定时间，然后再测定反应液中底物或产物的变化量。其测定步骤如下。

1. 选择适宜的底物 根据酶的专一性选择底物，并配制成一定浓度的底物溶液。使用的底物必须达到一定的纯度。有些底物溶液要求新鲜配制，有些则可预先配制后置冰箱内保存备用。

2. 确定酶促反应条件 根据资料或试验结果，确定反应的温度、pH 等条件。温度可选择室温（25℃）、体温（37℃）或选用其他的温度；pH 应是酶促反应的最适 pH。反应条件一经确定，在反应过程中应尽量保持恒定不变。因此，反应要在恒温槽或水浴中进行，pH 的保持是采用一定浓度和一定 pH 的缓冲溶液。有些酶促反应，要求激活剂等其他条件，应适量添加。

3. 测定反应结果 在一定条件下，将一定量的酶液与一定量的底物溶液混合均匀，反应一定的时间后，取出适量的反应液，运用生化检测技术，测定产物的生成量或底物的减少量。为了准确地反映酶促反应的结果，应尽量采用快速、简便的方法，立即测出结果。若不能立即测出结果的，要及时终止酶反应，然后再测定。终止酶反应常用的方法有以下几种。

（1）加热灭酶法。反应时间一到，立即取出反应液，置于沸水浴中加热使酶失活。

（2）加酶的变性剂或抑制剂。如三氯乙酸等，使酶失活。

（3）调节 pH。加入酸或碱溶液，使反应液的 pH 迅速远离酶催化反应的最适 pH，从而终止反应。

（4）降低反应液的温度。将取出的反应液立即置于冰瓶或冰盐溶液中，使反应液的温度迅速降至 10℃ 以下。

测定反应液中物质的变化量，可采用光学检验法、化学检测法等。下面是几种酶活性测定的常用技术和方法。

①量气法：在封闭的反应系统中如有气体变化，通过测量变化后的气体体积或压力很容易计算出气体变化量，这是量气法的基本原理。曾在医学上广泛应用的 Vanslyke 测二氧化碳结合力的方法就是量气法的一个典型例子。Warburg 进一步加以发展，设计出专用于测定酶活性的瓦勃呼吸仪。这种仪器特别适用于测定那些在反应中产生或消耗气体的酶，例如氧化酶反应涉及到 O_2

的消耗，脱羧酶会产生 CO_2。

②比色法与分光光度法：在 20 世纪 50 年代以前，瓦勃仪得到研究实验室广泛的应用，并在酶学上取得丰硕的成果。但此法操作繁琐，技术要求高而且灵敏度低，实际检测中很少使用，多使用简单易行的比色法测酶活性，如测定淀粉酶的 Somogyi 法，碱性磷酸酶的 Bodansky 法、King 法等。这些方法都是在酶和底物作用一段时间后停止酶反应，加入各种化学试剂与产物或基质反应呈色，用比色计在可见光处比色，同时将被测物质作标准管或标准曲线，比较后计算出在此段时间内产物生成量或底物消耗量，从而求得反应速率。

比色法从 20 世纪 50 年代起逐步被分光光度法所取代。因为分光光度计使用近似单色光的光源，在此条件下，某一特定物质的吸光度为常数，即人们所熟悉的摩尔吸光度（molar absorbance）。根据此值从吸光度 $\Delta A/\Delta T$ 不难计算出酶催化反应速率。

③化学法：如用化学滴定法测定糖化酶催化淀粉生成葡萄糖的量等。

四、酶的保存

1. 干粉保存 干粉保存的一种重要形式是丙酮粉，干燥制品一般较稳定，将酶制成晶体或干粉更有利于保存。在低温条件下，酶活性可在数月甚至数年内没有明显变化。保存方法也很简单，只要将干燥后的酶制剂置于 0～4℃条件下保存即可。但有些酶在低温下反而易失活，因为在低温条件下，亚基之间的疏水作用减弱会引起酶的解离。0℃以下，溶质的冰晶化还可引起盐分浓缩，导致溶液的 pH 发生变化，使酶的巯基连接成为二硫键，破坏酶的活性中心，从而使酶变性失活。大多数酶在一定 pH 范围内稳定，超出一定范围便会失活，如溶菌酶在酸性条件下稳定，而固氮酶在中性偏碱的条件下稳定。

2. 液态酶的保存 液态保存对保持酶的活性是不利的，只在某些特殊情况下采用，保存时间也不宜过长，并且需要严格的防腐措施。液态酶常用的防腐剂有甲苯、苯甲酸、氯仿等，稳定剂有硫酸铵、蔗糖、甘油等。

第四节 酶固定化与酶反应器

由细胞合成的酶是呈游离状态的，它稳定性差，易变性、失活，随着反应时间的延长，催化反应速度下降，而且在催化反应结束后，难以回收，不能重复利用。为了适应工业化生产的需要，人们就模仿生物酶的作用方式，将酶束缚在特殊的惰性固体支撑物上，让它既能保持特有的活性，又能长期稳定反复使用，同时又可以实现生产工艺的连续化和自动化，这就是固定化技术。随着固定化技术的发展，作为固定化的对象不单单是酶，亦可以是微生物细胞或动植物细胞和各种细胞器。

由于固定化技术的发展，使酶可以和一般催化剂一样反复使用。同时，固定化细胞可以代替某些发酵过程。因此，酶反应器技术就应运而生了。

一、酶的固定化方法

（一）固定化技术

1. 酶固定化技术　酶固定化技术是通过物理或化学的方法将酶连接在一定的固相载体上成为固定化酶，从而发挥催化作用。固定化后的酶在保持原有催化活性的同时，又可以同一般催化剂一样能回收和反复使用，可在生产工艺上实现连续化和自动化，更适应工业化生产的需要。

2. 细胞固定化技术　细胞固定化技术是将完整的细胞连接在固相载体上，免去破碎细胞提取酶的程序，保持了酶的完整性和活性的稳定。一般来说，固定化细胞制备的成本比固定化酶低。

（二）酶的固定方法

酶的固定方法很多，但没有一种方法可普遍适用于所有的酶。特定的酶要根据其特性和具体要求选择一种或几种方法（图 3-1）。目前，酶的固定方法有 4 种，即吸附法、共价结合法、交联法和包埋法。

1. 吸附法　依据原理的不同又可将吸附法分为物理吸附法和离子吸附法。

（1）物理吸附法。通过物理作用，将酶吸附到不溶性载体表面的一种固定化方法。无机载体有活性炭、高岭土、硅藻土、硅胶、磷酸钙胶、微孔玻璃等。无机载体的吸附容量低，还易发生解吸。有机载体有纤维素、淀粉、葡聚糖、琼脂、聚丙烯酰胺等。物理吸附法具有酶活性中心不易被破坏、酶高级结构变化小、酶活性损失少、载体廉价易得且可反复使用等优点。但存在着酶与载体结合力弱、酶易脱落、应用范围受到限制等缺点。

（2）离子吸附法。离子吸附法是指通过离子效应，将酶分子固定到含有离子交换基团的固相载体上。其载体有阴离子交换剂，如 DEAE（二乙氨基乙基）-纤维素、TEAE（四乙氨基乙基）-纤维素、DEAE-葡聚糖凝胶等；阳离子交换剂，如 CM-纤维素、Amberlite（G-50、IRC-50、IR-120、Dowex-50）等。离子吸附法操作简单，处理条件温和，能得到酶活性回收率较高的固定化酶。但是，酶与载体的结合力较弱，容易受缓冲液种类或 pH 的影响，在离子强度较高的条件下进行反应时，酶往往会从载体上脱落。

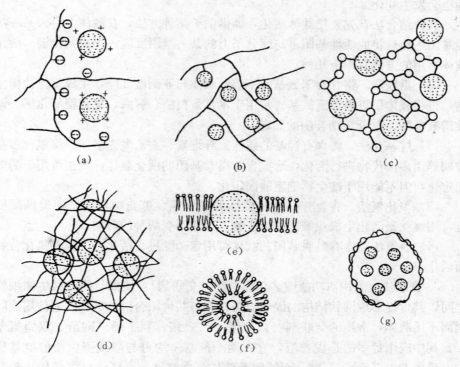

图 3-1　酶固定方法示意图

（陆兆新·现代食品生物技术·2002）

（a）离子结合　（b）共价结合　（c）交联　（d）聚合物包埋

（e）疏水相互结合　（f）脂质包埋　（g）微胶囊

2. 共价结合法　酶与载体以共价键结合的固定方法，是最常用的方法之一。归纳起来有两类操作方法：一是将载体有关基团活化，然后与酶有关基团发生偶联反应；另一种是在载体上接上一个双功能试剂，然后将酶偶联上去。可与载体结合的酶的功能团有 α-或 β-氨基、α-位、β-位或 γ-位的羧基、巯基、羟基、咪唑基、酚基等。参与共价结合的氨基酸残基不应是酶催化活性所必需的，否则往往造成固定后的酶活性完全丧失。所用载体可分为三类：天然载体（如多糖、蛋白质、细胞）、无机物（玻璃、陶瓷）和合成聚合物（聚酯、聚胺、尼龙等）。

共价结合法与离子吸附法或物理吸附法相比，其优点是酶与载体结合牢固，一般不会因底物浓度高或存在盐类等原因而脱落。但是该法反应条件苛刻，操作复杂，而且由于采用了比较激烈的反应条件，会引起酶的高级结构发生变化而破坏活性中心，酶活回收率不高（一般为 30% 左右），甚至底物专一性也会发生变化。

共价结合法首先要使载体活化，即借助于某种方法，在载体上引入某一活性基团，然后将此活性基团再与酶分子上的某一基团反应，形成共价键。活化载体常用的方法有以下几种。

（1）重氮法。将含有苯氨基的不溶性载体与亚硝酸反应，生成重氮盐衍生物，再将载体引进活泼重氮基。常用于木瓜蛋白酶、脲酶、葡萄糖氧化酶、碱性磷酸酯酶、β-葡萄糖苷酶的固定。

（2）烷基化法。将含有羟基的载体如纤维素、去乙酰壳多糖、烷氨化多孔玻璃等用多卤代物进行活化，形成含有卤素基团的活化载体。该法可用于酶的固定化，但不能用于微生物细胞的固定化。

（3）溴化氰法。将含有羟基的载体如纤维素、琼脂糖凝胶、葡聚糖凝胶等，用溴化氰活化生成亚氨碳酸衍生物，该法不受酶种的限制。

（4）叠氮法。含有酰肼基团的载体可用亚硝酸进行活化，生成叠氮化合物而活化。

3. 交联法 采用双功能或多功能试剂（交联剂），使酶与酶或微生物细胞之间以共价键形成网状结构的固定方法。它与共价结合法的区别是它使用交联剂而不用载体，常用的交联剂有戊二醛、己二胺、顺丁烯二酸酐、双偶氮苯等。其中应用最多的是戊二醛，它有两个醛基，均可与酶或蛋白质的氨基反应，形成希夫（Schiff）碱，而使酶或菌体蛋白交联。交联法反应条件比较激烈，固定化酶的酶活回收率较低，但尽量降低交联剂浓度和缩短反应时间，将有利于固定化酶比活性的提高。

4. 包埋法 将聚合物单体与酶溶液混合，再借助于聚合促进剂（包括交联剂）的作用进行聚合，使酶包埋于聚合物中以达到固定化。此法由于酶分子仅仅是被包埋，未发生化学反应，故酶活力高，酶活回收率也较高，但此法不适宜作用于大分子底物，因为只有小分子才能通过高分子凝胶的网格扩散。包埋法按照包埋材料和方式的不同可分为网格型和微囊型两种。

以上四种酶的固定化方法各有优势劣势，实际应用时要根据产品的具体要求选择适宜的方法。

（三）固定化酶的评价指标

酶的固定化效果可用下列指标进行评价。

1. 相对酶活力 具有相同质量酶蛋白的固定化酶与游离酶的活力的比值称为相对酶活力，它与载体结构、颗粒大小、底物分子质量大小及酶的结合效率有关。相对酶活力低于75％的固定化酶，一般无实际应用价值。

2. 酶的活力回收率 固定化酶的总活力与用于固定化的酶总活力的百分

比称为酶的活力回收率。一般情况下，活力回收率应小于 1，如果大于 1，可能由于固定化活细胞增殖或排除了某些抑制因素的结果。

3. 固定化酶的半衰期　即固定化酶的活力下降到为初始活力一半所经历的时间，用 $t_{1/2}$ 表示，它是衡量固定化酶操作稳定性的关键。

二、固定化酶的性质

固定化酶由于受载体等因素的影响，酶的性质往往会发生一些变化。

1. 酶活性的变化　酶经固定化后，酶分子的构象可能改变，导致了酶与底物结合能力或催化底物转化能力发生变化；载体的存在给酶的活性部位或调节部位造成某种空间障碍，影响酶与底物的作用；酶包埋于载体，底物必须扩散进入载体才能和酶分子接触，扩散速率的不同限制了酶与底物的作用。不过也有少数情况，酶或细胞在固定化后反而比等量游离酶的活性高，其原因可能是固定化过程中酶蛋白得到了正修饰，或酶活性中心的空间构象被固定在与底物结构最相吻合的状态，或酶的稳定性得到了提高，酶不易失去活性。

2. 酶稳定性的变化　大多数酶在固定化以后，有较高的稳定性和较长的有效寿命，其原因可能是固定化增加了酶结构型的牢固程度、阻挡或减缓了不利因素（如热、pH、变性剂等）对酶的影响、限制了酶分子之间的相互作用。但固定化如果触及到酶的敏感区，也可能导致酶稳定性下降。

固定化酶稳定性的提高主要表现在：对热的稳定性提高，可以耐受较高的温度；保存稳定性好，半衰期延长；对蛋白酶的抵抗性增强，不易被蛋白酶水解；对变性剂的耐受性提高，在尿素、有机溶剂、盐酸胍等蛋白质变性剂的作用下，仍可保留较高的酶活力。

3. 最适温度的变化　由于酶固定化后的热稳定性提高了，所以其最适温度也随之提高。例如，色氨酸酶经共价结合后最适温度比固定前提高了 5～15℃。另外，同一种酶采用不同的方法或不同的载体进行固定化后，其最适温度也可能不同，如氨基酰化酶（最适温度 60℃），用 DEAE-葡聚糖和 DEAE-纤维素固定化后，其最适作用温度分别提高 12℃和 7℃。

4. 最适 pH 的变化　酶经固定化后，其最适 pH 往往会发生变化，主要是受载体的带电性质和酶催化反应的产物性质的影响。用带负电荷的载体制备的固定化酶，其最适 pH 较游离酶要高；用带正电荷载体制备的固定化酶，其最适 pH 会降低；而用不带电荷的载体制备的固定化酶，其最适 pH 一般不会改变。带电荷载体影响固定化酶最适 pH 改变是由于载体的电荷会中和部分溶液中的氢离子（或氢氧根离子）造成的。催化反应的产物为酸性时，固定化酶的最适 pH 要比游离酶的高一些；产物为碱性时，会低一些；产物为中性时，则无影响。这是由于固定化载体成为扩散障碍，使反应产物向外扩散受到一定的限制所造成的。

5. 底物特异性的变化　底物特异性的改变是由于载体对底物产生的空间阻隔引起的，底物特异性的变化与底物分子质量大小有一定关系。对于那些作用于低分子底物的酶，固定化前后的底物特异性没有明显变化，如氨基酰化酶、葡萄糖异构酶等；而对于那些既作用于高分子又作用于低分子底物的酶，则会发生较大改变，如胰蛋白酶经羧甲基纤维素固定化后，对二肽或多肽的作用特性没有改变，但对酪蛋白的作用仅为游离酶的 3%。

6. 反应动力学常数的变化　酶固定于中性载体后，表观米氏常数往往比游离酶高，而最大反应速度变小；而当酶与带有相反电荷的载体结合后，表观米氏常数往往减小，这对固定化酶实际应用是有利的。此外，在高离子强度下，酶的动力学常数往往几乎不变。

三、酶反应器

酶反应器是根据酶的催化特性而设计的反应设备。其设计的目标就是生产效率高、成本低、耗能少、污染少，以获得最好的经济效益和社会效益。

（一）酶反应器的基本类型

由于生物催化剂的催化反应是多样化的，可以是单酶反应，也可以是增殖细胞内的多酶反应；可以是游离酶（细胞）反应，也可以是固定化酶（细胞）反应。所以酶反应器的种类有多种类型（图 3-2）。

1. 搅拌罐型反应器　这类反应器的优点是造价低，装置简单，传质阻力最小。图 3-2 中分批式（a）、连续流式（b）和（c）属于这种类型。它们都具有结构简单、温度和 pH 易控制、能处理胶体底物和不溶性底物及催化剂更换方便等特点。缺点是搅拌桨叶产生剪切力，容易使固定化酶颗粒受到磨损、破碎，容易造成酶失活。

2. 固定床反应器　固定床反应器又称为填充床反应器。它是将颗粒状、板状或纤维状的固定化酶（细胞），填充在固定床（填充床）内制成的酶反应器，图 3-2 的（d）、（e）和（f）属于这种类型。底物溶液以一定方向和流速不断地流进固定床，产物从固定床出口不断地流出来。在固定床横切面上，液体流动速度完全相同，沿液体流动方向，底物浓度和产物浓度都是逐渐变化的。但是，在同一横切面上，无论是底物浓度还是产物浓度都是一致的。因此，可以把固定床（填充床）反应器看成是一种平推流型反应器或称为活塞流

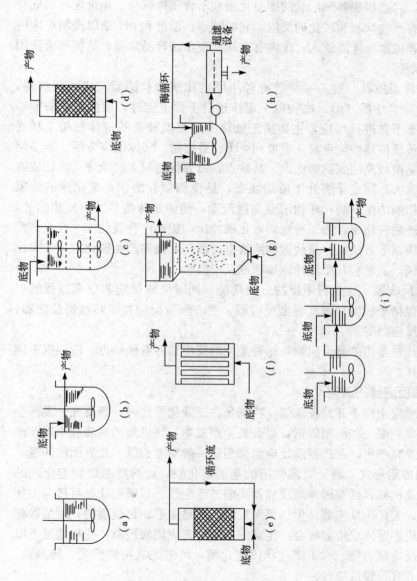

图 3-2　酶反应器示意图

（a）搅拌式反应罐　（b）搅拌式反应器　（c）连续搅拌釜式反应器　（d）填充床反应器
（e）带循环固定反应器　（f）列管式固定床反应器　（g）流化床反应器
（h）酶循环搅拌式反应器（带有过滤装置）　（i）串联酶反应器

反应器。它的优点：可以使用高浓度的生物催化剂，反应效率较高；由于产物不断流出，可以减少产物对酶的抑制作用；结构简单，容易操作，适用于大规模工业生产。它适用于各种形状的固定化酶和不含固体颗粒、黏度较小的底物溶液，以及有产物抑制和转化的反应。它的缺点：温度和 pH 难以控制；床内压力大，底物需加压才能流入；床内有自压缩现象，容易堵塞；更换和清洗固定化酶较麻烦等。

3. 流化床反应器 这是一类装有较小固定化酶颗粒的垂直塔式反应器，其结构如图 3-2 中的 (g)。底物以一定流速自下而上流过，使固定化酶颗粒处于悬浮状态下并进行反应，主要用于处理一些黏度较高的液体和粉末状底物。它具有传质传热性能良好、温度和 pH 容易控制、气体供应方便、不易堵塞、能处理黏度较高的底物等优点。其缺点：需要保持较大的流速，运转成本较高，难以放大；固定化酶处于流动状态，易使酶颗粒磨损；流化床的空隙大，单位体积酶浓度不高；底物溶液高速流动，使固定化酶易冲出反应器外，从而降低了产物转化率。为了避免固定化酶冲出，提高产物转化率，在生产操作时可以采用以下方法：一是使底物溶液进行循环，提高产物转化率；二是使用锥形流化床；三是将几个流化床串联成反应器组。

4. 膜式反应器 这是利用膜的分离功能，同时完成反应和分离过程的一类反应器。包括平板型和螺旋卷型反应器、空心酶管反应器、转盘型反应器、中空纤维膜反应器等。

以上是几种常用的酶反应器，每种类型的反应器各有优缺点，应根据不同需要进行选择。

（二）酶反应器的选型

酶的实际应用离不开酶反应器，特别是在工业化生产时，既要充分发挥生物特点，又要克服一些限制因素，以最低生产成本，获得酶的高效利用以及产物的高质量及高产出。在进行酶反应器选型时一般应考虑以下几方面的问题。

1. 酶的应用形式 酶反应器常用的是固定化酶，此时要考虑固定化酶的形状、大小及机械强度等因素与反应器类型的匹配性。如颗粒状酶可选用搅拌罐、固定床、流化床反应器，但如果颗粒状酶是易变形、易凝集的，或是颗粒细小的，采用固定床反应器时会产生高的压降，造成堵塞现象，这种情况下以采用流化床反应器为宜。对于膜片状固定化酶，可考虑选用螺旋式、转盘式、平板式、空心管等膜反应器。

2. 底物的性质 底物有溶解性的、颗粒状的和胶体性的。溶解性的底物对任何反应器比较适用，但颗粒状和胶体状底物往往会堵塞填充床，宜采用搅拌罐或流化床型反应器，但要控制合适的搅拌速度与流速。

3. 酶反应的特殊操作要求　有些酶反应存在特殊的要求，会影响反应器的选择。如底物在反应条件下不稳定或酶受高浓度底物抑制时，需在反应过程中连续或间断地将底物分批加入反应器中，这时可选用搅拌罐型反应器。如反应是需氧的，则反应器就必须配备一种充分混合空气的系统，此时可选择鼓泡塔型反应器。

4. 酶的操作稳定性　酶在反应器中作用时，由于受到热、pH、毒物或微生物的污染等因素的影响，都可能导致酶失去活性。酶的失活大致有三种情况：酶的失效、酶从载体上脱落和载体的破碎或溶解。对于酶的失效来说，活塞流反应器（PFR）中酶的失效速度通常较全混型反应器（CSTR）要低。酶从载体上脱落的情况在加工高分子底物时常发生，尤其是当底物或载体是带电的多聚电介质时更是如此。对于反应器运转时由于高速搅拌等造成的酶从载体上脱落、酶的扭曲、或溶解、酶颗粒变细直至从反应器中流失等，全混型反应器是最易造成此类损失的一种。

5. 反应器的通用性和成本　可用于生产各种产品的多用途反应器从使用效率和投资成本来看是最低的，连续流搅拌酶反应器就兼有这种特点。但同时要考虑酶的价格及其在反应器中的使用效率和寿命等因素，才能获得最好的效果。表3-1为各类反应器的主要应用特点，可供选型时参考。

表3-1　各类酶反应器的主要应用特点

反应器类型	应用特性	
	优　点	缺　点
搅拌罐反应器（BSTR）连续式搅拌罐（CSTR）	适用面较广，能处理难溶底物和胶状底物；适用于受底物抑制的酶反应；结构简单，成本低	受产物抑制性影响较大
固定床反应器（PBR）	适用于各种形状的固定化酶和不含固体颗粒、黏度较小的底物溶液，以及有产物抑制和转化的反应；反应效率较高，容易操作	小颗粒固定化酶可能产生高压降与压密现象，不适用于颗粒状、黏性较大的底物
流化床反应器（FBR）	传质、传热性能良好，不引起堵塞和压力降；可用于处理粉末状底物和黏度大的底物溶液	动力消耗大，不易直接模拟放大
搅拌罐-超滤膜组合反应器（CSTR-UFR）	适用面广，包括水溶性酶、黏性或不溶性底物	酶稳定性较差，易为超滤膜吸附，产生浓度差极化现象

（三）酶反应器的操作

利用酶反应器进行生产，首先要根据生产目的、生产规模、生产原料、产品的质量要求等选择合适的酶反应器，以便充分利用酶的催化功能，生产出预期产品，并降低反应成本，为达到此目的，还要确定合理的酶反应器的反应操作条件并进行合理控制。

1. 酶反应器中流动状态的控制　在反应器中酶的催化效率和反应器的寿命都与反应器中流体流动状态有关。流动方式的改变会使酶与底物接触不良，造成反应器生产率降低，同时还会造成返混程度变化，为副反应提供了机会。

影响流动状态的因素主要有载体填装不规则、底物上柱不均匀、载体自压缩、搅拌速度、固体和胶体物质沉积造成壅塞等。解决的方法有选择体积较大、表面光滑、不可压缩的、珠形的固定化载体；采取间歇式填充；间歇通上行气流；对过浓的黏性材料进行预处理等。对于搅拌型反应器应严格控制搅拌速度，防止搅拌不均匀或搅拌速度过快造成固定化酶的破碎和失活。

2. 酶反应器的稳定性控制　在酶反应器工作过程中，许多因素都会影响反应器的稳定性，如温度过高、pH过高或过低、离子强度过大均会造成酶变性失活；微生物及酶会对固定化酶造成破坏；氧化剂存在会导致酶氧化分解；重金属等有害物质会对酶产生不可逆抑制；剪切力会对酶结构造成破坏；载体磨损会造成酶的损失；长期在高浓度底物和盐浓度中，固定化酶会逐步解吸。因此，在酶反应器使用和维护过程中，必须采取有针对性的措施进行有效控制。

3. 酶反应器中微生物污染的控制　酶反应器与生物发酵反应器不同，反应不必在完全无菌条件下进行，但仍需控制微生物污染，特别是在食品和药品的生产过程中卫生条件要严格控制。因为微生物污染会给反应带来许多不利的影响，如消耗底物或产物、产生有害酶、产生异味性甚至有毒代谢物、减少产物的产出、增大产物分离难度、降解固定化酶活性载体、堵塞反应柱等。因此，应采取适当的方法对微生物的污染加以控制。具体方法：可向底物加入杀菌剂、抑菌剂、有机溶剂或将底物料液进行灭菌处理；在温度45℃以上或在酸性、碱性缓冲溶液中进行操作；酶反应器在每次使用后要进行适当清洗和消毒处理，可用酸性水或含过氧化氢、季铵盐的水反冲。在连续运转过程中，也可定期用过氧化氢或50％甘油水溶液处理反应器。无论采用哪种方法，首先要考虑是否会对固定化酶的性质产生不良影响。

4. 酶反应器的恒定生产能力的控制　实现酶反应器恒定的生产能力是保证一定的生产效率的根本。在生产中，要实现酶反应器恒定的生产能力，可采用下面的几种控制方式。

（1）控制反应温度。逐步提高温度可实现反应器的恒定生产能力。因为，在反应过程中，随时间而导致的酶活损失可用较高温度下酶催化速度加快而得到补偿。但是，反应温度也不可过高，温度过高会加速酶的失活、缩短反应器的使用寿命。

（2）控制流速。对于填充床式反应器，可通过控制流速来保证一个生产周期内的恒定生产能力，但必须以一定时间内形成产物的量来决定流速，而不能以酶的活性或酶催化底物的转化率决定流速。因为在一个生产周期内，单位时间内的产物含量是从大到小而变化的。

（3）反应器的组合使用。把若干个反应器串联或并联起来使用，可避免因反应器酶活耗尽而导致的产出较大变化。由于多个反应器组合后，可不断用新的反应器代替酶活性已耗尽的反应器，从而减小产出的波动程度。串联操作要控制的物流较小，酶能充分利用，但是操作中的压降和压缩问题较大；并联有最好的操作适应性，每个反应器基本上可以单独工作，每个单元能很方便地加入或离开反应系统。

四、酶传感器

自从 20 世纪 60 年代酶电极问世以来，生物传感器获得了巨大的发展，已成为酶分析法的一个日益重要的组成部分。生物传感器具有选择性高、分析速度快、操作简单、价格低廉等特点，在工农业生产、环保、食品工业、医疗诊断等领域得到了广泛的应用。

生物传感器是利用生物活性物质（即生物元件）作敏感器件，配以适当的换能器（即信号传导器）所构成的分析检测工具。

酶传感器是问世最早，也是目前最成熟的一类生物传感器，它是由纯化酶制成的酶膜结构，能在常温常压下检测待测液中的糖类、醇类、有机酸、氨基酸等生物分子的量。它是在固定化酶的催化作用下，生物分子发生化学变化后，通过换能器记录变化从而间接测定出待测物浓度。

（一）酶传感器的优点

酶传感器的优点：费用和成本低，采用固定化酶作催化剂，可重复多次使用；专一性好，只对特定的底物起反应，干扰少；分析速度快，通常可在 1min 内得到结果；准确性高，一般相对误差小于 1‰；操作系统简单，容易实现自动化分析。

（二）酶传感器的结构与工作原理

1. 酶传感器的结构与分类 酶传感器是以固定化酶作为感受器，以基础电极作为换能器的生物传感器。根据感受器与基础电极结合方式的不同，将酶传感器分为电极密接型和液流系统型两种。电极密接型即直接在基础电极的敏感面上安装酶膜，从而构成酶电极；液流系统型的固定化酶是与基础电极分开的。将固定化酶填充在反应柱内，底物溶液流经反应柱时，发生酶促反应，产生生化信号，再流经基础电极敏感面，此时，生化信号转换成电信号。

2. 酶传感器的工作原理 把酶电极插入待测溶液中，此时固定化酶便专一地催化溶液中的目的物质发生化学反应，产生某种离子或气体等电极活性物质（生化信号），再由基础电极给出混合溶液中目的物质的浓度数据。

（三）酶传感器的制备及性能

1. 酶传感器的制备 制备酶传感器一般经过以下几个步骤。

（1）酶的选择。要根据目的物的性质选择能专一性催化目的物发生化学反应的酶。例如：要测定血液中的葡萄糖浓度，须选择葡萄糖氧化酶作为感受器。

（2）酶与固相载体结合成固定化酶。

（3）基础电极的选择。要根据酶促反应产生的生化信号（离子浓度或气体浓度变化），选取对此生化信号有选择性响应的基础电极作为换能器。例如：生化信号是 O_2，应选择氧电极作为换能器；生化信号是 NH_4^+，应选择铵离子电极作为换能器。

下面是几种常见酶传感器的制备方法。

①聚丙烯酰胺固定化酶涂层法：在基础电极（如玻璃电极）的头部套上一尼龙网，将少量含酶的聚丙烯酰胺凝胶溶液加入尼龙网内，使其充满所有的网孔，然后，照光聚合 1h，便制成了酶电极。该法制备费时，但酶电极的稳定性好，其稳定期可达 3～4 周，可供分析 50～100 个样品，且酶膜更换方便。

②交联酶涂层法：将适量酶溶于磷酸缓冲液中，加入牛血清白蛋白和戊二醛，搅拌生成交联酶。将玻璃电极头部浸入上述溶液中，缓慢旋转，则交联酶牢牢地固定于玻璃电极头部，取出后，用去离子水、甘氨酸溶液洗涤，以除去残留的戊二醛，这样，便制成了酶电极。用该法制成的酶电极稳定性好。

③透析膜包扎法：将粉状固定化酶或游离酶涂抹在基础电极的头部，用玻璃纸透析膜包住电极头部，然后用橡皮圈扎紧，便制成了酶电极。注意：酶粉要涂抹均匀；使用前须将酶电极放入缓冲液中浸泡数小时。此种酶传感器制法简单。若是固定化酶，则酶电极的稳定性好。

2. 酶传感器的性能

（1）响应特性。从酶电极插入被测试样到获得稳定测定值的电信号所需的时间，称为响应时间。酶电极用于测量时，响应时间越短越好。在实际应用时，酶电极的响应时间常受到一些因素的影响，如：①影响酶反应速度的各种因素：酶的反应速度快，则酶电极的响应时间短；②酶固定化方法：酶的固定化方法不同，则酶电极的响应时间也不一样；③酶膜厚度：酶膜厚度小，则响应时间短。此外，基础电极的特性和酶反应特性也影响酶电极的响应时间。

（2）稳定性。酶电极的稳定性可以用使用时间和使用次数来表示。酶电极的稳定性如何，关系到酶电极使用时间的长短及使用次数的多少。稳定性越高，则使用时间越长。随着使用次数的增加，酶活性逐渐下降，从而导致校正曲线的位移，影响测定数据的准确性。

（3）恢复时间。酶电极在完成第一个样品测定之后，不能立即做第二个样品测定，需要有一个恢复时间。这是因为酶膜上残留有产物，必须将酶电极进行充分洗涤，除尽酶膜中的产物，电位才能恢复到基线电位，这时才能做第二个样品测定。上述洗涤电极的时间，称为酶电极的恢复时间。恢复时间常受到基础电极的种类、酶电极制备方法等因素的影响。

（4）测量范围。测量范围是指酶电极电位对目的物质浓度存在线性关系的底物浓度范围，只有当目的物质溶液位于测量范围时，测定的数据才是可靠的。酶电极的测量范围常受到酶电极的种类、同一种酶电极不同的制备方法、用不同酶系统制备的酶电极等因素的影响。

（5）测定中的干扰。在测量过程中，酶电极常常受到干扰，从而影响测量的准确性。其干扰因素有抑制剂、激活剂、被测底物之外的其他底物等。

（四）酶传感器的应用

酶电极具有测试专一、灵敏、快速、简便、准确的优点，并且稳定性较好，可以使用几十次到几百次。因此，它已广泛应用于发酵过程、临床诊断、化学分析以及环境监测等各个方面。

1. 在发酵过程中　已正式用酶电极监测发酵液中各种物质浓度的变化。一是可以及时获得预期的信息（一次参数），再经过电子计算机处理，可获得二次参数；二是用以指导发酵生产，以便对发酵生产过程做出更精密的调控。

2. 在临床诊断中　把固定化诊断酶制成酶电极，更加体现酶法诊断的精确性，易于进行数据处理和确定病因。

3. 在环境监测中　酶电极用于野外检测，具有简便、快速、准确的优越性。

第五节　酶工程在食品工业中的应用

生物技术在食品工业中应用的代表就是酶的应用。目前已有几十种酶成功地应用于食品工业，几乎涉及所有食品领域。例如，葡萄糖、饴糖、果葡糖浆、酒类的生产，蛋白质制品、果蔬加工，食品保鲜以及食品品质与风味的改善等。

一、食品工业中常用的酶系

据统计，目前全世界所生产的酶总产量中有40％以上应用到食品工业生产，而且酶的品种和剂型还在不断地增加。表3－2是食品工业中常用酶的基本情况。

表3－2　食品工业中常用的酶

酶	来　　源	主要用途
α-淀粉酶	枯草杆菌、米曲霉、黑曲霉	淀粉液化，制造葡萄糖、饴糖、果葡糖浆，醇类生产，面团改性，纺织品退浆
β-淀粉酶	麦芽、巨大芽孢杆菌、多黏芽孢杆菌	麦芽糖生产，啤酒酿造，调节烘烤物的体积
糖化酶	根霉、黑曲霉、红曲霉、内孢霉	淀粉液化，制造葡萄糖、果葡糖浆
葡萄糖异构酶	放线菌、细菌	生产果糖、果葡糖浆
异淀粉酶	气杆菌、假单胞杆菌	制造直链淀粉、麦芽糖
纤维素酶	木霉、青霉	生产葡萄糖，果汁澄清，坚果壳处理，速溶茶生产
果胶酶	霉菌、细菌、放线菌、植物	果汁、果酒的澄清
葡萄糖氧化酶	黑曲霉、青霉	蛋白质制品加工，食品保鲜
转移糖苷酶	青霉、细菌、节细菌	生产功能性低聚糖
蛋白酶	胰脏、木瓜、枯草杆菌、霉菌	啤酒澄清，果汁澄清，蛋白质水解调味料，乳制品加工，肉类嫩化，面团改性，生产多功能肽，制蛋白胨，油脂脱胶
转谷氨酰胺酶	放线菌	蛋白质改性
脂肪酶	黑曲霉、柱状假丝酵母、毛霉、青霉、木霉、动物	乳酪后熟，改良牛奶风味，香肠熟化
橘苷酶	黑曲霉	水果加工，去除橘汁苦味
橙皮苷酶	黑曲霉	防止柑橘罐头及橘汁浑浊
单宁酶	黑曲霉、米曲霉	消除多酚类物质
乳糖酶	霉菌、酵母	水解乳清中的乳糖
氨基酰化酶	霉菌、细菌	由 DL-氨基酸生产 L-氨基酸
磷酸二酯酶	橘青霉、米曲霉	降解 RNA，生产单核苷酸
溶菌酶	蛋壳、微生物	食品抗菌、保鲜

下面简单介绍食品工业中常用酶的基本特性。

1. α-淀粉酶　α-淀粉酶又称液化淀粉酶或 α-1,4 葡聚糖-4-葡萄糖水解酶。它属于一种（类）内切酶，能随机水解淀粉分子内部的 α-1,4-葡萄糖苷键。酶作用后可使淀粉的黏度迅速降低，生成糊精和少量低聚糖、麦芽糖和葡萄糖。α-淀粉酶一般在 pH5.5～8.0 时稳定，pH 小于 4 时易失活，其最适 pH 为 5～6。但不同来源的 α-淀粉酶其最适 pH 有所不同。例如，枯草杆菌

α-淀粉酶的最适 pH 为 5～7,嗜碱芽孢杆菌 α-淀粉酶的最适 pH 为 9.2～10.5。目前一种由热芽孢杆菌生产的酸性 α-淀粉酶,由于其最适作用 pH 为 4.0～4.5,与糖化酶的最适作用 pH 一致,简化了淀粉糖浆的生产工艺。不同来源的 α-淀粉酶的最适作用温度也有所不同。例如,由枯草芽孢杆菌等生产的中温 α-淀粉酶,其在 60℃以下稳定,最适作用温度为 70℃;由地衣芽孢杆菌等生产的耐高温 α-淀粉酶,其在 80℃以下稳定,最适作用温度为 90～100℃。目前在淀粉糖生产及发酵工业中已逐步取代了中温 α-淀粉酶。

2. β-淀粉酶 β-淀粉酶又称糖化酶或葡聚糖麦芽糖水解酶。它是一种淀粉外切酶,在淀粉非还原性末端水解 α-1,4-糖苷键,产生麦芽糖。β-淀粉酶也不能水解 α-1,6-糖苷键,因此其作用淀粉的最终产物是麦芽糖及 β-极限糊精。如将 β-淀粉酶与脱支酶联合应用可将淀粉水解成麦芽糖。β-淀粉酶的最适作用 pH 为 5.0～6.0,最适作用温度为 55℃。

3. 葡萄糖淀粉酶 葡萄糖淀粉酶也称淀粉葡萄糖苷酶。主要催化淀粉和寡糖的 α-1,4-糖苷键水解,从分子的非还原性末端释放出葡萄糖分子。此酶还可缓慢水解 α-1,6-糖苷键和 α-1,3-糖苷键,同时还有催化葡萄糖合成麦芽糖或异麦芽糖的反应,故在水解淀粉时会有麦芽糖或异麦芽糖副产物。葡萄糖淀粉酶的不足之处是对 α-1,6-糖苷键的活性较低,要达到所需的水解程度,就要加大用酶量或延长保温时间,或将该酶与脱支酶联合使用。葡萄糖淀粉酶最适作用 pH 为 4.0～5.0,最适作用温度为 55～60℃。

4. 葡萄糖异构酶 葡萄糖异构酶也称木糖异构酶。在淀粉糖生产过程中葡萄糖异构酶能将葡萄糖转化成果糖,它是加工果糖和高果糖浆的重要酶类。能产生葡萄糖异构酶的微生物很多,主要有芽孢杆菌、链霉菌、密苏里游动放线菌等。来源于乳酸杆菌的酶最适作用 pH 为 6.0～7.0,锰、钾离子能提高其耐热性。最适作用温度为 40～60℃。

5. 异淀粉酶 异淀粉酶最早是从酵母细胞提取液中分离获得,以后发现在高等植物和细菌等微生物中也存在。异淀粉酶来源不同,作用方式存在差异,名称更不统一,如来源于植物的酶称 R-酶,来源于细菌的酶称苗霉多糖酶。异淀粉酶专一地分解支链淀粉型多糖分子中的 α-1,6-葡萄糖苷键,形成直链淀粉和糊精,有利于 α-淀粉酶、葡萄糖淀粉酶和 β-淀粉酶的催化作用。该酶最适作用温度为 45～50℃,最适作用 pH 为 5.6～7.2。

6. 葡萄糖氧化酶 葡萄糖氧化酶广泛分布于动物、植物和微生物中,从动植物体内提取有一定的局限性,且酶含量也不丰富。而真菌在一定条件下产生葡萄糖氧化酶的能力强,也便于大规模生产。当前,葡萄糖氧化酶主要由黑曲霉或青霉发酵生产,同时伴随一定量的过氧化氢酶。葡萄糖氧化酶能够将

β-D-吡喃葡萄糖氧化形成葡萄糖酸，同时消耗氧气。常用于食品加工中去除多余的葡萄糖，防止褐变，或在食品保藏中脱氧，起抗氧化作用。葡萄糖氧化酶的最适 pH 为 5.6，最适作用温度为 40℃。

7. 果胶酶 果胶酶是指能分解果胶质的多种酶的总称，按其主要成分有以下四种：①原果胶酶：可使未成熟果实中不溶性果胶变成可溶性；②果胶酯酶（PE）：水解果胶中的甲酯生成果胶酸，有利于提高果胶的溶解度和其他果胶酶的作用；③聚半乳糖醛酸酶（PG）：从内部或非还原性末端水解聚半乳糖醛酸的 α-1，4-糖苷键；④聚半乳糖醛酸裂解酶（PGL）：从果胶酸内部或非还原性末端裂解半乳糖醛酸 α-1，4-糖苷键，生成不饱和低聚半乳糖醛酸。不同来源的酶特性有差异，工业应用的酶作用温度为 40～50℃，最适 pH 为 3.5～4.0。果胶酶主要应用于果汁和果酒的澄清。

8. 纤维素酶 纤维素酶是一种复合酶类，包含多种水解酶，具有很强的降解纤维素和果实细胞壁的功能。纤维素酶能够将植物纤维素水解为纤维二糖和葡萄糖，使细胞内容物得以释放。不同来源的纤维素酶特性有差别，工业应用的酶作用温度为 40～50℃，最适 pH 为 3.5～4.0。

9. 木瓜蛋白酶 木瓜蛋白酶来源于未成熟的木瓜，是成分复杂的多酶体系，主要包括木瓜蛋白酶、木瓜凝乳蛋白酶及番木瓜蛋白酶等，其主要功能是催化蛋白质和肽类水解。最适作用温度为 65℃，最适作用 pH 为 5.0～7.0。广泛应用于水解蛋白生产、啤酒澄清、肉类嫩化等。

10. 中性蛋白酶 目前商品中性蛋白酶主要来源于枯草杆菌，属于肽链内切酶，可特异性地作用于含苯丙氨酸、酪氨酸和色氨酸的肽键。最适作用温度为 45～55℃，最适作用 pH 为 5.5～7.5。常用于水解蛋白生产、制造脱腥豆乳、改善饼干面团特性。

11. 凝乳酶 凝乳酶属于含硫蛋白酶中的天冬氨酰蛋白酶，其主要作用特性是特异性地裂解 k-酪蛋白中苯丙氨酸和亮氨酸之间的肽键，而对凝块蛋白质的水解速度很慢，这种作用方式避免了蛋白质不协调的降解而造成干酪风味和质地的缺陷。小牛凝乳酶对牛奶最适 pH 为 5.8，作用温度为 37～43℃。

12. 脂肪酶 脂肪酶又称甘油三酯水解酶，它能够在油-水界面上催化天然油脂水解，生成脂肪酸、甘油和甘油单酯或二酯。脂肪酶主要来源于微生物，目前的研究表明约有 65 个属的真菌、细菌及酵母能够产生脂肪酶。最适作用 pH 为 7.0～8.5（来源于植物者 pH 为 5.0），作用温度为 30～40℃。常用于干酪制造、脂类改性、脂类水解等。

13. 溶菌酶 溶菌酶可作用于某些细菌细胞壁中 N-乙酰-D-葡萄糖胺和 N-乙酰胞壁酸之间的 β-1，4-糖苷键并将细胞壁溶解，从而杀灭微生物。溶菌酶对革兰氏阳性菌、好气性孢子产生菌、枯草杆菌、地衣芽孢杆菌等均有良好的抗菌能力。溶菌酶的最适作用 pH 为 6～7，最适作用温度为 50℃。溶菌酶与乙醇、植酸、聚磷酸盐、甘氨酸复配使用，效果会更好。溶菌酶通常是从蛋清中提取的，对人体无害，可有效防止细菌对食品的污染，已广泛用于各种食品的防腐保鲜。

二、果葡糖浆的生产

1. 果葡糖浆的功能和应用　果葡糖浆是 20 世纪 60 年代以后出现的，也称高果糖浆，它是以淀粉为原料，通过 α-淀粉酶和葡萄糖淀粉酶水解形成葡萄糖，再利用葡萄糖异构酶的异构化反应，催化葡萄糖异构化生成部分果糖而得到的葡萄糖与果糖的混合糖浆。第一代果葡糖浆含果糖 42%，甜度与蔗糖相当；第二代果葡糖浆含果糖 55%，甜度约为蔗糖的 1.1 倍；第三代果葡糖浆含果糖 90% 以上，甜度为蔗糖的 1.4 倍。

果葡糖浆溶解度高，发酵性能好，化学稳定性高，易为人体所吸收，而且摄取后血糖不易升高，还有滋润肌肤的作用，因此在食品生产领域得到广泛应用。

2. 果葡糖浆酶法生产工艺　我国果葡糖浆的生产一般是以低脂玉米或大米淀粉为原料，其生产工艺主要包括淀粉的液化、糖化和异构化三个步骤。

首先，淀粉用水调制成干物质含量为 30%～35% 的淀粉乳，淀粉乳在 α-淀粉酶的作用下被液化成 DE 值为 15%～20% 的液化液，液化液经调整 pH 和温度，并加入糖化酶进行糖化后，经过滤、脱色、离子交换、真空浓缩等步骤，制成浓度为 40%～45%、DE 值大于 96% 的精制葡萄糖液。然后，将精制葡萄糖液 pH 调至 6.5～7.0，并加入硫酸镁至终浓度为 0.01mol/L，在 60～70℃ 恒温条件下，让其从上而下连续通过装有固定化葡萄糖异构酶的反应器被异构化，最终得到果糖含量在 42% 左右的果葡糖浆。若将异构化后混合糖液中的葡萄糖与果糖分离，将分离出的葡萄糖再进行异构化，如此反复进行可使更多的葡萄糖转化为果糖。由此可得到果糖含量达 70%、90% 甚至更高的糖浆，即高果糖浆。

Ca^{2+} 对 α-淀粉酶有保护作用，在淀粉液化时需要添加，但它对葡萄糖异构酶却有抑制作用，所以葡萄糖溶液需离子交换等方法精制，以除去其中所含的 Ca^{2+}。

葡萄糖异构酶的最适 pH，根据其来源不同而有所差别。一般放线菌产生的葡萄糖异构酶，其最适 pH 在 6.5～8.5。但在碱性范围内，葡萄糖易分解而使糖浆的色泽加深，为此生产时 pH 一般控制在 6.5～7.0。

葡萄糖转化为果糖的异构化反应为吸热反应，随着反应温度的升高，平衡向有利于生成果糖的方向变化，所以异构化反应温度越高，平衡时混合糖液中果糖的含量也越高。但当温度超过 70℃时葡萄糖异构酶容易变性失活，所以异构化反应的温度以 60～70℃为宜。

三、果蔬汁的生产

酶在果蔬汁生产中具有广泛的应用，如原料果皮处理、提高榨汁率、提高果蔬汁过滤效率、果蔬汁的澄清等。在果蔬汁生产中常用的酶制剂有果胶酶、纤维素酶、半纤维素酶、柚苷酶、橙皮苷酶、蛋白酶等。下面简要介绍几种常用果蔬汁生产中的酶法处理工艺。

1. 澄清苹果汁的生产 生产苹果汁过程中的酶法处理工艺主要是榨汁前的果浆泥处理和果汁的澄清净化两个方面，其所使用的酶主要是复合果胶酶。

（1）苹果浆泥的酶处理。由于多数情况下苹果原料是经过贮藏的，苹果中的原果胶已部分水解，所以榨汁性能下降，影响榨汁率，榨汁前必须进行果浆泥酶处理。其处理方法为：苹果破碎后，迅速把果浆泥加热到 40℃，添加 0.05％的明胶，均匀混合，再添加 0.03％的果胶酶制剂，在 40℃的条件下，处理 1h。

（2）苹果汁的澄清。经压榨或离心获得的苹果汁中仍然含有大量的不溶性果胶而呈浑浊状，直接影响成品品质，通过外加酶制剂处理，即可得到澄清果汁。酶法澄清原理是利用混合果胶酶、纤维素酶、淀粉酶的共同作用，分解形成浑浊的大分子果胶、淀粉和细胞碎块等能吸附微粒和带电粒子的物质，最后利用明胶中和带电粒子的电荷而沉淀下来。苹果汁的一般澄清工艺：复合果胶酶添加量为 0.05％～0.1％，明胶为 50mg/kg，控制 pH3.5，温度 40～45℃，时间 1～2h。

2. 澄清葡萄汁的生产 大多数品种的葡萄在破碎后所得到的葡萄浆都浓稠黏滑，不易压榨。为了提高葡萄出汁率，减轻劳动强度，缩短加工时间，获得色泽好、清澈的葡萄汁，生产上已普遍采用酶处理技术进行处理。其工艺流程如下：

葡萄→清洗→去梗→破碎→预制汁（酶处理）→压榨→澄清→过滤→原汁

对葡萄浆进行酶处理时不可加热，否则会破坏果汁色泽，最好在室温下进行。添加果胶酶后不必调节 pH，因为汁液酸度较接近酶的最适 pH。加酶量为 0.2％左右，酶处理时间一般为 1～2h。榨汁后要进行蛋白稳定作业，通常添加明胶助澄清。最后添加硅藻土等助滤剂过滤。

四、食品酶法保鲜

食品保鲜是食品加工、运输和保存过程中的一个重要课题，常见的保鲜技术主要有添加防腐剂或保鲜剂和冷冻、加热、干燥、腌制、烟熏等。随着人们对食品的要求不断提高和科学技术的不断发展，一种新兴的食品保鲜技术——酶法保鲜正在引起人们的普遍关注。由于酶具有专一性强、催化效率高、作用条件温和等特点，可广泛地应用于各类食品的保鲜，特别是有效防止氧化和微生物对食品所造成的不良影响。

酶法保鲜的原理是利用酶的催化作用，防止或消除外界因素对食品的不良影响，在较长时间内保持食品原有的品质和风味。目前应用较多的有葡萄糖氧化酶和溶菌酶的保鲜技术。

1. 利用葡萄糖氧化酶保鲜　葡萄糖氧化酶属于氧化还原酶类，它可催化葡萄糖与氧发生反应，从而有效地消除环境中的氧，对于易氧化的食品成分起到抗氧化剂的作用；对于需氧微生物来说，由于氧的消除，可起到抑制微生物的生长繁殖的作用。在生产实际中，可将葡萄糖氧化酶直接加入到啤酒、果汁、果酒和水果罐头中，不仅可起到防止食品氧化变质的作用，还可有效防止罐装容器的氧化腐蚀。也可将葡萄糖氧化酶与葡萄糖混合在一起制成保鲜袋，置入需除氧保鲜的食品容器或食品袋中，以防止食品氧化并抑制好氧微生物的生长。如糕点、饼干的保鲜和防止酸败等。另外，在一些食品（如蛋白片、蛋白粉等）的加工过程中，也可利用葡萄糖氧化酶脱氧的特性，将食品原料（如鲜蛋）少量的葡萄糖除去，避免迈拉德反应的发生，而有效地防止蛋制品的褐变和产生异味，提高产品的质量。实际应用时，可将一定量的葡萄糖氧化酶加到蛋白液或全蛋液中，并配以一定量的过氧化氢酶，即可使葡萄糖完全氧化。

2. 利用溶菌酶保鲜　溶菌酶是一种无毒无害的蛋白质，能选择性地使目标微生物的细胞壁溶解而使其失去生理活性，而食品中的其他营养成分不会造成任何损失，因此，在食品工业中，它可以安全地替代一些有害人体健康的化学防腐剂，以达到延长食品保存期的目的。溶菌酶是一种理想的天然防腐剂，可有效地防止细菌对食品的污染，已广泛用于多种食品的防腐保鲜。

对水产品进行保鲜时，只要把一定浓度的溶菌酶溶液喷洒在水产品上，即可起到防腐保鲜效果。将溶菌酶与其他保鲜技术或其他酶类一起复合运用时效果更佳，如将溶菌酶和甘氨酸同用，由于发挥了协同作用，对 G^- 细菌的溶菌力可显著提高；将溶菌酶与一些抗菌酶类复合混用，如葡萄糖氧化酶、乳过氧化氢酶，与一些传统防腐方法复合混用，如酒精、温度、低 pH 等，也可以增强保鲜效果。溶菌酶、乳酸链球菌素（Nisin）等混合使用保鲜效果更佳，可能因为各自的抗菌范围存在一定的互补性，因而扩大了其抗菌谱，这对延长水产品冷藏期具有一定的现实意义。

在干酪、鲜奶或奶粉中加入一定量的溶菌酶，不但起到防腐保鲜的作用，而且可增强双歧杆菌的生长能力，更有利于人体健康。在香肠、奶油、生面条等食品中，加入溶菌酶也可起到良好的保鲜效果。

思 考 题

1. 简述酶工程的概念及内容。
2. 简述酶的发酵生产原理及分离纯化步骤。
3. 酶固定化方法主要有哪些？各有什么优缺点？
4. 酶反应器有哪些主要类型？
5. 简述酶传感器的工作原理。
6. 食品工业中常用的酶系有哪些？举例说明固定化酶技术在食品工业中的应用。

第四章 细胞工程与食品工业

在食品生物工程领域中，常利用各种微生物发酵生产蛋白质、酶制剂、氨基酸、维生素、多糖、低聚糖、食品添加剂等产品。为了提高产量和品质，除了通过各种化学、物理方法诱变育种及基因工程育种外，采用细胞融合技术或原生质体融合技术也是一种有效的方法。同时，采用动物、植物细胞大量培养生产各种保健食品的有效成分及天然食用色素等都是生物工程领域的重要组成部分，在食品、医药、化工等领域得到广泛应用。

第一节 细胞工程概述

细胞工程，也称细胞技术，是生物工程的主要内容之一。它是指应用现代细胞生物学、发育生物学、遗传学和分子生物学的理论与方法，按照人们的需要和设计，通过细胞融合、核质移植、染色体或基因移植以及组织和细胞培养等方法，快速繁殖和培养出人们所需要的新物种的生物工程技术。

1975 年，科勒（Kohler）和米尔斯坦（Milstein）首创杂交瘤技术，开创了细胞工程的新纪元。细胞工程是现代生物技术的桥梁和纽带，它与基因工程、酶工程、发酵工程和蛋白质工程一起构成了现代生物技术领域。细胞工程的诞生不但丰富和拓展了生物学研究的内容，促进了生物学应用研究的极大发展，而且使传统生物学认为不可能发生的生物事件成为可能。细胞工程的优势在于避免了分离、提纯、剪切、拼接等基因操作，只需将细胞遗传物质直接转移到受体细胞中就能够形成杂交细胞，因而能够提高基因的转移效率。通俗地讲，细胞工程是在细胞水平上动手术，也称细胞操作技术。包括细胞融合、细胞核移植、细胞器移植、染色体添加、外源染色体导入、胚胎移植、细胞培养和组织培养等技术。

细胞融合技术是指两种不同亲株经酶法去除细胞壁得到两个原生质体，并在助融剂作用下互相凝集并发生细胞间的融合，进而导致基因重组，获得新菌株。其融合频率明显高于常规杂交数倍至几十倍。通过细胞融合技术，可以培育出新物种，打破了传统的只有同种或同属生物杂交的限制，实现远缘杂交。这项技术不仅可以把不同种类或者不同来源的植物细胞或者动物细胞进行融合，还可以把动物细胞与植物细胞融合在一起。如马铃薯和番茄细胞融合培育的马铃薯番茄植株；人和小鼠细胞杂交实验，搞清了人的许多基因在染色体上的位置；牛胰岛素基因转移到大肠杆菌细胞中，可以生产大量的牛胰岛素。

动物细胞工程是以动物细胞为对象，通过工程技术手段对细胞的遗传与生理特性进行改良和修饰，从而获得人类所需要的产物或器官乃至个体的生物技术，主要应用于培养有生理活性的物质，如病毒疫苗、干扰素、单克隆抗体等。由于动物细胞工程的复杂性及精密性，促进了动物细胞大量培养的新工艺、新技术的不断涌现，其中关键技术包括：无血清细胞培养基的开发，灌注悬浮培养、贴壁细胞培养、固定化细胞培养等培养技术的应用。利用动物细胞工程技术进行胚胎干细胞的研究，使破译人类重要基因、细胞治疗和器官移植成为可能；试管动物和胚胎移植的研究，使优良畜种快繁和品种改良得以迅速发展。

植物细胞工程主要指植物细胞培养技术，以前称之为植物组织培养，是一种将植物的组织、器官或细胞在适当的培养基上进行无菌培养技术，主要用于珍稀植物的拯救与快繁以及色素、香精、药物、酶等次级代谢物的生产。最常见的植物细胞培养技术有愈伤组织培养、悬浮细胞培养、器官培养、茎尖分生组织培养、原生质体培养和固定化细胞培养几大类型。

第二节　细胞融合技术

细胞融合技术起源于 20 世纪 50 年代末，并在以后的几十年间得到了迅猛发展，而且应用领域不断扩大。1975 年 Milstein 和 Konler 将小鼠骨髓瘤细胞与羊红血球免疫过的小鼠淋巴细胞融合形成杂种细胞能分泌抗羊红血球抗体，用于制备单克隆抗体。由于这一创新性工作，他们获得了 1984 年诺贝尔生理和医学奖。经过长期反复研究和实践，细胞融合技术逐步发展和完善起来，已成为生物工程的基础之一。特别是近 20 年来，从理论和实践两个方面，有力地推动了生物科学各个领域的发展。细胞融合方法得到了不断地更新，融合率也得到逐步地提高。

一、细胞融合技术的含义

细胞融合是指在一定条件下，将两个亲本的细胞经酶法除去细胞壁得到两个球状原生质体（protoplast）或原生质体球（spheroplast），然后置于高渗溶液中，通过生物法、化学法、物理法等诱导融合法，促使两者互相凝集并发生细胞之间的融合，进而导致基因重组，获得新的菌株的过程，细胞融合又称细胞杂交。除了动物细胞因无细胞壁可以直接用于细胞融合外，植物细胞和微生物细胞常因有细胞壁不能直接用于融合，须经酶法除去细胞壁后得原生质体再进行融合，所以这种融合又称原生质体融合。原生质体融合频率明显高于常规杂交育种数倍到几十倍。现在已经证明，细胞融合可以在种间、属间、科间甚至动物与植物间发生，其范围包括微生物、植物和动物，而且人细胞与植物细胞之间的融合也成为可能。

细胞在融合过程中会发生下列主要变化：呈致密状态的体细胞在促融剂的作用下，细胞膜的性质发生变化，首先出现细胞凝聚现象，然后一部分凝集细胞之间的膜发生粘连，继而融合成为多核细胞，在培养过程中，多核细胞又进行核的融合而成为单核的杂种细胞，而那些不能形成单核的融合细胞在培养过程中逐渐死亡。

细胞融合具有重要的理论意义和实用价值。细胞融合不受种属的局限，可实现种间生物体细胞的融合，使远缘杂交成为可能，因而是改造细胞遗传物质的有力手段。它的意义在于，从此打破了仅仅依赖有性杂交重组基因创造新种的界限和生殖壁垒，极大地扩大了遗传物质的重组范围；细胞融合技术避免了分离、提纯、剪切、拼接等基因操作，在技术和仪器设备上的要求不像基因工程那样复杂，由于其投资少，而有利于广泛开展研究和推广，正得到科学界的日益重视。

经过长期反复研究和实践，细胞融合技术逐步发展和完善起来，已成为生物工程的基础技术之一。特别是近 20 年来，细胞融合方法得到了不断的更新，融合率也得到逐步提高，从理论和实践两个方面有力地推动了生物科学各领域的发展。

二、细胞融合技术方法与具体步骤

微生物、动物、植物细胞融合的具体方法都不一样，其一般步骤：①原生质体的制备和再生：动物细胞没有细胞壁，只要用合适的方法制备成符合要求的悬液即可；植物和微生物的细胞因有细胞壁，首先要脱壁，不同的细胞脱壁方法有很大不同，通常用酶将其降解。②诱导细胞使之发生融合：在细胞融合前要挑选有活力的原生质体，将两亲株的原生质体的悬浮液混合在一起，采用物理、化学或生物学的方法，促使亲本细胞的融合。③筛选杂合细胞：将上述混合液移至特定的选择培养基上，让杂合细胞长出，其他未融合的细胞无法生长，由此获得具有双亲遗传特性的杂合细胞。④杂合细胞的培养：对于动物细胞，要在一定的条件下，按一定方法培养，使杂合细胞能继续繁殖；微生物和植物细胞要使原生质体再生成完整的细胞，并成为无性繁殖系，达到预期的育种目的。

（一）促进细胞融合的方法

由于体外培养的细胞很少会发生自发融合（融合频率在 $10^{-4} \sim 10^{-6}$），因此在细胞融合前要挑选有活力的原生质体，将两亲株的原生质体混合在一起，采用生物学或化学、物理的方法，促使亲本细胞的融合。

1. 生物学法　病毒类是研究得最早的促融剂，一些致癌、致病病毒如仙台病毒、疱疹病毒、天花病毒、黏液病毒、新城鸡瘟病毒等均能诱导细胞融合。其中应用最广泛的是仙台病毒 HVJ（又称副流感病毒Ⅰ或日本凝血病毒）。在应用病毒进行诱导融合时，首先要对病毒进行灭活处理。

HVJ 是副黏液病毒类中的一种副流感型病毒，为 RNA 病毒。因仙台病毒毒力低，对人危害小，而且病毒体广泛存在于各类细胞中，且容易被紫外线或 β-丙炔内酯所灭活，它已经成为病毒融合剂的代表。

病毒诱导的细胞融合也有其缺点，比如制备困难，每批病毒的效价差别大，诱导产生的细胞融合率比较低，重复性低，灭活不完全时，有病毒感染的危险。

2. 化学融合剂法　20 世纪 70 年代以来，越来越多地使用化学融合剂，常用的化学融合剂有以下几类：①高级脂肪酸衍生物，如甘油醋酸酯、油酸、油脂等；②脂质体，如磷脂酰胆碱、磷脂酰丝氨酸等；③钙离子；④特殊结构的水溶性高分子化合物，如聚乙二醇（PEG）；⑤水溶性蛋白质和多肽，如牛血清蛋白，多聚 L-赖氨酸等。

在众多的化学融合剂中，PEG 的应用最为广泛，运用 PEG 进行细胞融合具有很多优点：通用性好，既能诱发植物细胞的融合，又能促使动物细胞融合，而且能诱导动物细胞和植物细胞、人与植物细胞的融合；比病毒更容易制备和控制；作为表面活性剂，活性稳定，使用方便。融合时必须有 Ca^{2+} 参与，因为 Ca^{2+} 和磷酸根离子结合形成不溶于水的络合物作为"钙桥"，由此引起融合。PEG 若与二甲亚砜（DMSO）并用，效果更佳，是一种优良的融合促进剂。在鱼类细胞融合中发现 DMSO 可以极大提高 PEG 诱导鱼类细胞融合的能力，在低分子质量和较低浓度的 PEG 中，DMSO 的作用更为突出。但 PEG 浓度不能低于 40%，否则，细胞融合就失去了 DMSO 的依赖效应。

用 PEG 作为融合剂，也有一些缺陷。首先，其有效浓度的范围比较窄，最适浓度是 50%～55%，但此时对细胞的毒害比较大；不能在显微镜下观察细胞的融合过程，诱导产生杂交细胞的频率在 1×10^{-5} 这一较低的水平。

3. 电处理融合法　电诱导细胞融合技术在 20 世纪 70 年代末已开始建立，

在 80 年代得到了快速的发展，从 1984 年开始步入实用化阶段，其融合率大为提高，已在微生物、植物细胞、动物细胞进行了成功的融合。

细胞电融合技术原理是当细胞处于电场中，细胞壁两面产生电势，其数值与外加电场的强度以及细胞的半径成正比。由于细胞膜两面相对电荷正负相吸，使细胞膜变薄，随着外加电场强度升高，膜电场增强，当膜电势增强到临界电势时，细胞膜处于临界膜厚度，导致发生局部不稳定和降解，从而形成微孔使细胞的透性大大增加。形成的微孔寿命与所处温度有关，4℃时膜微孔寿命可达 30min，若 37℃则其寿命仅为几秒或几分钟。为了使原生质体间更紧密接触，采用双向电泳技术，使其受到一个非均匀交流电场（kHz 到 MHz）的作用，泳动的一个一个细胞靠拢形成链状排列，有利于细胞的融合。

电融合是一种空间定向、时间同步的可控式的细胞融合技术，它效率高（融合率是 PEG 的 100 倍），操作简单、快速，没有残余毒性，而且具有普遍性，可用于动物、植物、微生物等各类细胞，对研究来讲，还可以在显微镜下观察融合过程。

电融合仪器的出现使这项技术的应用更加方便、简洁，除了非专一融合外，还发展了电融合技术的种种改进方法，如细胞物理聚集电融合法、细胞化学聚集电融合法、特异性电容法等。

4. 其他方法　除了上述方法外，还有一些新的促进细胞融合的方法不断涌现出来。激光细胞融合就是其中一种。此方法又称激光细胞焊接，具有明显的优点：能选择任意两个细胞进行融合，作用于细胞的应力和障碍小，可进行非接触、安全且远距离的无菌操作，而且也能够适时观察融合过程。

综上所述，为了使制备好的动物细胞或植物原生质体能融合在一起，选择适宜有效的促融方法很重要。一般来说，诱导动物细胞融合，仙台病毒（HVJ）诱导、PEG 法、电融合法都适用；植物细胞融合适用 PEG 法和电融合法；微生物细胞融合只适用 PEG 法。现在一般采用将化学法、物理法结合起来进行，探讨许多化学试剂在各种方法中的作用和最适浓度，进一步提高融合率，如在电融合时采用加入一定量甘露醇、$CaCl_2$、$MgCl_2$，有利于细胞的极化和聚集接触。现在已出现将磁、超声、机械等和激光、电相结合，同时添加化学剂的新型细胞融合方法。

（二）细胞融合的影响因素

1. 植物或微生物细胞融合的影响因素　植物和微生物细胞融合前须先得到单个细胞，除去细胞壁，获得植物或微生物原生质体后，才能进行细胞融合。影响植物或微生物细胞融合的影响因素主要有以下几方面。

（1）PEG 诱导融合时的作用时间。处理时间过长，原生质体损伤严重，融合效率降低；处理时间过短则不会发生融合。

（2）在电场诱导融合时，融合率与原生质体的最低有效密度有关。最低有效密度过小，则融合效率低，过大又会融合成团，因此最适宜的最低有效密度一般为 $2\times10^4\sim8\times10^4$ 个/mL。

（3）在融合液中加入少量 $CaCl_2$，即可维持一定电导率，对细胞有保护作用。

（4）用混合盐溶液对原生质体进行融合前处理可提高融合效率。

2. 动物细胞融合的影响因素 在动物细胞融合过程中，除促融剂外，细胞种类和性质、融合温度、pH、离子强度及离子种类等均会影响细胞融合效率。

（1）细胞的种类和性质。首先，亲本细胞表面性质的影响较大，表面覆盖绒毛而不规则者较易融合，而表面光滑者较难融合。其次，细胞种类不同，融合效果也不同，如腹水瘤及株化细胞较易融合，淋巴细胞或血球细胞几乎不融合。

（2）融合温度及 pH。细胞融合时需要适宜的温度和 pH。一般细胞融合的最适 pH 为 7.4~7.8。

（3）离子强度及离子种类。大多数细胞融合时需要 Ca^{2+}，否则不融合。融合时最适离子强度为 50~100mmol/L。

（三）微生物细胞融合技术具体步骤

1. 融合用亲本菌株的选择 用于原生质体融合的亲本菌株，首先各自要有人们所需的有益性状，这是细胞融合的根本目的。其次，就是要求所选的亲本菌株应同时具有可选择性的遗传标记，这在后续筛选融合重组子时非常重要。常采用的亲本标记有营养缺陷型标记、抗药性标记、荧光标记和失活原生质体供体法等。但以营养缺陷型或抗药性标记常用。

2. 原生质体的制备 原生质体是指去掉整个细胞壁的球状体。带有残壁的球状体则称为原生质体球，包括细胞核和细胞质中的线粒体、微粒体等一切亚细胞结构物质。动物细胞没有细胞壁，只要用合适的方法制备成符合要求的悬液即可，而对于植物和微生物细胞因具有坚硬的细胞壁，首先需脱壁。

制备微生物原生质体，就是去掉包裹各类微生物细胞的细胞壁。制备原生质体的方法有超声波破碎法、酶法等，为了保证原生质体球的完整，目前常用酶法来脱壁。根据各种微生物细胞壁的不同结构和组成，可以用不同的酶来脱壁。细菌细胞壁的主要成分是肽多糖，它是由 N-乙酰葡糖胺（G）、N-乙酰胞壁酸（M）和一段小肽组成。一般采用溶菌酶处理就可达到除去细胞壁的目的。放线菌是一类形态及分化特征较独特的微生物，以肽聚糖为其主要成分。

对于一般的放线菌，常用蛋清溶菌酶来处理。真菌的细胞壁和细菌的细胞壁在组成上有明显的不同，主要是纤维素、几丁质、葡聚糖等，酵母菌常用蜗牛酶，丝状真菌常用纤维素酶或纤维素酶与蜗牛酶配合使用，霉菌则往往添加葡聚糖或其他酶互相配合，从而达到细胞原生质体化的目的。表 4-1 综合列出各种微生物的脱壁方法。

表 4-1 不同微生物的脱壁方法

微生物	细胞壁主要成分	脱壁法
G⁺细菌		
芽孢菌		溶菌酶处理
葡萄球菌		溶葡萄球菌素处理
链霉菌	肽多糖	溶菌酶处理（菌丝生长培养基中补充甘氨酸 0.5%～3.5%或蔗糖 10%～34%）
小单胞		溶菌酶处理（菌丝生长培养基中补充甘氨酸 0.2%～0.5%）
G⁻细菌		
大肠杆菌		溶菌酶，EDTA 处理
碱性普罗威登斯菌	肽多糖，脂多糖	溶菌酶，EDTA 处理
黄短杆菌		溶菌酶处理（菌丝生长培养基中补充蔗糖 0.41mol/L，对数中期加青霉素 0.3U/mL）
真菌		
青霉、头孢霉、曲霉酵母	纤维素，壳多糖	纤维素酶或 L1 酶（从溶解细菌细胞的噬菌体中分离）处理
	葡聚糖，壳多糖	蜗牛酶（蜗牛胃液制剂）处理

除去细胞壁后的微生物原生质体很脆弱，一旦形成，就必须处于一个适当渗透压的环境中，这样才免于破裂，因为原生质体是由半透膜包裹着细胞质的圆球，在低渗环境中，水分会通过细胞膜进入原生质体，使之不断膨胀而破裂。能保证这种等渗环境的物质，称为渗透压稳定剂。对渗透压稳定剂的基本要求是不能透过原生质膜。原生质体不同，所用的稳定剂也不相同，细菌常用 SMM 液（主要成分是蔗糖 0.5mol/L，顺丁二烯 0.02mol/L，$MgCl_2$ 0.02mol/L），真菌常用的是 0.4～0.8mol/L KCl 溶液和 0.3～1.0mol/L 的 NaCl 溶液，酵母用多种糖及糖醇作稳定液。

3. 原生质体融合 融合就是把亲株原生质体在高渗条件下混合，由 PEG 助融，使它们互相凝聚、融合，然后将融合液涂布在再生平板上，保温后检出融合子。其具体融合过程为：将 A 株和 B 株原生质体悬浮液混合在一起，离心去上清液，沉渣置于高渗稳定液中，加 40%PEG，用滴管轻轻吹打，使细胞分散均匀，水浴保温一定时间后再稀释，取少量最后稀释液涂布在高渗再生平板上，保温培养后检查其重组菌株。

很多因素影响原生质体融合，特别是环境中的阳离子。pH 也对原生质体融合有较明显的影响。一般来讲，Ca^{2+}、Mg^{2+} 有助于融合。如有 Ca^{2+} 存在时，可得到较高的融合率。但在缺乏 Ca^{2+} 时，若 pH 较低，融合率也较高。这是由于钙离子和带负电荷的 PEG 与细胞膜表面分子相互作用，使原生质体带电，彼此易于附着发生凝集所致。

4. 原生质体的再生　原生质体失去了细胞壁，是失去了原有细胞形态的球状体。因此，尽管它们具有生物活性，但已不是正常的细胞，在普通培养基平板上不能正常生长、繁殖。因此，用原生质体融合进行育种的一个必要环节是必须使原生质体再生成细胞。使原生质体重新生长出细胞壁，恢复细胞完整形态并能生长、分裂称为原生质体的再生。原生质体只有再生，才能对其后代进行遗传鉴定。再生效率的高低将直接影响原生质体融合育种的重组效果。

原生质体的再生需要在再生培养基中进行。各类微生物原生质体的再生条件各不相同，影响再生及再生率的因素：培养基的组成成分、培养温度、制备原生质体的菌龄、菌体预处理的方式、酶浓度、酶解温度、原生质体的贮存时间和贮存方式、是否加入引物、琼脂硬度等。但都有一个最重要的共同点，那就是需要高渗透压环境。一般采用的是高渗培养基，在基础培养基内加入17％的蔗糖，使原生质体再生。

在原生质体的制备中，能再生细胞壁回复成细胞形态的总是其中一部分，原生质体的再生率可以按照下面的公式来计算：

$$原生质体再生率 = \frac{原生 A 质体平板培养菌落 - 处理后剩余菌落数}{制备原生质体球状体} \times 100\%$$

原生质体再生恢复率一般比较低：细菌在 3％～10％，放线菌中的链霉菌最高为 50％，真菌为 5％～80％。

5. 细胞融合子的筛选　在上述融合条件下，并非所有的细胞都能融合，例如在以 PEG 作为融合剂时，大约只有十万分之一的细胞最终能够形成会增殖的杂种细胞，再加上细胞融合本身带有一定的随机性，除不同亲本细胞间的融合外，还伴有各亲本细胞的自身融合。因此，在紧随细胞融合之后，即须设法把含有两亲本细胞染色体的杂种细胞分离或筛选出来。

融合子是指原生质体融合后，来自两亲本的遗传物质，经过交换并发生重组而形成的子代。集亲本有益性状于一身的融合子，需筛选出来。检出融合子，主要涉及的仍是培养问题，因为融合重组子仍然是原生质体状态的细胞，十分脆弱，在普通培养基上不能生长，所以培养基仍然是高渗再生培养基。融合子在再生培养基上再生出细胞壁，形成完整的、集亲本菌株有益性状的微生物细胞。

　　融合子的筛选要根据亲本的标记来决定，一般可通过两亲本遗传标记的互补而得以识别。常用的手段有两种：直接法和间接法。

　　（1）直接法。将融合液涂布于不补充两个亲株必须营养物（基础培养基）或补充有两种抗药性标记对应药物的培养基（选择培养基）上，直接筛选出原养型或双重抗药性的重组菌株。

　　（2）间接法。将融合液涂布于营养丰富的再生培养基上，使未融合的亲本菌株和已融合重组菌株都生长出来，然后用影印法接种在对应的基础培养基或选择培养基上，经过对照选出重组菌株，进一步选出高产菌株。

　　从实际效果上看，直接法虽然方便，但由于选择条件的限制，对某些融合子的生长有影响；而间接法操作上虽然要多一步，但不会因营养关系限制某些融合子的生长，特别是对一些有表型延迟现象的遗传标记，宜用间接法。

　　6. 融合子的鉴定　　检出融合子后，还需要对它们进行生理生化测定及生产性能的测定，以确定是否符合育种要求的优良菌株。常用的方法：菌体或孢子形态、大小的比较、DNA 含量的比较、同工酶电泳谱带的比较、酶活性的测定、对基因产物的酶、结构蛋白以及非基因直接编码的次生代谢产物的分析、对染色体的拷贝数及稳定性的研究等。

　　（四）植物细胞融合技术具体步骤

　　1. 植物原生质体的制备　　如果我们以培养的植物细胞为亲本进行融合，其原生质体的制备和微生物原生质体的制备过程基本一致，如果我们没有该植物的培养细胞，则须经以下步骤进行原生质体的制备。

　　（1）材料的选择。对于植物原生质体的取材，原则上植物任何部位的外植体都可成为制备原生质体的材料，但最常用的材料还是植物的叶片。原生质体可从培养的单细胞、愈伤组织和植物器官（叶、下胚轴）获得。从所获得原生质体的遗传性一致性出发，一般认为由叶肉组织分离的原生质体，遗传性较为一致。而从培养的单细胞或愈伤组织来源的原生质体发现，由于受到培养条件和继代培养时间的影响，致使细胞间发生遗传和生理差异。因此，单细胞和愈伤组织不是获得原生质体十分理想的材料。

　　（2）材料的消毒。对于外植体的除菌要因材而异，无菌条件下培养的愈伤组织或悬浮培养的细胞为材料时不需要除菌，而对于较脏的外植体一般需先用肥皂水清洗后再以清水洗 2～3 次，然后浸入 70％酒精中消毒后，再放进 3％次氯酸钠中处理，最后用无菌蒸馏水漂洗数次，并用无菌滤纸吸干。

　　（3）酶液的制备及酶解。制备酶液时应注意酶的种类、酶液的浓度、酶液的组成成分以及酶液的 pH，酶液是否合适不仅直接关系到去壁的效果，而且对原生质体的产量、质量和细胞分裂都有影响。常用的酶有纤维素酶、半纤维素酶、蜗牛酶、琼脂酶和果胶酶等。

（4）原生质体的分离。酶解后的原生质体溶液中，既有完整的原生质体，又有破碎的原生质体、未去壁的细胞、细胞器及其他碎片。这些碎片在原生质体培养中，特别是用作细胞融合时，会引起干扰作用，必须清除。可采用200～400目的不锈钢网或尼龙布进行过滤除渣，也可采用低速离心法或比重漂浮法直接获取原生质体。

（5）原生质体的鉴定。经分离、纯化后的原生质体需要进行鉴定，以检验所获得的原生质体是否是真正的原生质体。鉴定方法主要有低渗膨胀法和荧光染色法。

2. 原生质体的融合 植物细胞融合技术的工作程序：①从合适的植物种分离原生质体；②用不同的种进行细胞融合，产生活的异核体（细胞含有不同来源的核）；③异核体细胞再生细胞壁；④异核体内发生核的融合；⑤杂种细胞分裂，产生细胞团；⑥选择理想的杂种细胞团；⑦对杂种细胞团诱导器官再生；⑧从再生的苗或胚状体培养成成熟的植物。

虽然目前在实践上仍有很多困难，但在许多不同种的原生质体之间已经完成了原生质体融合，如大豆和小麦、水稻和小麦、马铃薯和番茄等，得到了新的植物品种。

3. 融合子的检出与鉴定 杂种细胞筛选仅是体细胞杂种真实性的间接证据，融合后某一亲本染色体丢失和突变、细胞器丢失、分离和培养过程中可能发生的体细胞变异等都会影响杂种植株的获得。因此，对筛选出的体细胞杂种植株需进一步鉴定。鉴定方法有形态学鉴定、细胞学鉴定、同工酶鉴定和DNA 分子标记鉴定。

（五）动物细胞融合技术具体步骤

1. 动物细胞融合技术的具体步骤

（1）由于动物不具有细胞壁，可直接用于细胞融合。首先用胰蛋白酶、机械法或二者兼用来分离细胞，对其进行单层或悬浮培养，获得单个分散的细胞。

（2）以台盼蓝的颜色反应选择活细胞，对其进行自发融合或以灭活的仙台病毒、聚乙二醇（PEG）等为促融剂诱导融合。

（3）通过遗传互补、选择培养基等不同方法筛选动物细胞融合子，也称杂种细胞。

（4）进行杂种的细胞培养，获得所需要的杂种细胞克隆。

2. 动物细胞融合子的鉴定 动物细胞融合子的筛选同微生物、植物细胞融合子的筛选一样，利用亲本细胞的药物抗性、营养缺陷型、温度敏感性等遗传标记，建立了多种选择系统。已成功地用于杂种细胞的筛选。此外，在融合前用人工标记亲本细胞，或以致死剂量的生化阻抑剂处理亲本细胞，也是一种较为有效的筛选方法。

第三节　动植物细胞大规模培养技术

大规模细胞培养技术是细胞工程中重要的组成部分，是在人工条件下，高密度大规模培养的用动植物细胞来生产生物产品的技术。如今这一技术已广泛应用于现代生物制药的研究和生产中。它的应用大大减少了用于疾病预防、治疗和诊断的实验动物，为生产疫苗、细胞因子、生物产品乃至人造组织等产品提供了强有力的工具。

一、动物细胞培养技术

（一）概述

动物细胞培养开始于20世纪初，发展至今已成为生物、医学研究和应用中广泛采用的技术方法，利用动物细胞培养，生产具有重要医用价值的酶、生长因子、疫苗、单抗等，已成为医药生物高技术产业的重要部分。动物细胞大规模培养技术是生物技术制药中非常重要的环节。目前，动物细胞有悬浮培养和贴壁培养，技术水平的提高主要集中在培养规模的进一步扩大、优化细胞培养环境、改变细胞特性、提高产品的产率与保证其质量上。

动物细胞培养是指将来自动物体的某些器官或组织的细胞，采用无菌的方法，在人工条件下（模拟体内生理条件），在体外进行培养，使之存活和生长。但在整个培养过程中细胞不出现分化，不再形成组织。虽然许多物质可以通过微生物细胞培养或发酵生产，但有些生理活性物质如病毒疫苗、干扰素、单克隆抗体等，则必须采用动物细胞培养而获得。

动物细胞虽可像微生物细胞一样，在人工控制条件的生物反应器中进行大规模培养，但其细胞结构和培养特性与微生物细胞相比，有显著差别：①动物细胞比微生物细胞大得多，无细胞壁，机械强度低，对剪切力敏感，适应环境能力差，大多数哺乳动物细胞需附着在固体或半固体表面才能生长；②倍增时间长，生长缓慢，易受微生物污染，培养时需用抗生素；③培养过程需氧量少；④培养过程中细胞相互粘连以集群形式存在；⑤原代培养细胞一般繁殖50代即退化死亡；⑥代谢产物具有生物活性，生产成本高，但附加值也高；⑦动物细胞培养除了需要与微生物、植物细胞一样的培养基成分外，尚需要血清成分，特别是动物激素的存在。

细胞在机体内生长时，相互依赖，相互制约，而在体外生长时，脱离了平衡系统，因而细胞形态也发生了变化。根据细胞的生长特性可将动物细胞分为贴壁细胞和悬浮细胞，就其培养方法而言可概括为灌注悬浮培养、贴壁细胞培养和固定化细胞培养三种。根据培养物的细胞生物学，动物细胞培养可分为原代培养和传代培养。根据培养基的添加方式，可以分为分批培养、补料培养和连续培养。

（二）动物细胞培养的一般流程

从有机体取得材料→切碎→酶解→原代培养→传代培养

动物细胞系的建立包括原代细胞培养、继代培养、稳定细胞系的建立等几个连续的过程。

（1）外植体的获取。首先将从有机体获得的组织切成碎片，再用溶解蛋白质的酶处理得单个细胞，常用的酶有胰蛋白酶和胶原酶。

（2）原代培养。从供体取得组织细胞后在体外进行的首次培养，称为原代培养，是建立各种细胞系的第一步，也是获得细胞的主要手段。

（3）传代培养。待细胞长满瓶底之后，无论是否稀释，将细胞从一个培养容器转移到另一个培养容器中的培养称为传代培养。

（4）细胞系。原代培养物经首次传代成功后即成为细胞系。细胞系的保存一般进行冰冻。

（三）动物细胞培养基的组成及常用培养基

1. 动物细胞培养基的组成　动物细胞能在体外传代和繁殖促使人们找到化学成分更加稳定的培养基，以维持细胞的连续生长，培养基的常用成分有以下几种。

（1）氨基酸。动物细胞培养所需营养要求较高，其氮源主要为各种氨基酸。必需氨基酸是生物体本身不能合成的，但为培养细胞所需要，另外还需要添加半胱氨酸和酪氨酸。

（2）维生素。Eagle 最低基本培养基只含 B 族维生素，其他都靠从血清中获得。

（3）无机盐。无机盐是决定培养基渗透压的主要成分，对悬浮培养，要减少钙，使细胞聚集和贴壁最少。

（4）葡萄糖。动物细胞培养所需的碳源不可为无机物，大多为葡萄糖。

（5）激素和生长素。一般加血清即可满足需要，常用的有小牛血清、胎牛血清、人血清等。生长激素存在于血清中，与生长调节素相结合，具有促使细胞分裂的作用。

2. 常用培养基　动物细胞培养基是细胞赖以体外生长、增殖、分化的重要因素，可分为天然培养基、合成培养基和无血清培养基。

（1）天然培养基。在早期，为了模拟体内的环境，常常采用同种生物的体液，即直接采用某些组织的凝块、生物性液体、组织提取液等作为细胞的培养基。其优点是营养成分丰富，培养效果良好；缺点是成分复杂、个体差异大、来源受限。天然培养基的种类很多，主要有生物性体液（如血清）、组织浸出液（如胚胎浸出液）、凝固剂（如血浆）、水解乳蛋白等。血清（serum）是天然培养基中最有效和最常用的培养成分。它含有许多维持细胞生长繁殖和保持细胞生物学性状不可缺少的未知成分。常用的动物血清主要有牛血清和马血清。血清的主要作用在于：①提供有利于细胞生长增殖所需的激素、生长因子或提供合成培养基所缺乏的营养物质；②提供可识别金属、激素、维生素和脂质的结合蛋白，并通过与上述物质的结合而起到稳定和调节上述物质的作用，此外结合蛋白还可消除某些毒素和金属对细胞的毒性作用；③提供贴壁细胞固着于适当的附着面所需的贴壁因子和扩展因子；④提供蛋白酶抑制剂，使细胞免受蛋白酶的损伤；⑤提供 pH 缓冲物质，调节培养基 pH；⑥影响培养系统中的某些物理特性，如：剪切力、黏度、渗透压、气体传递速度等。

（2）合成培养基。随着化学分析和合成技术的发展，人们开始用一些成分明确的物质进行合成培养基的研究，建立了适合不同细胞生长的培养基。合成培养基是根据天然培养基的成分，用化学物质对动物体内生存环境中各种已知物质在体外人工条件下的模拟，经过反复试验筛选、强化和重新组合后形成的培养基。这种培养基在很多方面有天然培养基无法比拟的优点，它既能给细胞提供一个近似体内的生存环境，又便于控制和提供标准化的体外生存空间。目前用于动物细胞培养的合成培养基种类很多，一般均包含氨基酸、维生素、糖类、无机离子和其他辅助成分。最简单的合成培养基是 Eagle 基本培养基，复杂的有 MEM、DMEM、RPM1640 等。尽管各种合成培养基给细胞培养带来极大方便，但许多实验表明，单纯使用合成培养基细胞的贴壁、增殖效果常常不理想。因此，在实际操作时通常需在其中加入 10％左右的胎牛或新生牛血清，这样才能克服合成培养基的只能维持细胞不死，不能促进细胞分裂的不足，从而较长时间地维持细胞的生长。

（3）无血清培养基。由于血清来源困难，价格昂贵，同时，血清中的成分复杂，给深入研究某一物质对细胞生长、分化的作用和机制方面带来很多困难，可能引发的问题：①在一些基础研究中，往往影响实验结果；②血清中含有某些不利于细胞生长的毒性物质或抑制物质，对某些细胞的体外培养有去分化作用；③血清中大量成分复杂的蛋白质给疫苗、细胞因子、单克隆抗体等细胞产品的分离纯化带来很大困难。

为了深入研究细胞生长发育、分裂繁殖以及衰老分化的生物学机制，人们开发研制了无血清培养基。无血清培养基一般是由基础培养基和替代血清的补充因子所组成。基础培养基是多种营养的混合物，是维持组织生长、发育、繁殖等一系列生命活动的物质基础。补充因子用来代替血清中含有的动物细胞培养时所需要的各种因子。其又可以分为必须补充因子和特殊补充因子，前者主要包括胰岛素和转铁蛋白，后者则有各种生长因子、贴壁因子、激素等。无血清培养基的优点：①可避免血清批次间的质量变动，提高细胞培养和实验结果的重复性；②避免血清对细胞的毒性作用和血清源性污染；③避免血清组分对实验研究的影响；④有利于体外培养细胞的分化；⑤可提高产品的表达水平并使细胞产品易于纯化。

3. 培养条件　培养温度：温度是细胞体外生存的基本条件之一，来源不同的细胞，其最适生长温度不尽相同。如昆虫细胞培养温度一般是 $25\sim28℃$，哺乳动物细胞的培养温度一般是 $37℃$。总体上讲，动物细胞忍受低温的能力比忍受高温的能力强。如哺乳低温细胞在 $45℃$ 下只能存活 $1h$，但在 $25℃$ 条件下仍然能慢速生长，并维持长时间不死，甚至在 $4℃$ 下数小时后，再置于适宜温度下细胞仍然可以正常生长。

①pH：动物细胞培养适宜的 pH 一般在 $7.2\sim7.4$，低于 6.8 或高于 7.6 都不利于细胞生长，严重时会导致细胞死亡。培养细胞对 pH 的要求与培养时间长短有关，一般原代细胞要求较严格，而永久细胞系对 pH 具有较强的忍耐性。

②溶氧及气体环境：一般细胞在培养初期要求较低的溶氧水平，而在对数生长期或培养后期，对溶氧水平要求增加，如果供氧不足，将导致细胞缺氧而死亡。除了氧气供应外，还应注意培养基的氧气和 CO_2 的平衡。

③渗透压：动物细胞培养渗透压包括两个方面的问题：一是培养基的渗透压维持；二是细胞体内的渗透压维持。大多数动物细胞对渗透压的忍耐程度较强，只要培养基的渗透压变化不是很剧烈，一般对培养物不会造成致命伤害。动物细胞渗透压的维持一般采用平衡盐溶液。

（四）动物细胞培养技术

动物细胞培养同传统的微生物细胞培养相比，动物细胞培养存在着细胞倍增时间长、代谢途径复杂、对营养的要求高、对外界环境如温度、pH、溶氧、渗透压、剪切力的敏感性强、细胞状态容易改变等问题，大大增加了动物细胞培养的难度。如何完善细胞培养技术，提高动物细胞大规模培养的产率，一直是国内外研究的热点之一。

　　根据研究进展情况，动物细胞体外培养方式主要有灌注悬浮培养法、贴壁细胞培养法和固定细胞培养法三种类型。

　　1. 灌注悬浮培养　悬浮培养是指细胞在培养器中自由悬浮生长的培养方法，它是在微生物发酵的基础上发展起来的一种动物细胞培养技术。非贴壁依赖性细胞如血细胞、淋巴细胞、某些肿瘤细胞（包括杂交瘤细胞）以及某些转化细胞，可以采用此法进行培养。但动物细胞因无细胞壁保护，不能耐受剧烈的搅拌和通气。实验室悬浮培养可在配有磁力搅拌的三角瓶内进行，或将三角瓶放在摇床上进行。传代时，只需离心去掉旧培养液，换上新培养液即可。

　　动物组织中细胞密度约为 10^9 个/mL，为自然界细胞所处最高密度状态。而体外悬浮培养细胞密度一般在 5×10^6 个/mL 以下，要提高细胞产量需扩大培养规模，规模越大则控制越困难。特别适合细胞大规模培养的是灌注培养方法，它出现于 20 世纪 60 年代，在以后的几十年中得到了迅速的发展，并成为细胞大规模培养的主要手段。在灌注培养中，细胞保留在反应器系统中，收获培养液的同时不断地加入新鲜的培养基。灌注培养的主要优点是连续灌注的培养基可以提供充分的营养成分，并可带走代谢产物，同时，细胞保留在反应器系统中，可以达到很高的细胞密度。同其他方法相比，灌注培养的产率可以提高一个数量级，并可大大降低劳动力消耗。

　　灌注培养主要可分为两大类：悬浮灌注培养和床层培养。悬浮灌注培养是在普通悬浮培养的基础上，加上一个细胞分离器而成，以微载体悬浮培养加旋转过滤分离器最为常见。床层培养则把细胞直接保留于床层，不需要细胞分离器，其中堆积床和大孔载体培养的应用较广。

　　2. 贴壁细胞培养　贴壁细胞培养指必须将细胞贴附在固体介质表面上才能进行细胞培养的方式，主要用于非淋巴组织等贴壁依赖性细胞的培养。贴壁细胞培养时，在固体载体表面上生长并扩展成一单层，所以又称为单层培养或微载体系统培养法。由于大部分动物细胞无细胞壁，属于贴壁依赖性细胞，所以贴壁培养是动物细胞培养的一种重要方法。具体操作方法：原代培养物或传代细胞形成细胞单层后，倒掉旧培养液；用 PBS（磷酸盐缓冲液）或 PE（含有 0.02%EDTA 的 PBS）洗细胞单层 1～2 次，以洗去死细胞和残存的培养液；加入适量 0.25% 的胰蛋白酶溶液消化细胞单层，制备单细胞悬液；取 1/2 悬液接种于另一培养瓶，分别补加培养液后，于培养箱中静置培养。

　　3. 固定化细胞培养　固定化细胞培养是指将细胞限制或定位于特定空间位置的培养技术。不管是贴壁依赖性细胞还是贴壁不依赖性细胞，都可采用固定化方法培养。此法与贴壁培养不同的是不形成单层培养，而是采用载体使整个细胞固定化。在动物细胞培养中，培养细胞的目的不仅仅要求催化活力，更重要的是利用细胞来合成和分泌蛋白，因此如何保持细胞的活性显得尤为重要。由于动物细胞的极度敏感性，上述这些固定化方法会对动物细胞产生毒性，另外多糖（如卡拉胶等）由于具有很高的离子强度也会对细胞产生毒害。故在动物细胞培养中要考虑使用较温和的固定化方法，如吸附、包埋、中空纤维或胶囊化。在较温和的固定化过程中，被固定化的细胞仍可生长、增殖。这样，便可克服动物细胞的脆弱性，提高细胞培养密度和产物浓度。最常见的固定化培养是包埋培养，常用凝胶（海藻酸钙、琼脂糖、血纤维蛋白等）来包埋细胞，能使细胞处于活性状态进行培养。所培养的细胞种类不同，固定化培养的方式也不同，一般贴壁依赖性细胞通常采用胶原包埋培养，而对于非贴壁依赖性细胞则常采用海藻酸钙包埋培养。

（1）包埋培养的特点。将动物细胞包埋在各种多聚物多孔载体中而制成固定化动物细胞的方法称为包埋法。此法步骤简便，条件温和，负荷量大，细胞泄漏少。因细胞嵌入在高聚物网格中而受到保护，细胞能抗机械剪切。但该法也有一定缺点，如扩散限制，大分子物质不能渗透凝胶高聚物等。

（2）海藻酸钙凝胶包埋法。海藻酸钙凝胶包埋法是将动物细胞与一定量的海藻酸钠溶液混合均匀，然后滴到一定浓度的氯化钙溶液中形成直径约 1mm，内含动物细胞的海藻酸钙胶珠，用生理盐水分离洗涤后装入培养容器中，通入培养液使之不断流过海藻酸钙胶珠，目的是为细胞提供营养，同时带走细胞代谢废物。回收细胞时，只需加入适量的 EDTA 使海藻酸钙胶珠溶解，然后离心回收细胞（图 4-1）。此法操作条件温和，对活细胞损伤小。但固定后机械强度不高。为了大量制备海藻酸钙凝胶包埋的固定化细胞，国外已有专门的振动喷嘴设备可供使用。

（3）琼脂糖凝胶包埋法。琼脂糖凝胶可用二相法制得。将含有细胞的琼脂糖溶液分散到一个水不溶相中（如石蜡油），形成直径 0.2 mm 凝胶珠，移去石蜡油后，细胞即可进行培养。同海藻酸钙一样，琼脂糖更适于培养悬浮细胞。尽管凝胶珠形成过程很复杂，目前放大体积不超过20L。但琼脂糖凝胶无毒性，具有较大的空隙，可以允许

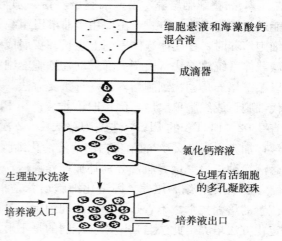

细胞悬液和海藻酸钙
混合液

成滴器

氯化钙溶液

包埋有活细胞
的多孔凝胶珠

生理盐水洗涤

培养液入口

培养液出口

图 4-1　海藻酸钙包埋法示意图

大分子物质自由扩散，因此该法特别适用于蛋白产物的连续生产。有人曾用琼脂糖包埋杂交瘤细胞和淋巴细胞生产单克隆抗体和白细胞介素。

（4）血纤维蛋白。将动物细胞与血纤维蛋白原混合，然后加入凝血酶。凝血酶将血纤维蛋白原转化为不溶性的血纤维蛋白，将动物细胞固定在其中。血纤维蛋白可以促进细胞贴壁，因此两种类型的细胞都适于培养。而且基质高度多孔，允许大分子物质的自由扩散。但机械强度差，对剪切力很敏感。

（五）动物细胞大规模培养技术

一项新的细胞培养技术的发展成熟需要较长的时间。大规模动物细胞培养是一项复杂而且经验性很强的工作，严格控制细胞培养的环境，防止污染，是进行大规模培养的前提。通过减少培养基中各种不利因素，配置细胞生长的专一性无血清培养基，以及选择条件温和、易操作、气体交换速度快的生物反应器和最适合细胞生长的微载体，可提高细胞的活性和表达水平。动物细胞大规模培养技术在贴壁培养和悬浮培养的基础上，融合了固定化细胞、流式细胞术、填充床、生物反应器等技术而发展起来，它是生产许多临床和医学研究上重要的生物制品的一种有效方法，如疫苗、激素、干扰素、生长因子、单克隆抗体等。而把生物体系应用于工业生产的工艺过程，正是细胞工程的重要目标之一。目前已形成了几种比较成熟的大规模细胞培养方法。

1. 微载体培养法　1967 年 Van Wezel 首先创立微载体细胞培养系统。其所采用的微载体直径在 $60\sim250\mu m$，由天然葡聚糖、凝胶或各种合成的聚合物组成，如聚苯乙烯、聚丙烯酰胺等。这种培养技术是在生物反应器内加入培养液和对细胞无毒害作用的微载体，使细胞在微载体表面附着和生长，并通过不断搅拌使微载体保持悬浮状态。因此，该系统把单层培养和悬浮培养结合起来，兼具有两种方法的优点：①比表面积大，单位体积培养液的细胞产率高，批式微载体系统培养的细胞密度可达到 $5\times10^6\sim6\times10^6$ 个/mL；②采用均匀悬浮培养，无营养物或产物梯度；③可用简单显微镜观察微载体表面的生长情况；④细胞收获过程相对简单，劳动强度小；⑤培养基利用率高，占用空间少；⑥放大培养容易，可连续化自动化大规模培养，国外已有公司以 1 000L 规模培养人的二倍体细胞来生产 β-干扰素。

2. 中空纤维培养　中空纤维细胞培养系统是 Richard Kncazek 等在 1972 年研制的。是模拟细胞在体内生长的三维状态，利用一种人工的"毛细管"，即中空纤维，给培养的细胞提供物质代谢条件而建立的一种体外培养系统。在这个系统中，每根中空纤维的管内部是空的，称为内室，内室中灌流无血清培养液供细胞生长，所有内室有一个中空纤维之间的空隙为外室，外室也有一个总的出口。细胞则贴壁生长在外室的中空纤维的外管壁上。在培养过程中，内室中的培养液可渗透到外室中，供细胞生长利用；细胞分泌的活性产物分子质量大，留在外室中，并不断浓缩；细胞的代谢废物为小分子物质，可进入内室，从内室的总出口排出，从而不会对细胞产生毒害作用（图4-2）。

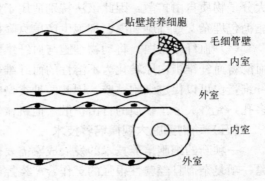

贴壁培养细胞
毛细管壁
内室
外室
内室
外室

中空纤维培养技术的优点是无剪切、高传质、营养成分的选择性渗入，使培养细胞和产物密度都可达到比较高的水平。目前中空纤维反应器已进入工业化生产，主要用于培养杂交瘤细胞来生产单克隆抗体。

图4-2 中空纤维培养系统示意图

3. 微囊化 微囊培养技术是 Lin 和 Sun 于20世纪70年代创立的。微囊化培养技术其要点：在无菌条件下将拟培养的完整的活细胞或组织、生物活性物质及生长介质共同包裹在薄的半透膜中形成微囊，再将微囊放入培养系统内进行培养。具体操作过程：将活细胞悬浮于生长介质中（1.4%海藻酸钠溶液），通过特制的成滴器，形成一定大小的小滴，滴入 $CaCl_2$ 溶液中，形成内含活细胞的凝胶小珠。用生理盐水把凝胶小珠洗涤干净后，再加入多聚赖氨酸溶液，从而在这些凝胶小珠外包被上一层坚韧、多孔、可通透的外膜，称为多孔微囊。然后加入阳离子螯合剂，液化凝胶小珠，使海藻酸钠从多孔微囊中流出，而活细胞仍留在多孔膜内。再将内含活细胞的微囊装到培养器中，通入培养液进行培养，生产单克隆抗体。培养系统可采用搅拌式或气升式反应器系统。实验证明，采用批式和连续灌注式培养杂交瘤细胞生产单克隆抗体，在7～27d微囊内抗体浓度可达 1 250～5 300mg/L。利用微囊包裹具有特定功能的组织细胞，形成免疫隔离的人工细胞，以此植入疾病动物或病人体内。1980年报道了微囊化胰岛移植治疗大量实验性糖尿病。他们将同种大鼠胰岛用海藻酸-聚赖氨酸-聚乙烯亚胺包埋后植入链脲霉素诱导的糖尿病大鼠体内，在未用免疫抑制剂的情况下，控制大鼠血糖正常达1年左右。

微囊化培养的优点：①微囊内的活细胞由于有半透性微囊包被，可防止细胞在培养过程中受到物理损伤；②活性蛋白不能从囊中自由出入半透膜，从而提高细胞密度和产物含量，并方便分离纯化处理。

4. 气升式深层培养法 气升式深层培养系统由英国 Celltech 公司研制。其过程是将单细胞悬液装到一个完全密闭的培养容器中，从底部通入气体，使气体不断上下循环，搅动培养容器内的细胞悬液，使之不贴壁，悬浮生长。2

周后打开培养容器，收集细胞及其分泌产物。

5. 大载体培养法　大载体培养系统由美国 Bellco 公司设计。大载体是一些由海藻酸钠和 $CaCl_2$ 溶液形成的包埋有活细胞的网络状凝胶珠。这些大载体被装入培养容器，通入培养液和混合气体进行大规模培养。该系统配有先进的监控设备，如溶解氧、pH 测定、培养液的输入以及产物的收获均由微机来控制。

二、植物细胞大规模培养技术

（一）概述

植物细胞培养是 20 世纪 80 年代迅速发展起来的一个新领域。植物细胞培养即植物细胞的体外培养，是指在无菌条件下，将植物细胞从机体内分离出来，在营养培养基上使其生存和生长的过程。利用细胞培养技术可以直接观察到生活细胞的形态和生长活动，并且将植物微生物化，在一定容积的反应器中得到大量的植物细胞。植物细胞培养主要依据是细胞的全能性，即植物体每一个分化的细胞，在一定培养条件下，具有形成一个完整植株的潜在能力。再生的植物具有与母体植株基本相同的全套遗传信息。

植物细胞培养的特性主要有以下几方面：①植物细胞较微生物细胞大得多，有纤维素细胞壁，细胞耐拉不耐扭，抵抗剪切力差；②培养过程生长速度缓慢，易受微生物污染，需用抗生素；③细胞生长的中期及对数期。易凝聚成团块，悬浮培养较难；④培养时需供氧，培养液黏度大；⑤具有群体效应；⑥因为有细胞壁，培养细胞产物滞留于细胞内，产量较低；⑦细胞培养过程有结构与功能全能性，因而易分化，从而导致目的产物低于原植物体内浓度；⑧悬浮培养中要求有一定的细胞浓度，否则不生长（25 000～50 000 个/mL）。

植物细胞培养需要解决的问题：①氧和二氧化碳的控制，过多氧过少氧均不利于生长；②营养物的供应；③细胞密度过高引起细胞团聚甚至分化；④培养过程中细胞的分化的防止；⑤细胞取得中微生物的去除；⑥细胞壁脆性的存在要求培养体系剪切力要小。

（二）植物细胞培养的一般流程

植物组织或器官→表面杀菌→种苗萌发（无菌培养）→植物在培养基中生长→愈伤组织培养→愈伤组织在液体培养基中培养→建立悬浮培养→扩大培养

其基本操作过程：选择合适的植物材料，经过表面消毒处理，在无菌条件切取未受损伤或污染的组织或器官（外植体），置于固体培养基上，25～28℃黑暗或低光照条件下培养，则在切口处生长出非组织化的无定形细胞团（即愈伤组织）。当愈伤组织生长到一定大小后，转置到新鲜固体培养基中继代培养或转置到液体培养基中悬浮培养。

（三）植物细胞培养基的组成及常用培养基

1. 植物细胞培养的营养要求　植物细胞培养与动物细胞培养相比，其最大的优点是植物细胞能在简单的合成培养基上生长。其培养基的成分由无机盐类、碳源、维生素、植物生长激素、有机氮源、有机酸和一些复合物质组成。包括植物生长所必需的 16 种营养元素和某些生理活性物质。

（1）无机盐。在无机盐中，磷酸根及氮源（NH_4^+ 或 NO_3^-）的含量对细胞的生长与物质生产有明显的影响。另外，一些金属离子如 Ca^{2+}、Cu^{2+}、Mg^{2+} 等的含量往往也有重要影响。无机盐一般浓度：钾 25mmol/L，铵 2～20mmol/L，钙、镁和磷 1～3mmol/L。微量元素包括 B、Mn、Zn、Mo、Cu、Co、Cu、Fe 等。

（2）碳源和能源。通常使用 2%～3% 的蔗糖作碳源，也有使用葡萄糖或果糖。使用单糖的优点是方便分析测定，且有助于细胞动力学分析。其他的碳水化合物或有机碳化物不合适作为单一的碳源。通常增加培养基中蔗糖的含量，可增加培养细胞的次生代谢产物量。

（3）植物生长调节物质。大多数植物细胞培养基中都含有天然的或合成的植物生长激素，激素分为两类，生长素和分裂素。生长素促进细胞生长，经常使用的植物生长激素有吲哚乙酸（IAA）、萘乙酸（NAA）、2，4-二氯苯乙酸（2，4-D）等，具有诱导细胞分裂的作用，使用浓度范围在 0.1～5mg/L。分裂素促进细胞分裂，常用的是激动素（N^6-呋喃甲基腺嘌呤）、6-苄基腺嘌呤和玉米素（N^6-异戊烯腺嘌呤）等，使用浓度范围为 0.01～1mg/L。

（4）氮源。一般用硝酸盐作为氮源，铵盐效果较差，但铵盐与硝酸盐共用时表现出促进生长的效果。氨基酸一般不单独作为氮源使用，有机氮源对细胞培养的早期阶段有利。

（5）其他附加物。这些物质不是植物细胞生长所必需的，但对细胞生长有益。如琼脂是固体培养基的必要成分，活性炭可以降低组织培养物的有害代谢物浓度，对细胞生长有利。液体培养基中加入聚蔗糖和琼脂糖，可改善培养细胞的供养状况。

（6）其他对生长有益的未知复合成分。这些物质通常作为细胞的生长调节剂。它们有酵母抽提液、麦芽抽提液、椰子汁、水果汁等。

2. 培养基的种类　在植物组织培养中，选择好培养基是组织培养成功的关键，因此，在组织培养中首先考虑的是应采用何种培养基，附加何种成分。常用的培养基有几十种。如 MS、B_5、E_1、N_6 培养基等。其中以 MS、B_5 等应用较为广泛（表 4-2）。

表 4 - 2　常用培养基 MS 的化学组成

成　分	1L 母液用量/（mg/L）	成　分	1L 母液用量/（mg/L）
大量元素（20×）		微量元素（200×）	
NH_4NO_3	33 000	KI	166
KNO_3	38 000	H_3BO_3	1240
$CaCl_2 \cdot 2H_2O$	8 800	$MnSO_4 \cdot 4H_2O$	4 460
$MgSO_4 \cdot 7H_2O$	7 400	$ZnSO_4 \cdot 7H_2O$	1 720
KH_2PO_4	3 400	$Na_2MoO_4 \cdot 2H_2O$	50
铁盐*（200×）		$CuSO_4 \cdot 5H_2O$	5
$FeSO_4 \cdot 7H_2O$	5 560	$CoCl_2 \cdot 6H_2O$	5
$Na_2 \cdot EDTA \cdot 7H_2O$	7 460	烟酸（200×）	100
肌醇（200×）	20 000	维生素 B_1（200×）	20
甘氨酸（200×）	400	维生素 B_6（200×）	100

3. 培养条件

（1）培养温度。培养温度对植物细胞生长及二次代谢产物生成有重要影响。通常，植物细胞培养采用 25℃。

（2）搅拌。在摇瓶实验中，通常摇床的转速取 90～120r/min。

（3）pH。通过细胞膜进行的 H^+ 离子传递，对细胞的生育环境、生理活性来说无疑是重要的。在培养过程中，通常 pH 作为一个重要参数被控制在一定范围内。植物细胞培养的适宜 pH 一般为 5～6。

（4）通气。通气是细胞液体深层培养重要的物理化学因子。好气培养系统的通气与混合及搅拌是相互关联的。对摇瓶试验，通常 500mL 的三角瓶内装 80～200mL 的植物细胞培养液较适宜。当然，气液传质还与瓶塞的材料有关。试验表明，从溶氧速率考虑，以棉花塞最好，微孔硅橡胶塞次之，铝箔塞最差。

（5）光。光对植物有着特殊的作用。光照射条件下不仅通过光照周期、光的质量（即种类、波长），而且通过光照量（光强度）的调节来影响植物细胞的生理特性和培养特性。研究表明，光调节细胞中关键酶的活性，有时光能大大促进代谢产物的生成，有时却起着阻碍作用。

（6）细胞龄。在培养过程中的不同时期，细胞的生理状况、生长与物质生产能力差异显著。而且，使用不同细胞龄的种细胞，其后代的生长与物质生产状况也会大不一样。通常，使用处于对数生长期后期或稳定期前期的细胞作为接种细胞较合适。

（7）接种量。在植物细胞培养中，接种量也是一个影响因素。在再次培养中，往往取前次培养液的 5%～20% 作为种液，也以接种细胞湿重为基准，其接种浓度为 15～50g/L。由于接种量对细胞产率及二次代谢物质的生产有一定影响，故应根据不同的培养对象通过试验，确定其最大接种量。

(四) 植物细胞的大规模培养方式

植物细胞培养根据不同的方法可分为不同的类型。按培养对象可分为单倍体细胞培养和原生质体培养；按培养基的种类可分为固体培养基和液体培养基；按培养方式又可分为悬浮培养和固定化细胞培养。工业化植物细胞培养系统主要有两大类：悬浮细胞培养系统和固定化细胞培养系统。

1. 植物细胞悬浮培养技术　悬浮细胞培养技术是指把离体的植物细胞悬浮在液体培养基中进行的无菌培养。它是从愈伤组织的液体培养技术基础上发展起来的一种新的培养技术。其基本过程是将愈伤组织、无菌苗、吸涨胚胎或外植体芽尖、根尖及叶肉组织，经匀浆器破碎、纱布或不锈钢网过滤，得单细胞滤液作为接种材料，接种于试管或培养瓶等器皿中振荡培养。与微生物相似，植物细胞大规模培养的生物技术由建立细胞株、扩大培养和大罐培养几个步骤组成。建立细胞株包括植物材料的选择、诱发愈伤组织悬浮细胞培养物、筛选优良无性繁殖系、保存和培养细胞系、研究和确定最适生长条件和产量条件。扩大培养是将优良的生产用细胞株经过几次扩大培养，得到大量的培养细胞，称为种子培养，以作为大规模培养的接种材料。

（1）植物细胞悬浮培养方法虽然繁多，根据一个培养周期中是否添加培养基可分为分批培养法、半连续培养法和连续培养法三种。基本培养方式的选择应根据次生产物积累特点而定，通常还根据不同要求进行相应改进。如当细胞生长和产物合成需要不同的培养基时，就需要采用两步法建立培养体系，先在细胞生长培养基中培养大批量细胞，当细胞生长至合成产物的阶段后，再将其转入到产物合成培养基中培养，在产物合成阶段又可采用连续培养方式以延长细胞生产时间。

①分批培养法：是指在新鲜的培养基中加入少量的细胞，在培养过程中既不从培养系统中放出培养液，也不从外界向培养系统中补加培养基的一种培养细胞的方法。其特征是培养基的基质浓度是随培养时间而下降，细胞浓度和产物则随培养时间的增长而增加。由于培养装置和操作简便，因此，广泛用于实验室和生产中。但在培养过程中细胞生长、产物积累以及培养基的物理状态常常随时间变化而变化。培养检测十分困难。同时，分批培养的周期较短，一个培养周期后细胞和培养液同时取出用于目的产物提取，下一个培养周期必须重新接种种子细胞，因此也增加了培养成本。

分批培养法经过改造形成二段培养法。二段培养法采用两个培养罐，第一罐采用适合于细胞生长的培养基来繁殖细胞，第二罐采用适宜的成分培养细胞以产生有用的代谢产物。

②半连续培养法：是指在反应器中投料和接种培养一段时间后，将部分培养液和新鲜培养液进行的培养方法。反应过程通常以一定时间间隔进行数次反复操作，以达到培养细胞与生产有效物质的目的。此法可不断补充培养液中营养成分，减少接种次数，使培养细胞所处环境与分批培养法一样，随时间而变化。工业生产中为简化操作过程，确保细胞增殖量，常采用半连续培养法，有些植物细胞及其他物质产量，用半连续培养法较分批法为高。其缺点是在大多数情况下，由于保留细胞悬液中细胞状态有较大差异，特别是有些衰老细胞不能及时淘汰，从而会影响下一培养周期的细胞生长一致性。

③连续培养法：是指在培养过程中，不断抽取悬浮培养物并注入等量新鲜培养基，使培养物不断得到养分补充和保持其恒定体积的培养方法。连续培养的特点：a. 连续培养由于不断加入新鲜培养基，保证了养分的充分供应，不会出现悬浮培养物发生营养不良的现象；b. 连续培养可在培养期间使细胞长久地保持在对数生长期，细胞增殖速率快；c. 连续培养适于大规模工业化生产。

连续培养的种类如下：a. 封闭式连续培养：新鲜培养液和老培养液以等量进出，并把排出的细胞收集，放入培养系统中继续培养，所以培养系统中的细胞数目不断增加。b. 开放式连续培养：在连续培养期间，新鲜培养液的注入速度等于细胞悬浮液的排出速度，细胞也随悬浮液一起排出，当细胞生长达到稳定状态时，流出的细胞数相当于培养系统中新细胞的增加数，因此，培养系统中的细胞密度保持恒定。连续开放式培养的种类有恒浊培养和恒化培养两种。

恒浊培养是人为地选定一种细胞密度，用浑浊度法控制细胞密度，当培养系统中细胞密度超过此限度时，超出部分就会随排除液自动排除，从而保持培养系统中细胞密度的恒定。恒浊培养在一定限度内，细胞增殖速率不受细胞密度和任何培养物质的影响，而取决于环境因子和细胞代谢速度，因此是研究细胞代谢调节的良好培养系统。

恒化培养是以恒定速度随培养液输入对细胞增殖起限制性作用的某种营养物质，使细胞增殖速率和细胞密度保持恒定的方法。恒化培养的最大特点是通过限制营养物质的浓度来控制细胞的增殖速率，而细胞生殖速率与细胞特殊代谢产物，如蛋白质、有用药物等有关。因此，此方法对大规模细胞培养的工业化生产有较大的应用潜力。

连续培养和分批培养、半连续培养不同，细胞生长的环境可以长时间维持恒定，其细胞生产能力一般较分批法高，但因细胞生长缓慢，培养时间长，要维持系统无菌状态，技术条件要求相当苛刻。故在培养特定细胞或生产次生物质时，单罐连续培养法不是个合适的方法。因此可采用二阶段连续培养法，即双罐连续培养法，其过程是于第一罐中投入适于细胞增长的培养基并连续流入培养基，而于第二罐中投入适于产生次生物质的培养基，同时连续流入培养基。第一、二罐间通过管道连接，第一罐培养液不断流入第二罐，同时第二罐培养液放出。用二段连续培养法培养的细胞其质量要比单罐连续培养法的好。每罐的细胞生产速率可高达 $6.3g/L/h$。

（2）悬浮培养系统主要有机械搅拌式培养系统、气压搅拌式培养系统和旋转式培养系统。

①机械搅拌式培养系统：机械搅拌式生物反应器采用机械搅拌器使溶质均匀混合，通常是根据植物细胞的特性在微生物发酵罐的基础上做如下改进：a. 搅拌装置要减少剪切，一般改叶轮式为螺旋式；b. 因为植物细胞生长周期长，需要随时补充水分和营养，因此必须设计加液装置；c. 由于植物细胞的生理活动需要新鲜空气，且细胞代谢也可能产生有害气体，所以必须设计通气装置；d. 便于取样观察，一般还设计有取样口。

②气压搅拌式培养系统：考虑到机械搅拌式反应器的剪切作用难以避免，同时搅拌器转动的中轴往往是容易使培养物污染的部位，因此，发展出空气提升式生物反应器，但其缺点是搅拌不均匀。

③旋转式培养系统：一般用于产品中试或某些必需裂解细胞才能获得目的产物的培养，其优点是控制精确，处理灵活，缺点是培养体积较小。

2. 植物细胞固定化培养技术 在许多愈伤组织和悬浮培养体系中，发现母体植物的细胞不产生次级代谢产物。但是，当发生分化，芽、根或植物胚胎器官组织均可开始分化生产同样的次级代谢产物。植物细胞固定化培养技术是指将细胞、原生质体固定于载体上在固定化反应器中培养细胞的方法。

植物细胞固定化培养时必须考虑以下几个问题：①所选用的植物细胞的次生代谢产物的产量是否很高，细胞生长速度是否较慢并能维持较长时间的生活能力；②所选用的固定支持物对细胞的存活是否有影响，对产物的合成是否有阻碍；③终产物是否能释放到培养基中，如果产物不释放到培养基中，是否能采用物理（电击）或化学（离子渗透法）方法使其释放而又不影响细胞生活力。

细胞固定化培养技术按照其支持物不同可以分为两大类：①包埋式固定化培养系统：支持物多采用琼脂、琼脂糖、藻酸盐 b、聚丙烯酰胺等；②附着式固定化培养系统：支持物采用尼龙网、聚氨酯泡沫、中空纤维等材料。

常见的固定化细胞培养系统主要有以下两大类。

（1）平床培养系统。本系统由培养床、贮液罐、蠕动泵等构成（图4-3）。新鲜的细胞被固定在床底部由聚丙烯等材料编织成的无菌平垫上。无菌贮液罐被紧固定在培养床的上方，通过管道向下滴注培养液。培养床上的营养液再通过蠕动泵循环送回贮液罐中。本系统设备较简单，比悬浮培养体系能更有效地合成次生物质。不过它占地面积大，累积次生代谢物较多的滴液区所占比例不高；而且在这密封的体系中氧气的供应时常成为限制因子，还得经常附加提供无菌空气的设备。

（2）立柱培养系统。本方法将植物细胞与琼脂或海藻酸钠混合，制成一个个1～2cm³的细胞团块，并将它们集中于无菌立柱中（图4-4）。这样，贮液罐中下滴的营养液流经大部分细胞，亦即"滴液区"比例大大提高，次生物质的合成大为增强，同时占地面积大为减小。这一技术的优点在于：①细胞位置的固定使其所处的环境类似于在植物体中所处的状态，相互间接触密切，可以形成一定的理化梯度，有利于次生产物的合成；②由于细胞固定在支持物上，培养基可以不断更换，可以从培养基中提取产物，免除了培养基中因含有过多的初生产物对细胞代谢的反馈抑制，也由于细胞留在反应器中，新的培养基可以再次利用这些细胞生产初生产物，从而节省了生产细胞所付出的时间和费用；③由于细胞固定在一定的介质中，并可以从培养基中不断提取产物，免除了培养基中因含有过多的初生产物对细胞代谢的反馈抑制，延长细胞生产周期，因此，它可以进行连续生产；④可以较容易地控制培养系统的理化环境，从而可以研究特定的代谢途径，并便于调节。

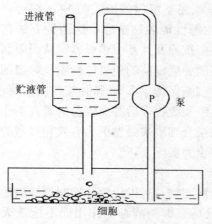

图4-3　细胞平床培养系统

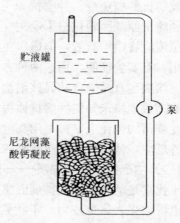

图4-4　细胞立柱培养系统

第四节　细胞工程在食品工业中的应用

一、动物细胞工程的应用

动物细胞工程的应用，主要是指利用动物细胞大规模培养技术，生产植物和微生物难于生产的具有特殊功能的蛋白质类物质。到目前为止，已生产出一些具有重要药用价值的生理活性物质，比如激素、疫苗、药用蛋白质等。

（一）生产疫苗

疫苗是一种其主要成分具有免疫原性的蛋白质。许多人、畜、禽的疫苗如狂犬疫苗、脊髓灰质炎疫苗、白血病疫苗、麻疹疫苗等都是用动物细胞大规模培养方法生产的。比之利用活体连续接种生产减毒疫苗有着明显的优越性，既可节省大量动物，又缩短了生产周期，安全可靠，适于大量生产。1983 年，英国 Wellcome 公司就已能够利用动物细胞进行大规模培养生产口蹄疫苗。美国 Genentech 公司应用 SV40 为载体，将乙型肝炎表面抗原基因插入哺乳动物细胞内进行高效表达，已生产出乙型肝炎疫苗。法国巴斯德研究所将 S 和 S2 基因的 DNA 片段插入哺乳动物细胞（CHO）内，进行大规模培养生产乙型肝炎疫苗。

另外，树突状细胞（dendritic cells，DCs）与肿瘤细胞融合形成的树突状细胞疫苗，能够有效地激发机体的细胞免疫应答，无论是在动物研究还是在人体早期临床试验中，都证明这是一种方便、安全、可行的方法。并且由于融合细胞可以在体内存活，因此可以维持较长时期的免疫应答，有利于诱发机体产生有效的抗肿瘤免疫。肿瘤抗原可以肽段或完整蛋白的形式与 DCs 结合，或者将肿瘤抗原基因转化进 DCs 中，使其内源性地表达抗原，这两种方法在抗肿瘤免疫应答中均有效，但适于免疫的肿瘤抗原及其基因难以鉴定从而限制了其应用，有实验证明，用这两种方法制备的肿瘤疫苗的免疫原性不及肿瘤细胞与树突状细胞直接融合的异核细胞，融合细胞保持了 DCs 和肿瘤细胞的特性，并且能高效地将未知的肿瘤抗原提呈给免疫系统，今后肿瘤疫苗的研究工作将集中在疫苗的纯化上，以期用高度纯化的杂合细胞来激发更为有效和强烈的免疫应答反应，使得这种方法在临床应用中更为实际。

（二）生产生理活性物质——干扰素

干扰素是动物细胞抵御病毒感染的天然产物，可以治疗和抑制癌细胞的生长，也可增强人体免疫力。干扰素分子只具有抑制病毒的作用而不能杀灭病毒。自 1957 年发现了干扰素以来，它经历了自然干扰素（包括白细胞干扰素、成纤维细胞干扰素和 T 细胞干扰素）、基因重组干扰素和蛋白质工程干扰素三个发展阶段。从 20 世纪 80 年代开始，日本和欧洲已大量生产干扰素 α 和 β，采用 1 000L 以上发酵罐并附在微载体上生产。人体干扰素是一种糖蛋白。用于人体的干扰素必须从人体细胞中获得。来自人体的二倍体成纤细胞，可依附在适宜的表面生长，一般认为由它所产生的干扰素是最安全有效的。另一种途径是采用基因工程菌来生产，但是生产的工程菌也是在这种细菌质粒中嵌入了人体成纤细胞干扰素的原因。

（三）生产单克隆抗体

人的单克隆抗体是一种重要药物，但人的杂交瘤细胞株不可能接种到人体中培养，就只有依靠在体外大规模培养。使小鼠脾细胞与骨髓瘤细胞融合，形成能产生单克隆抗体（monoclonal antibody，McAb）的杂交瘤细胞。通过细胞融合技术，形成能产生抗体的杂交瘤，在体外培养液中或者在宿主动物体液中繁殖时，持续地分泌出一种有特殊疗效的抗体。单克隆抗体具有专一性和灵敏性，作为理论研究的工具在病原检测和疾病治疗以及食品安全领域具有广阔的应用前景。1985 年，中科院上海细胞生物学研究所研制成功抗北京鸭红细胞和淋巴细胞表面抗原的单克隆抗体，同时还与有关医学部门合作，成功地制备了抗人肝癌和肺癌的单克隆抗体。在神舟四号上，我国自制的细胞电融合仪分别进行了植物细胞的电融合试验和动物细胞的电融合试验，动物细胞电融合试验采用纯化的乙肝疫苗病毒表面抗原免疫的小鼠 B 淋巴细胞和骨髓瘤细胞，目的是获得乙肝单克隆抗体。目前有关单位利用 McAb 作用的专一性这一特点，正在探索用"生物导弹"对癌症进行早期诊断和治疗。

（四）用于动物育种

体细胞核移植技术（SCNT）是将细胞核移植到另一细胞的细胞质中的生物技术。动物体细胞融合后，杂种细胞难以发育再生为一个个体，但借助于细胞核移植的方法将融合后杂种细胞的细胞核移入去核成熟卵内，可培育新的杂种。另外，细胞核移植技术的建立，还为目前进行的哺乳动物体细胞克隆和转基因技术打下良好的实验基础。

二、植物细胞工程的应用

在植物生物技术中，应用培养细胞系统合成有用的天然产物，很可能发展成为一个广义的化学工业的一个组成部分。长期以来，植物一直是许多化学品的主要资源，特别在制药和食品加工业中更是不可缺少。据不完全统计，至少有 20％左右的药物是由植物衍生而来的，而且每年都可发现许多植物来源的新化合物。植物中含有许多的次生代谢产物，许多植物次生代谢产物是优良的食品添加剂和名贵化妆品原料。然而，由于植物资源有限、自然灾害频繁，使得这些物质的供应不能满足人类的需求，因此，通过植物细胞培养技术提取其天然产物是为人类提供恒久资源的有效途径。

自 1902 年 Haberlant 预言，高等植物细胞具有全能性以来，植物细胞培养就开始被用于研究植物的生物合成。用细胞悬浮培养来研究植物代谢物的合成和生产，是 20 世纪 50 年代末期才开展起来的工作。1956 年 Routie 和 Nickell 首次提出用植物细胞培养技术生产有用的次生物质。Steward 和 Shantzv1956 年进行胡萝卜根愈伤组织的液体培养，发现其游离组织和小细胞团的悬浮液可以进行长期继代培养，并于 1958 年以胡萝卜根的悬浮细胞诱导分化成完整的小植株。1985 年 Tabata 和 Fujita 将提高产量的多种方法相结合实现了第一次商业性的植物细胞培养。随后，人们在植物细胞培养次生代谢物的产生动力学方面做了大量研究。近几年，利用生物合成方法生产植物次生代谢物已在高产量、高密度、细胞悬浮培养及大规模生物反应器的设计和操作等方面取得了重大进展。

采用植物细胞培养技术生产次生代谢产物与常规的农业生产方法相比，具有许多的优点：①它不受环境因素如季节、气候、土壤和病虫害的影响，可在任何地方、任何时候进行生产，培养物能达到土壤培养从未见过的整齐程度；②可以实现工业化连续生产，无需占用耕地，培养物生长速度快，成本低，生产周期短，可在人工控制条件下，采用科学方法提高产量和质量；③任何新发现的植物种类都能进行细胞培养，缩短了繁殖与引种栽培时间，同时对于那些有毒目标物还能有效防止有毒药物向自然界的扩散。

植物细胞培养在食品工业中的应用，主要是生产各种色素、香料、酶制剂、具有生物活性的保健因子等。目前，通过植物细胞培养已能高效地生产胡萝卜素、花青素、番茄红素等食用色素，木瓜蛋白酶、菠萝蛋白酶等酶制剂，食品添加剂，人参皂苷、超氧化物歧化酶等活性成分。

1. 人参的细胞工程生产　人参为五加科多年生草本植物人参的根，是我国特产的一种名贵药材。常生于海拔数百米的针阔叶混交林或杂木林下，分布于我国的黑龙江、吉林、辽宁和河北北部的深山中。由于人参在地理分布上的局限性，以及生长周期长、对生态环境的要求比较苛刻，再加上病虫害严重的影响，导致天然野生人参数量很少。而人工栽培人参也无法很好解决上述问题。

用细胞工程技术，可以在人为控制条件下，通过无性繁殖获得具有生物活性的生物碱、皂苷类、萜类、多酚类等化合物，并且可以进行新品种的快速育种。经过多年的发展，在人参愈伤组织与细胞、再分化根、激素自养型色素细胞、原生质体培养与植株再生等研究领域取得了重大进展。

2. 超氧化物歧化酶的细胞工程法生产　可以利用从动植物组织中分离提取的超氧化物歧化酶（SOD）制品生产功能性食品，但这样成本很高，经济效益低。大蒜是 SOD 含量较高的天然植物之一，可由它提取出 SOD 来生产功能性食品。利用大蒜细胞培养生产 SOD 具有成本低、实用性强的优点，易实现工业化生产规模。利用大蒜细胞培养生产富含 SOD 功能性食品的工艺，包括大蒜愈伤组织的诱导形成及培养、大蒜细胞悬浮培养与深层发酵、SOD 浓缩液的提取等过程。

3. 紫杉醇的细胞工程法生产　紫杉醇是具有抗癌活性的二萜烯类化合物，可从紫杉中提取出来用于治疗癌症。目前，临床上用的紫杉醇主要来源于红豆杉科的红豆杉属，在我国黑龙江已经建立了世界上第一片人工无性繁殖红豆杉林。但是，由于红豆杉生长缓慢，紫杉醇含量低，为了满足对紫杉醇的需求，目前国内外普遍采用植物组织细胞培养法生产紫杉醇。

4. 香料的细胞工程法生产　利用植物细胞大规模培养技术已能生产许多的香料物质。例如，在洋葱细胞培养中，从蒜碱酶抑制剂羟基胺中提取出了香料物质的前体——烷基半胱氨酸磺胺化合物。在玫瑰的细胞培养中发现增加成熟的不分裂细胞能产生除五棓子酸、表儿茶、儿茶酸之外的更多的酚。在热带栀子花的细胞培养中产生的单萜葡糖苷、格尼帕糖苷和乌口树糖苷的产量很高。

5. 食品添加剂的细胞工程法生产　食品添加剂是食品工业的"灵魂"，食用色素、香精香料、稳定剂、防腐剂、抗氧化剂等既赋予了食品宜人的外观、口感和滋味，又使其在销售期内保持了新鲜状态。目前，食品添加剂的生产有三条途径：直接提取、化学合成和生物技术生产。直接提取虽然可获得天然产物，但由于许多添加剂，如色素、香精等都是植物的次生代谢物，含量很低，提取困难，而且，由于所使用的原料受品种和环境的影响，产品品质不稳定，波动很大；化学合成产量较高，可以得到品质均一的添加剂，但人们更希望使用天然的产品，对化学合成物总存有疑虑，而且由于生物体代谢的复杂性，许多产物还难以在人工控制下化学合成；进入 20 世纪以来，利用生物技术生产药物及各类添加剂的研究方兴未艾，其中包括利用酶和微生物的发酵技术以及植物细胞和组织培养合成技术（以下简称组培合成技术）。组培合成技术可用于生产植物的次生代谢产物，这些产物在食品及药品中有广泛的用途。此项工作在国内还未深入展开，但国外的研究已显示了在食品添加剂工业上的广阔应用前景。

6. 食品风味物质的细胞工程法生产　天然香兰素、薄荷醇在食品加工业的应用很广泛，是很有商业价值的食品风味添加成分，国外现已开始采用PCTCS 技术生产。

（1）香兰素风味成分生产的研究。据统计，天然香兰素产品年市场需求量很大，工业生产年需 30t 以上。美国已开始采用植物组织培养技术生产。研究发现在香荚兰豆中的香味成分主要是内源（内生）糖苷前体在成熟过程中通过氧化酶的作用而形成，在组织细胞产香成分的培养过程中，一些关键性的酶如：葡萄糖苷酶、多酚氧化酶、过氧化物酶的活性，都在培养末期达到最高，而且，不同组织器官的细胞培养生产次生代谢物的合成能力有所不同。通过建立细胞悬浮培养物及采取吸附剂如极性（亲水性）树脂或木炭，能够促进产量的提高。

（2）生产薄荷油的研究。目前已经开始采用胡椒薄荷细胞培养技术生产工业薄荷油，但产量很低，这主要是因为萜烯单体的不稳定性及植物毒素的毒性作用而影响薄荷油的生物合成。此外，人们在对于薄荷油生产代谢机制的研究中，采用经根癌农杆菌 T37 转化后的薄荷顶芽培养物，发现薄荷油物质的生物合成与萜烯类物质有关，现已检测出萜烯类物质是由叶部的油腺所分泌，这种萜烯类物质色谱分析显示与原植株上所发现的完全一致，但顶芽培养物的萜烯类物质的产率比叶子器官的要低。

三、固定化细胞及其在食品工业中的应用

（一）固定化细胞的发展概况

细胞固定化是在固定化酶基础上发展起来的一项新技术。自从 20 世纪 50 年代，首次尝试固定化酶的实际应用研究之后，20 世纪 60 年代，固定化酶在世界范围内成为研究的热点，1969 年已成功地实现了将固定化氨基酰化酶用于 DL-氨基酸连续光学拆分的工业化生产中。近年来，固定化细胞技术发展十分迅猛，已广泛应用于食品、发酵工业、医药工业、环境保护及能源开发等领域。

利用物理或化学的手段将游离的细胞定位于限定的空间区域，并使其保持活性和可反复使用的一种技术称之为细胞的固定化，该细胞称为固定化细胞。固定化细胞与固定化酶相比，有如下几方面的优点：①它不需进行破碎细胞而直接利用胞内酶，降低了制备成本；②酶在细胞内的环境中比较稳定，因此完整细胞固定化后，酶活力的损失较少；③使用固定化细胞反应器，可边加入培养基，边培养排出发酵液，能有效地避免反馈抑制和产物消耗；④适合于进行多酶顺序连续反应；⑤易于进行辅助因子的再生，因而更适合于需要辅助因子

的反应，如氧化还原反应、合成反应等。

（二）固定化细胞在食品工业中的应用

1. 生产果葡糖浆　利用微生物的 α-淀粉酶和葡萄糖淀粉酶将淀粉水解为葡萄糖，再用葡萄糖异构酶将葡萄糖转变为较蔗糖更甜的果糖。经提纯、浓缩，可制得替代蔗糖的新糖源，即含葡萄糖、果糖的果葡糖浆。1966 年，日本在工业规模上利用微生物菌体生产果葡糖浆，首次获得成功，并投入生产。1969 年，又采用菌体热固法制成的固定化细胞，实现了生产的连续化，产量达 11 万 t。1978 年，产量超过 100 万 t。其制得的固定化异构酶微生物生物反应器，半衰期 289d。

制备固定化葡萄糖异构酶的方法很多，但归结起来，可分为两类：①将葡萄糖异构酶从细胞内提取出来，然后进行固定化；②直接将含有葡萄糖异构酶的菌体细胞固定化。前一种方法中的固定化方式，仍不外乎离子吸附法、共价键结合法、包埋法等。

2. 固定化细胞用于氨基酸的生产　L-天冬氨酸是最早用固定化细胞在工业上大规模生产的氨基酸。Chihata 等人用固定化聚丙烯酰胺固定含天冬氨酸酶的大肠杆菌，生产 L-天冬氨酸，使生产成本降低 40%。日本田边制药厂用 K-角叉菜糖凝胶包埋菌体，并用戊二醛、己二胺进行硬化处理，由此制得的固定化菌体半衰期达 630d，其生产能力比聚丙烯酰胺凝胶包埋的菌体提高 14 倍，从 1978 年投入工业化生产。上海市工业微生物研究所应用固定化细胞生产的 L-天冬氨酸的产品并已出口。

3. 固定化细胞用于调味品的生产　固定化细胞在调味品生产领域中应用广泛，如酱油发酵、酿醋、谷氨酸发酵、辣椒素、可乐饮料添加剂咖啡因和食用色素等。采用固定化细胞技术生产酱油缩短了生产周期，酱油风味也得到了改善。有学者比较研究了海藻凝胶、圆柱陶瓷和陶瓷颗粒 3 种固定化细胞体系在分批发酵过程中的性能，发现 3 种固定化细胞的产酸能力大致相同，分别为 5.2kg/（m³·d）、5.3kg/（m³·d）和 4.8kg/（m³·d），高于游离细胞的 0.5～1kg/（m³·d），并提出了一种新的酱油生产工艺，将细胞截留在一个搅拌罐反应器与超滤装置相结合的膜生物反应器中。结果表明，通过膜装置连续移去发酵产品，产品风味良好，生产效率提高。固定化细胞酿醋是利用固定化醋酸菌进行醋酸发酵，具有固定化菌体活力不减弱，能够在高稀释条件下连续发酵的优点。

4. 利用固定化酵母进行啤酒的后发酵生产　后发酵是啤酒酿造耗时最长的工序，为了缩短后发酵及成熟期，芬兰的酿造家采取了主发酵和啤酒后处理仍沿用传统生产方法，后发酵采用固定化酵母生产方法进行了生产规模的研究和应用。

5. 固定化细胞应用于柠檬酸的生产 柠檬酸是一种极为重要的有机酸，广泛用于食品、制药等各个领域，黑曲霉和酵母固定化后皆可用于柠檬酸发酵。Horissu 等人研究了聚丙烯酰胺凝胶包埋固定化黑曲霉生产柠檬酸，结果表明：与同样游离细胞相比，固定化黑曲霉生产柠檬酸的产率提高 2.4 倍。Eik-meier 等人用海藻酸钠钙固定黑曲霉分生孢子，经预培养后生产柠檬酸。结果表明：培养 24d 后，柠檬酸浓度达 20g/L。在气升式反应器中，培养 25d，柠檬酸浓度达 45g/L，为摇瓶发酵的 2 倍多。

思 考 题

1. 什么是原生质体？如何进行原生质体融合？

2. 什么是细胞工程？简述它的基本原理及基本技术。

3. 微生物细胞培养的方法有哪些？与动植物细胞的培养有何异同？

4. 简述动植物细胞工程在食品工业中的应用。

5. 简述固定化细胞有哪些具体方法？固定化技术在食品工业中有哪些应用？

第五章　发酵工程与食品工业

发酵工程技术是一项古老的生物技术，酒类、醋、发酵乳制品、泡菜、酱油等都是人类利用发酵技术最早的产物。在现代食品工业中，人们采用发酵技术生产有机酸、氨基酸、维生素、核苷酸等食品添加剂，随着发酵工程技术的不断深入和发展，已经开始用发酵的方法生产多糖、天然色素以及各类保健食品。可以说，目前发酵工程技术不仅是人类制造食品最重要的手段之一，而且在食品工业中占有举足轻重的地位。

第一节　发酵工程概述

英语中发酵（fermentation）一词是从拉丁语"沸腾（ferver）"派生而来的，用它来描述酵母作用于果汁或麦芽浸出液时出现的"泡沫"现象。这种泡沫是由于浸出液中的糖在缺氧条件下降解而产生 CO_2 所引起的。但生物化学家与工业微生物学家对发酵有不同的理解。生物化学家认为，发酵是酵母的无氧呼吸过程，即有机化合物的分解代谢并产生能量的过程；而工业微生物学家对发酵的定义则要广泛得多，指利用微生物代谢形成产物的过程，包括无氧过程和有氧过程，同时涉及分解代谢和合成代谢过程，而且有氧发酵在现代发酵工业中占有相当重要的地位。本章节所描述的发酵都属于工业微生物学家所指的发酵，酒类、发酵调味品的酿造及抗生素、氨基酸、核苷酸的生产都可用"发酵"来表示。

发酵工程也称做微生物工程，是指利用微生物的生长、繁殖和代谢活动来大量生产人们所需产品过程的理论和工程技术体系，是生物工程与生物技术学科的重要组成部分。自 20 世纪 70 年代以来，由于细胞融合、细胞固定化、基因工程等技术的建立，发酵工程进入了一个崭新的阶段，广泛应用于医药、食品、农业、化工、能源、冶金、新材料、环境保护等领域。

一、发酵工业的发展史

发酵工业的发展历史，根据发酵技术的重大进步大致可分为五个阶段。

（1）1900 年以前，在微生物的生命活动尚未被认识时，人类利用发酵生产食品已有很长的历史，如酒、醋、干酪、酸乳等，但不知道发酵是由微生物引起的，这一时期是在不自觉地利用空气中的微生物进行混合发酵，凭经验传授技术和产品质量不稳定是这个阶段的特点，因此称为自然发酵阶段。

（2）1900—1940 年是第二阶段，科赫首先发明了固体培养基，应用固体培养基分离培养细菌，获得了细菌纯培养。汉森在研究啤酒发酵用酵母时，建立了酵母菌单细胞分离、培养和繁殖技术，创造了单细胞培养法。琼脂培养基的出现，以及微生物平板分离、富集培养法分离特定微生物等方法的采用，使微生物的分离和纯培养技术日益完善。在第一次世界大战时，建造了以低碳钢为材质的圆柱形发酵罐，并采用加压蒸汽灭菌和无菌接种技术，使杂菌污染减少到最低限度，形成了真正意义上的无杂菌发酵工艺，这为当时急需的丙酮、丁醇发酵生产解决了杂菌污染问题。这一时期的主要发酵产品是酵母菌体、甘油、柠檬酸、乳酸、丁醇、丙酮等。

（3）1940 年以后，以深层液体通气搅拌纯培养、大规模发酵生产青霉素为典型代表的发酵工业为第三阶段。青霉素的发酵属好气型发酵，产物为次级代谢产物，其分子结构较为复杂，在发酵液中的含量较低。由于第二次世界大战期间对青霉素的需要，在借鉴丙酮、丁醇纯种厌氧培养的基础上，人们成功地研制出带有通气和搅拌装置的纯种深层培养发酵罐，并解决了大量培养基和生产设备的灭菌及大量无菌空气的制备问题。此外，青霉素的菌株的改良和青霉素的大规模回收萃取技术也取得了很大的进展，建立了许多新的生产工艺过程，为其他抗生素以及氨基酸、甾体转化、微生物酶制剂等工业的发展起了极大的推动作用。

（4）20 世纪 60 年代初，利用微生物细胞制取蛋白质的理论研究和实践生产成为这一时期的主题，特别是需求日益增长的单细胞蛋白饲料，甚至研究采用石油产品作为发酵原料，此时期被认为是发酵工业发展的第四阶段。由于微生物蛋白饲料售价较低，所以，必须形成较大的生产规模才有发展前景，这就使得发酵罐的容量发展到前所未有的规模，如 ICI 公司用于生产单细胞蛋白的发酵罐容积高达 3 000 m^3。在此阶段，生产中采用了分批培养法和分批补料培养法进行发酵，连续发酵工艺也开始得到应用，并制造出高压喷射式、强制循环式等多种形式的发酵罐，逐步运用计算机及自动控制技术进行灭菌和发酵过程的 pH、溶解氧等发酵参数的控制，使发酵生产向连续化、自动化方向前进了一大步。

（5）20 世纪 70 年代，DNA 体外重组技术的建立、构建基因工程菌标志着发酵工业发展第五个阶段的到来。基因工程不仅能在不相关的生物间转移基因，而且还可以很精确地对一个生物的基因组进行交换，从而达到定向改变生物性状与功能，创造新"物种"目的，由此形成新型的发酵产业，如胰岛素和干扰素的发酵生产，使工业微生物所产生的化合物超出了原有微生物的范围，大大丰富了发酵工业的内容，使发酵工业发生革命性的变化（表5-1）。

表5-1　发酵工业的发展历史

（罗云波.食品生物技术导论.2002）

分期	主要产品	发酵罐	过程控制	培养方法	质量控制
第一阶段	酒、醋、酱油、纳豆等	木质桶、铜质容器	采用温度计、比重计和热交换器	分批	无
第二阶段	面包酵母、甘油、柠檬酸、乳酸和丁醇、丙酮	钢质发酵器在面包酵母发酵中，使用空气分布管并运用机械搅拌	pH电极和温度在线控制	分批和分批补料	无
第三阶段	青霉素和其他抗生素、氨基酸、核苷酸、酶等	机械强制通气的容器，真正的无杂菌发酵	耐灭菌的pH计、氧传感器、闭路控制及计算机的应用	常用分批和分批补料法，在酿造和初级代谢产物生产中已引入连续培养	十分重要
第四阶段	单细胞蛋白质生产	强制循环和压力喷射发酵罐	闭路控制与电脑连接	连续培养	十分重要
第五阶段	胰岛素、干扰素等基因工程产品	各种发酵器	传感器控制	分批、分批补料或连续培养	十分重要

二、发酵工业的特点和研究范围

（一）发酵工业的特点

发酵工业是利用微生物所具有生物特性，将廉价的发酵原料转变为各种高附加值产品的产业。其主要特点如下。

（1）发酵过程一般都是在常温常压下进行的生物化学反应，反应条件比较温和。

（2）一般采用较廉价的原料（如淀粉、糖蜜、玉米浆、其他农副产品等）生产价值较高的产品。有时甚至可利用一些废物作为发酵原料，实现环保和发酵生产的双层效益。

（3）发酵过程是通过生物体的自身适应调节来完成，反应的专一性强，因而可以得到较为单一的代谢产物。

（4）由于生物体本身所具有的反应机制，能专一性地和高度选择性地对某些较为复杂的化合物进行特定部位的生物转化修饰，也可产生比较复杂的高分子化合物。

（5）发酵生产不受地理、气候、季节等自然条件的限制，可以根据订单安排，使用通用发酵设备来生产多种多样的发酵产品。

（二）发酵工业的生产范围

发酵工业，涉及到许多种发酵产品的生产。但就产品的类型而言，可大致分为四类。

1. 微生物菌体 作为比较传统的菌体发酵工业，有用于面包工业的酵母发酵及用于人类或动物食品的微生物菌体蛋白（单细胞蛋白）发酵两种类型。早在 20 世纪初期，面包酵母已经大量生产，在第一次世界大战期间，德国已经把它作为人类的食品。现代菌体发酵包括药用真菌（如香菇类、冬虫夏草、与天麻共生的密环菌）、生物防治剂（如苏云金杆菌、蜡样芽孢杆菌）、活性乳酸菌制剂。

2. 微生物酶制剂 除了动物、植物酶制剂外，微生物酶制剂具有许多特殊的优点。目前通过发酵生产的微生物酶制剂已达百种以上，广泛用于医药、食品加工、活性饲料、纤维脱浆等许多行业。如生产葡萄糖用到的淀粉酶，用于澄清果汁、精炼植物纤维的果胶酶都是目前工业应用上十分重要的酶制剂。

3. 微生物的代谢产物 微生物的代谢产物包括初级代谢产物和次级代谢产物。通常，发酵的代谢产物类型与微生物生长过程密切相关。在对数生长期所产生的代谢产物，往往是细胞生长和繁殖所必需的物质，如各种氨基酸、核苷酸、蛋白质、核酸、脂类、碳水化合物等，这些代谢产物称为初级代谢产物。各种次级代谢产物都是在微生物生长进入缓慢生长或停止生长时期所产生的。这些次级代谢产物在微生物生长和繁殖中的功能多数尚不明确，但对人类却是十分有用。如抗生素是人们所熟悉的次级代谢产物。

4. 微生物生物转化 微生物的生物转化作用是利用微生物细胞的一种或多种酶，作用于一些化合物的特定部位（基团），使它转变成结构相类似但具有更大经济价值的化合物的生物反应。转化反应包括催化脱氢、氧化、羟化、缩合、脱羧、氨化、脱氨化等作用。与化学方法相比，利用微生物进行物质转化具有更多的优点，如反应可以在常温下进行，而且不需要重金属作催化剂。食品行业中，人们正是利用微生物将乙醇转化成乙酸的特点，来进行食醋的酿造和生产。利用微生物的转化作用，人们还可以生产更有价值的化合物，如甾类、抗生素、前列腺素等。

三、工业发酵的类型和工艺过程

（一）工业发酵的类型

（1）按微生物对氧的需求不同可以分为需氧发酵、厌氧发酵以及兼性厌氧发酵三大类型。需氧发酵在发酵过程中必须通入一定量的无菌空气，利用棒状杆菌进行谷氨酸发酵，利用黑曲霉进行柠檬酸发酵，以及利用各类放线菌进行的各种不同抗生素的发酵都属于需氧发酵；厌氧发酵在整个发酵过程中无需供给空气，乳酸细菌引起的乳酸发酵和梭状芽孢杆菌进行的丙酮、丁醇发酵属于厌氧发酵；有的酵母菌属于兼性厌氧微生物，当有氧供给的情况下，可以积累酵母菌体，进行好氧呼吸，而在缺氧的情况下它又进行厌氧发酵，积累代谢产物——酒精。总的来讲，现代工业发酵中多数属于需氧发酵类型。

（2）按培养基的物理性状不同可以分为固体发酵和液体发酵两大类型。固体发酵多见于传统发酵，如白酒的酿造和固体制曲过程，现在许多微生物菌体蛋白饲料的生产也大多采用固体发酵法，如将农作物秸秆经多种微生物混合固体发酵，生产营养价值高的菌体蛋白饲料。现代工业发酵大多采用液体深层发酵，如青霉素、谷氨酸、肌苷酸等大多数发酵产

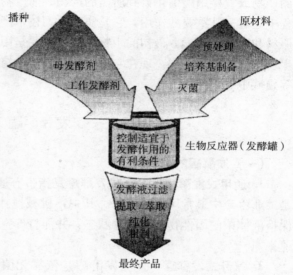

图 5-1 发酵生产过程流程图

（罗云波．食品生物技术导论．2002）

品的生产都采用此法进行。液体深层发酵的特点是，容易按照生产菌种的营养要求以及在不同生理时期对通气、搅拌、温度、pH 等的要求，选择最适发酵条件。目前几乎所有好氧发酵都采用液体深层发酵。

（3）按发酵工艺流程不同可分为分批发酵、连续发酵和补料分批发酵三大类型。其中连续发酵又可分为单级恒化器连续发酵、多级恒化器连续发酵及带有细胞再循环的单级恒化器连续发酵。

（二）发酵生产的工艺过程

除某些转化过程外，典型的发酵工艺过程包括：①确定菌种生长、繁殖和发酵生产所用的培养基；②对培养基、发酵罐及其附属设备的灭菌；③微生物菌种的扩大培养，并按一定比例将菌种接入发酵罐中；④控制最适的发酵条件，使微生物生长并形成大量的代谢产物；⑤产物的提取和精制；⑥回收或处理发酵过程中所产生的三废物质。

工业发酵过程的工艺过程及其相互关系见图 5-1。

第二节 发酵设备

采用活细胞（包括微生物、动植物细胞）作为生物催化剂的生物反应过程称为发酵过程或细胞培养过程。通过这一过程，人们可以获得细胞、细胞的代谢产物或直接用酶催化得到所需的产物。而生物反应器（或发酵罐）在这一过程中起着极其重要的作用，它是实现生物技术产品产业化的关键设备，是连接原料和产物的桥梁。最初的生物反应器主要是用于微生物的培养或发酵，随着生物技术的不断发展，现在它已被广泛用于动植细胞培养、组织培养、酶反应等领域中。

一、发 酵 罐

（一）发酵罐的类型

1. 通用式发酵罐 通用式发酵罐是指带有通气和机械搅拌装置的发酵罐，是工业生产中最常用的发酵罐。其中，机械搅拌的作用是使发酵液充分混合，保持液体中的固性物料呈悬浮状态，并能打碎空气气泡，以提高气液间的传氧速率。

2. 气升式发酵罐 此类发酵罐是依靠无菌压缩空气作为液体的提升力，使罐内发酵液通过上下翻动实现混合和传质传热过程。其特点是结构简单，无轴封，不易污染，氧传质效率高，能耗低，安装维修方便。

3. 管道式发酵罐 管道式发酵罐是以发酵液的流动代替搅拌作用，依靠液体的流动，实现通气混合与传质等目的。此类发酵装置尚处于试验阶段，对于无菌要求不高的发酵可考虑采用。

4. 固定化发酵罐 固定化发酵罐是一种在圆筒形的容器中填充固定化酶或固定化微生物进行生物催化反应的装置。其优点是生物利用率比较高。此类发酵罐主要有填充床和流化床两种类型。

5. 自吸式发酵罐 自吸式发酵罐是一种无需其他气源供应压缩空气的发酵罐，其关键部位是带有中央吸气口的搅拌器。在搅拌过程中可以自吸入过滤空气，适合于耗氧很低的发酵类型。

6. 伍式发酵罐 伍式发酵罐的主要部件是套筒、搅拌器。搅拌时液体沿着套筒外向上升至液面，然后由套筒内返回罐底，搅拌器是用6根弯曲的中空不锈钢管焊于圆盘上，兼做空气分配器。无菌空气由空心轴导入，经过搅拌器的空心管吹出，与被搅拌器甩出的液体混合，发酵液在套筒外侧上升，由套筒内部下降，形成循环。这种发酵罐多应用于纸浆废液发酵生产酵母。

（二）发酵罐设计的基本要求

由于发酵罐需要在无杂菌污染的条件下长期运转，必须保证微生物在发酵罐中正常的生长代谢，并且能最大限度地合成目的产物，所以发酵罐设计必须满足如下要求。

（1）发酵罐应具有适宜的高径比，发酵罐的高度与直径比为 2.5～4。因为罐身长，氧的利用率相对较高。

（2）发酵罐能承受一定的压力，由于发酵罐在灭菌和正常工作时，罐内有一定的压力和温度，因此罐体要能承受一定的压力，罐体加工制造好后，必须进行水压试验，水压试验压力应不低于工作压力的 1.5 倍。

（3）发酵罐的搅拌通气装置要能使气泡破碎并分散良好，气液混合充分，保证发酵液有充足的溶解氧，以利于好氧菌生长代谢的需要。

（4）发酵罐应具有良好的循环冷却和加热系统，微生物生长代谢过程放出大量的发酵热。为了保持发酵体系中稳定的内环境和控制发酵过程不同阶段所需的最适温度，应装有循环冷却和加热系统，以利于温度的控制。

（5）发酵罐内壁要光滑，尽量减少死角，避免存有污垢，要易于彻底灭菌，防止杂菌污染。

（6）搅拌器的轴封应严密，尽量避免泄漏。

（7）发酵罐传递效率高，能耗低。

（8）具有机械消泡装置，要求放料、清洗、维修等操作简便。

（9）根据发酵生产的实际要求，可以为发酵罐安装必要的温度、pH、液位、溶解氧、搅拌转速、通气流量等的传感器及补料控制装置，以提高发酵水平。

（三）发酵罐放大

发酵罐的放大就是为大规模生产提供核心设备。发酵罐的性能是以生产能力为评价标准，即发酵罐的放大不能影响实验室阶段和中试阶段所获得的最大生产能力的实现，也就是在放大过程中要遵守"发酵单位相似"原则。而要保持"发酵单位相似"，就必须认真考虑放大设计，使不同规模的放大设备其外部条件相似。所谓外部条件，主要包括以下两个方面，①物理条件：传热、传质能力，混合能力、功率消耗、剪切力等；②化学条件：基质浓度、pH、前体浓度等。

发酵罐的各种物理参数会随着发酵规模的放大而变化，并导致"发酵单位"在规模放大过程中发生相应的改变。因此，要保证规模放大过程中的"发酵单位相似"，就必须遵循一定的放大准则，即参照何种物理条件进行放大，才能使规模放大过程中发酵单位基本相似。通常采用 $K_L\alpha$ 相等，或单位体积功率（P/V）相等，或末端剪切力相等的原则放大。

二、微生物细胞生物反应器

根据搅拌方式不同，微生物细胞生物反应器包括内部机械搅拌型、外部液体搅拌型和气升循环式生物反应器，其中搅拌型微生物细胞反应器是最为常用的一种类型。

（一）机械搅拌型微生物细胞生物反应器

机械搅拌型微生物细胞生物反应器在发酵工程中广泛使用，在微生物细胞生物反应器中占有很大比例，又常称之为通用型微生物细胞生物反应器。它主要由壳体、控温部分、搅拌部分、通气部分、其他附属系统等组成（图5-2）。

1. 壳体 一般壳体由圆柱体和椭圆形封头组成一个密封的环境，防止杂菌污染。为满足工艺要求，壳体必须能承一定的压力和温度，通常要耐受 $130℃$ 和 $0.25MPa$（绝压）。一般根据壳体直径、材料及耐受压强，通过计算来决定壳体的壁厚。

2. 控温部分 一般情况下，反应器都装有测温的传感器及冷却和加热装置。容积小的反应器通常采用外夹套作为传热装置；容积大的反应器通常用立式蛇管作为传热装置。冷却时可以采用冰水、低温乙醇、低温盐水等为介质，移去生物氧化和机械搅拌所产物的热量，保证反应过程在恒温下进行。

3. 搅拌器和挡板 搅拌器的主要作用是混合和传质，使通入的空气分散成气泡并与发酵液充分混合，使气泡细碎以增大气-液界面，来获得所需要的溶氧速率，并使生

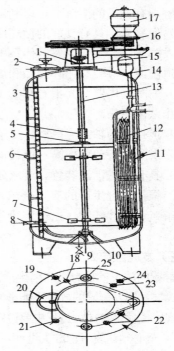

图5-2 机械搅拌通风发酵罐结构
1. 轴封 2、20. 人孔 3. 梯 4. 联轴节
5. 中间轴承 6. 温度计接口 7. 搅拌叶轮 8. 进风管
9. 放料口 10. 底轴承 11. 热电偶接口 12. 冷却管
13. 搅拌轴 14. 取样管 15. 轴承座 16. 传动皮带
17. 电机 18. 压力表 19. 取样口 21. 进料口
22. 补料口 23. 排气口 24. 回流口 25. 视镜

物细胞悬浮分散于发酵体系中，同时强化传热过程。搅拌叶轮大多采用涡轮式，最常用的有平叶式或弯叶式圆盘涡轮搅拌器，叶片数量一般为 6 个。

由于搅拌器在运转过程中使培养液产生旋涡，因此在反应器的壁面上安装适当宽度及一定数量的挡板，使沿罐壁旋转的液体折向中心。挡板的作用是防止液面中央形成旋涡流动，增强其湍动和溶氧传质。

4. 空气分布器 对一般的通气发酵罐，空气分布管主要有环形管式和单管式。单管式管口正对罐中央，与罐底距离约 40mm。环形空气分布管，则要求环管上的空气喷孔应在搅拌叶轮叶片内边之下，同时喷气孔应向下，以尽可能减少培养液在环形管上滞留。

5. 消泡装置 在通气发酵生产中有两种消泡方法，一种是加入化学消泡剂，另一种是使用机械消泡装置。通常是把两种方法联合起来使用。最简单的消泡装置为耙式消泡器，此外还有涡轮消泡器、旋风离心和叶轮离心式消泡器、碟片式消泡器和刮板式消泡器。

除以上装置外，发酵罐还有进料和出料用的系统，测量系统及相应的附属系统。以保证物料的正常进出，监测发酵过程中的相关的数据，发酵罐的清洗及维护。

（二）自吸式微生物细胞生物反应器

自吸式微生物细胞生物反应器是一种不需要提供压缩空气，而依靠特设的机械搅拌吸气装置或液体喷射吸气装置吸入无菌空气，并同时实现混合搅拌与溶氧传质的反应器。

1. 机械搅拌自吸式微生物细胞生物反应器 机械搅拌自吸式微生物细胞生物反应器结构如图 5-3，主要构件是吸气搅拌叶轮及导轮，也称为转子和定子。当转子转动时，其框内液体被甩出而形成局部真空而吸入空气。叶轮快速旋转时，液体由于离心力的作用而被甩出，转子速度越大，在转子中心所造成的负压也越大，故吸气量也越大，通过导向叶轮使气液均匀分布甩出，并使空

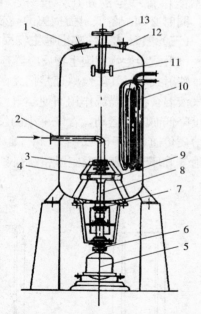

图 5-3 机械搅拌自吸式发酵罐
1. 入孔 2. 进风管 3. 轴封 4. 转子
5. 电机 6. 联轴器 7. 轴封 8. 搅拌轴
9. 定子 10. 冷却蛇管 11. 消泡器
12. 排气管 13. 消泡转轴

气在循环的发酵液中分裂成细微的气泡，在湍流状态下混合、湍动和扩散。

2. 喷射自吸式微生物细胞生物反应器

喷射自吸式微生物生物细胞反应器是应用文氏管喷射吸气装置或液体喷射吸气装置进行混合通气的。图5-4为文氏自吸式微生物细胞生物反应器示意图，其原理是用泵使发酵液通过文氏管吸气装置，由于液体在文氏管的收缩段中流速增加，形成真空而将空气吸入，并使气泡分散与液体均匀混合，实现溶氧传质。

自吸式微生物细胞生物反应器不必配备空气压缩机及其附属设备，节约设备投资，而且溶氧速率高，溶氧效率高。但一般自吸式发酵反应器是负压吸入空气，所以发酵系统不能保持一定的正压，较易产生杂菌污染，同时必须配备低阻力损失的高效空气过滤系统。

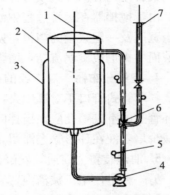

图5-4　文氏自吸式发酵罐示意图
1. 排气管　2. 罐体　3. 换热夹套
4. 循环泵　5. 压力表
6. 文氏管　7. 吸气管

（三）气升式微生物细胞生物反应器

气升式微生物细胞生物反应器有多种类型，常见的有气升环流式、鼓泡式、空气喷射式等。其工作原理是把无菌空气通过喷嘴或喷孔喷射进发酵液中，通过气液混合物的湍流作用而使空气气泡分散细碎，同时由于形成的气液混合物密度降低而向上运动，含气率小的发酵液向下运动，形成循环流动，实现混合与溶质传递。图5-5、图5-6、图5-7分别为气升环流式细胞反应器、气液双喷射气升环流式细胞反应器和设有多层分布板的塔式气升细胞反应器示意图。

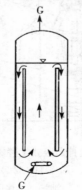
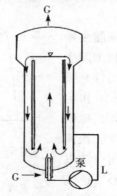
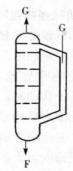

图5-5　气升环流式　　图5-6　气液双喷射气升　图5-7　多层空气分布板的
　　　　反应器　　　　　　　　环流反应器　　　　　　气升环流式发酵罐

由于气升环流式细胞生物反应器具有反应溶液分布均匀；具有较高的溶氧速率和溶氧效率；剪切力小，对生物细胞损伤小；传热良好，结构简单，易于加工，操作和维修方便；易于放大设计和模拟等优点。所以此类反应器目前应用比较广泛。

（四）高位塔式生物反应器

高位塔式生物反应器罐体的高径比值较大，利用通入培养液的无菌空气泡上升来带动液体运动，产生混合效果的非机械搅拌式生物反应器，适用于培养液黏度低、固体含量少和需氧量较低的发酵培养过程。

高位塔式反应器的高径比（罐体高/直径）达 7 左右。因液体深度大，所以，进入反应器的空气在从罐的底部移向顶部的过程中，可以有充足的时间和足够长的距离来重新分散在培养基当中。此外，筛板上的降液口能够促进培养液的循环运动，加强氧的传递效果。这种反应器适用于啤酒和柠檬酸发酵生产。

三、植物细胞培养反应器

植物细胞培养主要采用悬浮培养和固定化细胞培养。悬浮培养所用生物反应器主要有机械搅拌反应器和非机械搅拌反应器。固定化细胞培养反应器有填充床反应器、流化床反应器、膜反应器等类型。

（一）悬浮培养生物反应器

1. 机械搅拌式反应器　机械搅拌式反应器最大优点是能够获得较高的溶氧系数，已成功地应用于许多植物细胞的培养中。然而，因机械搅拌会产生较大的剪切力，损伤细胞，同时容易引发杂菌污染，所以植物细胞培养中一般不用机械搅拌式反应器。

2. 非机械搅拌式反应器　该反应器一般为气体搅拌式反应器，是一种利用通入的空气通气和搅拌的生物反应器。主要有鼓泡式反应器和气升式反应器，而气升式反应器又可分为外循环和内循环两种形式反应器。由于气体搅拌生物反应器不采用搅拌装置，可以在很大程度上减少剪切力，避免细胞损伤，而且在操作中容易保持无菌状态，比较适宜于植物细胞培养（图 5-8）。

（二）固定化细胞生物反应器

固定化细胞包埋于支持物内，可以消除或极大地减弱流质流动引起的切变力。细胞在一个限定范围内生长，也可以在一定程度的分化发育，从而促进次级代谢产物的产生。

1. 填充床反应器　在此反应器中，细胞固定于支持物表面或内部，支持

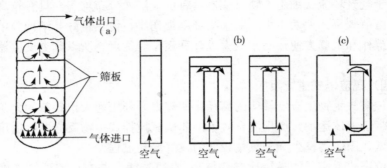

图 5 - 8　气体搅拌式反应器

（a）鼓泡式反应器　　（b）内循环气升式反应器　　（c）外循环气升式反应器

物颗粒堆叠成床，培养基在床层流动，不断被细胞所利用。这种生物反应器的优点在于单位体积固定细胞量大。但是填充床反应器还存在许多缺点，如它的混合效果较差，这就给氧的传递、pH 控制、温度控制以及气体产物的排除带来了困难，从而影响细胞的培养；同时，大颗粒的低效率传质和填充体成分供应和排除的困难也限制了填充床反应器的应用（图 5 - 9）。

2. 流化床反应器　　流化床是利用流体的能量使支持物颗粒处于悬浮状态，达到固定化培养细胞的目的。该反应器混合效果较好，但流体的切变力和固定化颗粒的碰撞常使支持物颗粒破损，另外，流体动力学复杂性使其放大困难。如图 5 - 10。

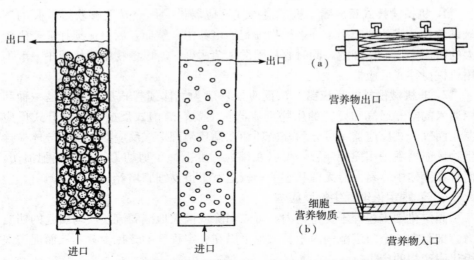

图 5-9　填充床反应
器示意图

图 5-10　流化床反应
器示意图

图 5-11　固定化细胞膜反应器示意图

(a)中空纤维　(b)螺旋卷绕反应器

3. 膜反应器 在植物细胞培养过程中，主要采用的是中空纤维和螺旋式卷绕反应器（图5-11）。膜反应器的优点是可以重复使用，因此，尽管一次投资较大，但从长远来看仍然较为经济。另外，由于植物细胞代谢不像微生物代谢那样旺盛，因而可以采用更厚的细胞层。

四、动物细胞培养反应器

由于20世纪70年代以来，基因工程和杂交瘤技术的迅速发展，通过动物细胞培养可以生产出许多与人类健康相关的技术产品。如从病毒疫苗到干扰素，从诊断试剂到生物杀虫剂，已形成了一项独特的高技术产业。近几年来，相继出现的几项新技术，如气升式深层培养系统、微载体培养系统、微囊培养系统、大载体培养系统及中空纤维培养系统，使人们利用大规模动物细胞培养技术生产各种生物制品得到了很大的发展。

（一）通气搅拌式细胞培养反应器

它是一种根据动物细胞培养时，要求剪切力小、混合性能好的特点而开发出来的生物反应器。主要包括Spier笼式通气搅拌生物反应器和CelliGen-20双层通气搅拌生物反应器。

1. Spier笼式通气搅拌生物反应器 此反应器最早于1984年由英国科学家Spier发明的。该装置的主要特点是可以避免向培养基中通气的气泡直接损伤细胞。它是借助一个多孔的通气装置在笼内通气，满足培养过程中细胞对溶解氧的需要。同时在采用微载体系统培养时，微载体不会被通气时产生的泡沫滞留在气液界面中。如图5-12。

2. CelliGen-20双层通气搅拌生物反应器 单层笼式通气搅拌生物反应器的主要缺陷是氧的传递系数小，不能较好地满足培养高密度细胞的耗氧要求；气路系统不能在线灭菌，因此就难以应用于更大型的生物反应器；反应器的结构相对复杂，拆卸清洗困难。针对上述缺点，研究人员将单层笼式通气搅拌器改为双层

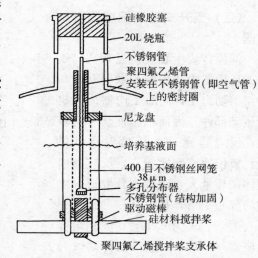

硅橡胶塞
20L烧瓶
不锈钢管
聚四氟乙烯管
安装在不锈钢管（即空气管）
上的密封圈
尼龙盘
培养基液面
400目不锈钢丝网笼
38μm
多孔分布器
不锈钢管（结构加固）
驱动磁棒
硅材料搅拌桨
聚四氟乙烯搅拌桨支承体

图5-12 Spier笼式通气搅拌生物反应器

笼式通气搅拌器，以扩大丝网交换面积，提高氧传递系数。经过改进，双层笼式通气搅拌器与控制系统、管路系统和蒸汽灭菌系统一起组成完整的动物细胞培养装置 CelliGen-20。该反应器在用于悬浮培养杂交瘤细胞生产单克隆抗体和微载体培养 Vero 细胞和乙脑病毒，都取得了较好的结果。如图 5-13。

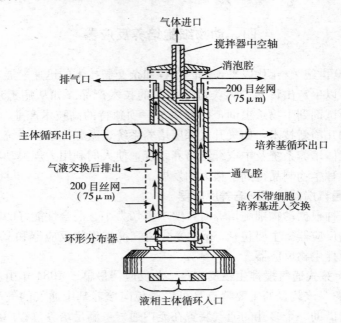

图 5-13 CelliGen-20 双层笼式通气搅拌生物反应器

（二）气升式动物细胞培养反应器

同搅拌式生物反应器相比，气升式反应器中产生的湍动温和而均匀，剪切力小，同时反应器内无机械运动部件，因而细胞损伤率比较低，反应器通过直接喷射空气供氧，氧传递速率比较高，反应器内液体循环量大，细胞和营养成分能均匀分布于培养基中。

图 5-14 为 Celligen 细胞培养反应器（Cellteeh 公司全自动气升式反应器）。它采用全部密闭结构，

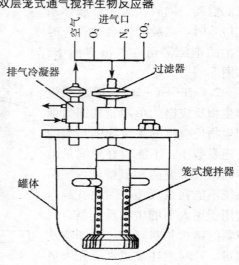

图 5-14 Celligen 细胞培养反应器

混合气体自培养器底部管道输入，气体沿着培养器中央的内管上升。一部分气体从培养器的顶部逸出，另一部分气体被引导沿培养器的内缘下降，直达培养器底部和新吹入的气体混合而再度上升。

这样借助气体的上下不断循环搅动培养器细胞，使其不贴壁。在气升式生物反应器中，可以通过自动调节空气进入的速率来实现对溶解氧浓度的控制，pH 可通过在进气中加入二氧化碳或加入氢氧化钠的方法来控制。

（三）中空纤维细胞培养反应器

这种生物反应器既可培养悬浮生长的细胞，又可培养贴壁依赖性细胞，细胞密度可达 10^9 个/mL。如果能控制系统不受污染，则能长期运转。其主要用于杂交瘤细胞的培养来生产单克隆抗体。表 5-2 列出了应用中空纤维管生物反应器培养的细胞类型和产生的代谢产物。

表 5-2　中空纤维管反应器培养的细胞类型和获得的分泌产物

（罗云波.食品生物技术导论.2002）

生长的细胞型	杂交瘤细胞、淋巴细胞、肝癌细胞、结肠癌细胞、乳腺组织细胞、水鼠细胞、大鼠细胞、垂体肿瘤细胞、CHO 细胞、BHK-2 细胞、肺细胞等
分泌的产物	LgG、lgM、lgA、干扰素、激素、尿激酶、蛋白质 C、病毒蛋白、乙型肝炎表面抗原、T 抑制因子、促细胞生长素、白细胞介素等

（四）流化床生物反应器

这种反应器的工作原理类似于流态床化学反应器，不同的是流态化的固体是带有细胞的微粒。在反应器内，通过垂直向上循环流动，培养液不断供给细胞必要的营养成分，使细胞得以在微粒中生长。同时，不断地加入新鲜的培养液，并不断地排出培养产物或代谢产物。流化床生物反应器能满足培养高密度细胞的要求，优化细胞生长与产物合成的环境，所以，流化床生物反应器既可用于贴壁依赖性细胞的培养，又可用于非贴壁依赖性细胞的培养。

（五）无泡沫搅拌生物反应器

它是属于一种配备有膜搅拌器的生物反应器，它将多孔的疏水性塑料管装配成通气搅拌桨，具有良好的氧通透性，从而实现无泡通气搅拌。这类反应器能提供动物细胞生长中所需的溶氧要求，产生的剪切力较小，在通气过程中不产生泡沫，克服了其他反应器中某些常见的问题，如产生泡沫等，现已广泛应用于实验室研究、中试化和相关工业生产领域中。

第三节 基本工艺过程

虽然在不同发酵产品的生产中，发酵工艺有所不同，但作为借助微生物的生命活动而形成和积累的代谢产物，其生产过程基本都涉及到菌种的扩大培养、防止及控制杂菌的污染、有效而经济地供氧及对微生物生长和产物形成过程的定量描述等一系列最基本工艺过程，而且这些基本工艺过程对发酵的正常进行影响很大。

一、微生物发酵动力学

发酵动力学是对微生物生长和产物形成过程的定量描述，它研究微生物生长、发酵产物合成、底物消耗之间的动态定量关系，确定微生物生长速率、发酵产物合成速率、底物消耗速率及其转化率等发酵动力学参数特征，以及各种理化因子对这些动力学参数的影响，并建立相应的发酵动力学过程数学模型。

（一）发酵过程的动力学描述

1. 菌体生长速率 微生物进行发酵过程反应系统的动力学描述常采用群体来表示。微生物群体的生长速率反映群体生物量的生长速率。因此，菌体量的生长概念是生长速率的核心。菌体量一般指其干重，在液体培养基中的群体生长，其生长速率以单位体积来表示，指单位体积、单位时间里生长的菌体量；在表面上群体生长，其生长速率以单位面积来表示。

比生长速率是菌体浓度除菌体生长速率或菌体浓度除菌体的繁殖速率。在平衡条件下，比生长速率（μ）的定义为

$$\mu = \frac{1}{c(X)} \frac{dc(X)}{dt} \ \text{或} \ v_X = \frac{dc(X)}{dt} = \mu c(X) \qquad (5-1)$$

式中 t——时间（h）；

$\quad\quad v_X$——菌体生长速率 $[g/(L \cdot h)]$。

2. 基质消耗速率 以菌体的得率系数为媒介，可确定基质的消耗速率与生长速率的关系。基质的消耗速率（v_S）可表示为

$$-v_S = \frac{v_X}{Y_{X/S}} \qquad (5-2)$$

式中 $Y_{X/S}$——菌体得率系数（g/mol）。

基质的比消耗速率是菌体浓度除基质的消耗速率，以 v 表示：

$$v = \frac{v_S}{c(X)} \qquad (5-3)$$

当以氮源、无机盐、维生素等为基质时，由于这些成分只能构成菌体的组成成分，不能成为能源，上式能够成立。但当基质既是能源又是碳源时，就应考虑维持能量。

碳源总消耗速率＝用于生长的消耗速率＋用于维持代谢的消耗速率

$$-v_S = \frac{1}{Y_G}v_X + m \cdot c(X) \qquad (5-4)$$

式中　Y_G——菌体生成得率系数（g/mol）；

　　　v_X——菌体生长速率［g/（L·h）］；

　　　$-v_S$——碳源总消耗速率［mol/（L·h）］；

　　　m——基质维持代谢系数［mol/（g·h）］。

两边同除 c（X），则：

$$-v = \frac{1}{Y_G}\mu + m \qquad (5-5)$$

3. 代谢产物的生成速率　由于微生物反应生成的代谢产物种类很多，并且微生物细胞内的生物合成途径与代谢调节机制各有不同，所以很难用统一的生成速率模式来表示。

代谢产物的比生成速率是菌体浓度除代谢产物的生成速率，以 Q 表示，相关式为

$$Q = \frac{v_P}{c(X)} \qquad (5-6)$$

一般 Q 是 μ 的函数，考虑到生长偶联与非偶联两种情况，Q 与 μ 的关系式可写成：

$$Q = A + B\mu + C\mu^2 \qquad (5-7)$$

式中，A、B、C 为常数。某些酶的生产和氨基酸的合成属于这种类型。

（二）微生物反应模式

根据产物形成与基质消耗的关系，微生物反应可分为以下三种。

1. 类型Ⅰ　产物的形成直接与基质（糖类）的消耗有关，这是一种产物合成与糖类的利用有化学计量关系的发酵。糖消耗与产物的合成速度的变化是平行的，如利用酵母菌的酒精发酵和酵母菌的好气生长。

2. 类型Ⅱ　产物的形成间接与基质（糖类）的消耗有关，如柠檬酸、谷氨酸发酵等。即微生物生长和产物合成是分开的，糖既满足微生物生长所需能量，又作为产物合成的碳源。但在发酵过程中有两个时期对糖的利用最为迅速，一个是微生物最高生长时期，另一个是产物合成最高时期。如用黑曲霉生产柠檬酸的过程中，早期糖被用于满足菌体生长，直到其他营养成分耗完为止，然后代谢进入柠檬酸积累阶段，产物积累的数量与利用糖的数量有关，这

一过程仅得到少量的能量。

3. 类型Ⅲ 产物的形成与基质（糖类）的消耗无关，例如，青霉素、链霉素等抗生素发酵。即产物是微生物的次级代谢产物，其特征是产物合成与利用碳源无准量关系，产物合成在菌体生长停止才开始。此种培养类型也叫无生长联系的培养。

各种发酵动力学的类型列于表 5-3。

表 5-3 发酵动力学分类

(贺小贤. 生物工艺原理. 2003)

分类依据及类型	判　断　因　素	例　子
类型Ⅰ	产物形成直接与基质（糖类）消耗有关	酒精、葡萄糖酸发酵
类型Ⅱ	产物形成间接与基质（糖类）消耗有关	柠檬酸、赖氨酸发酵
类型Ⅲ	产物形成与基质（糖类）消耗无关	青霉素、糖化酶发酵

（三）微生物发酵动力学

1. 微生物分批发酵动力学 分批发酵是指在一个密闭系统内投入有限的营养物质，接入少量的微生物菌种进行培养，使微生物在特定的条件下只完成一个生长繁殖周期的方法。在此过程中，培养基中的营养物质不断减少，微生物的生长环境也随之不断变化，因此，分批发酵是一种非稳定态的发酵方法。

虽然在分批培养中营养物质的浓度随时间的延长而变化，但通常在特定的条件下，其比生长速率是恒定的。1942 年，Monod 提出了在特定温度、pH、营养物质类型、营养物质浓度等条件下，微生物细胞的比生长速率与限制性营养物的浓度之间存在一定的关系。

$$\mu = \frac{\mu_m c(S)}{K_S + c(S)} \tag{5-8}$$

式中　μ_m——微生物的最大比生长速率（h^{-1}）；

　　$c(S)$——限制性营养物质浓度（g/L）；

　　K_S——饱和常数（mg/L）。

K_S 的物理意义为当菌体比生长速率为最大比生长速率一半时的限制性营养物质浓度，它的大小表示了微生物对营养物质吸收亲和力的大小。K_S 越大，表示微生物对营养物质的吸收亲和力越小；反之越大。对于许多微生物来讲，K_S 是很小的，一般为 0.1~120mg/L 或 0.01~3.0mmol/L，这表示微生物对营养物质的吸收亲和力较大。

微生物生长的最大比生长速率 μ_m 在工业上有很大的意义，μ_m 随微生物的种类和培养条件的不同而不同，通常为 0.09~0.65h^{-1}。一般来讲，细菌的 μ_m 大于真菌；对同一细菌而言，培养温度升高，μ_m 增大；营养物质成分改变，μ_m 也会发生变化。那些通常易于被微生物利用的营养物质，其 μ_m 较大。微生物比生长速率与底物间有一定的关系（图 5-15）。

2. 连续发酵动力学　连续发酵是指按一定的速度向培养系统内添加新鲜的培养基，同时培养液以相同的速度流出，从而使发酵罐内培养物的液量维持恒定，使微生物细胞能在相对恒定的状态下生长。与封闭系统中分批发酵培养方式相反，连续发酵是一种在开放系统中进行的培养方式。

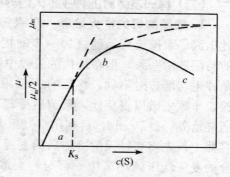

图 5-15　比生长速率与底物之间关系

3. 补料分批发酵动力学　补料分批发酵指在分批发酵过程中，间歇或连续补加新鲜培养基的培养方法。是介于分批发酵过程与连续发酵过程之间的一种过渡发酵方式。目前，补料分批发酵已普遍应用于氨基酸、抗生素、维生素、酶制剂、单细胞蛋白等生产过程。

二、微生物菌种的扩大培养

所谓的种子是指将保存在沙土管或冷冻干燥管中，处于休眠状态的母发酵剂接入试管斜面后活化，再经过摇瓶及种子罐逐级扩大培养，最后获得一定数量和质量的纯种培养物，就是发酵工业上通称的"种子"。要使微生物在几十个小时的时间内，完成巨大的发酵转化任务，就必须具备大量的微生物细胞。

（一）细菌发酵种子的扩大培养

细菌发酵的种子扩大培养过程中为了尽量缩短延迟期，接种一般在对数生长期进行。其主要目的是为了获得大量活力强的种子。延迟期的长短受到种子的接种量、接种龄及其生理条件的影响。种龄对于能生成芽孢的种子尤其重要，因为芽孢是在对数生长期后期开始形成的，如果接种物中含有很大比例的芽孢，将给随后的发酵带来较长的延迟期。表 5-4 为用枯草杆菌生产杆菌肽发酵时种子扩大培养的程序。

表 5-4　用枯草杆菌生产杆菌肽发酵时种子扩大培养的程序

级　数	培　养　方　法	培养时间
1	保藏菌种接种到 4L 摇瓶中	18～24h
2	一级培养物接种到 750L 发酵罐中	6h
3	750L 培养物接种到 60 000L 发酵罐中	培养到形成最大生物量时
4	60 000L 培养物接种到 12 000L 生产发酵罐中	培养到形成最大生物量时

（二）酵母发酵时的种子扩大培养

1. 酿酒酵母的扩大培养 汉森等人最初采用纯种进行酵母发酵，并设计出酵母繁殖流程，他将每一步的接种量规定为10%，并将繁殖条件控制的与酿造时一致。但在现代的流程中，采用的接种量为1‰或更低，控制的条件也与酿造时不同。之后有人采用一个1.5L和一个150L发酵罐相互连接。小罐中盛以麦芽汁，灭菌后冷却，将摇瓶中培养的接种物接种入罐中，通气培养，经3～4d，后利用空气压力将培养液压入较大的发酵罐中。在该容器中预先盛有经灭菌冷却后的麦芽汁，通气培养。将150L接种后并经混合的麦芽汁压到小罐中一部分。大罐培养3～4d后，当有适当浓度的细胞后，移入1 000L发酵罐中。此时，在小罐中的培养物也可作为种子接种入另一个2级发酵罐中。

2. 面包酵母的扩大培养 在工业上生产面包酵母的过程中，需要经过许多级数的扩大培养，虽然在其生产过程中没有严格的无菌要求，但在初始种子培养时要采用纯种培养，使早期生长时的染杂菌机会降到最低限度。工业上生产面包酵母时的种子扩大培养程序如图5-16。

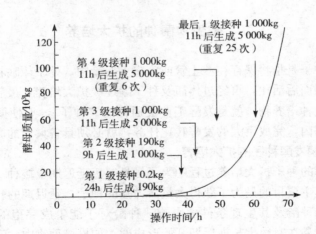

图5-16 工业生产面包酵母时种子扩大培养程序

（三）丝状真菌发酵种子扩大培养

丝状真菌发酵的种子扩大培养所包含的工作内容比细菌和酵母都多。丝状真菌既可以利用孢子，也可以利用菌丝体作为接种物接种到发酵罐进行发酵。

1. 利用孢子作为接种物 ①在固化的培养基上产生孢子。多数丝状真菌能在适当的琼脂培养基上产生孢子，在固化的培养基上产生孢子，可在一个实验室操作的适当大小的容器中大面积供应产生孢子。②在固体培养基上产生孢子。很多丝状真菌都能在谷类的颗粒表面形成大量的孢子，如大麦、小麦、麸皮和玉米颗粒，适合于绝大多数丝状真菌作用产生孢子的底物。③在液体深层培养基中产生孢子。有许多丝状真菌能在适量培养基中深层培养时产生孢子。例如灰黄霉素发酵时种子的扩大培养。

2. 用丝状真菌的菌丝体作为接种物　有些丝状真菌不能产生无性孢子，因此必须用繁殖体菌丝作为接种物，如用于工业上生产赤霉素的菌种——藤仓赤霉就是这类真菌。为更好地获得接种物，可以在接种前用匀浆器将菌丝打成碎片，形成大量的菌丝段，形成大量的生长点。此外，有些菌种制备种子时需要同时培养孢子和菌丝体。如利用高山被孢霉发酵生产花生四烯酸时种子的制备。

（四）放线菌发酵时种子的扩大培养

在工业上具有巨大利用价值的放线菌，往往能产生无性孢子，因此其种子的扩大培养都可通过斜面培养，制备孢子悬浮液作为初级种子。但也可以用培养摇瓶菌丝体作为初级种子，这主要根据各自的实践结果而定。观察链霉菌种子罐中菌丝形态的变化有利于正确判断移种的时间，这是抗生素生产过程中的一项常用的、也是很有用的参数。

三、培养基灭菌

不同的微生物在发酵过程中会利用培养基中的营养物质形成不同的代谢产物。所以如果培养基中含有其他微生物，将会对正常的发酵过程带来很严重的危害。为防止和控制杂菌污染，在实践生产中必须采用有效的灭菌措施来避免不利的情况发生。包括培养基灭菌、发酵容器及管路的灭菌、对所有与发酵过程有关的物料进行灭菌。

培养基的灭菌主要采用间歇式灭菌和连续式灭菌两种方法：

（一）间歇灭菌

间歇灭菌就是将配制好的培养基放入发酵罐或其他装置中，通入蒸汽将培养基和所用设备一起进行灭菌的操作过程，也称实罐灭菌。整个过程包括升温、保温和冷却三个阶段。

开始灭菌时，应排放夹套或蛇管中的冷水，开启排气管阀，夹套内通入蒸汽。当发酵罐的温度升至 70℃时，开始由空气过滤器、取样管和放料管通入蒸汽，当发酵罐内温度达到120℃，压力达到 $1 \times 10^5 Pa$（表压）时，灭菌进入保温阶段。在保温阶段，凡液面以下各管道都应通蒸汽，液面以上其余各管道则应排蒸汽，不留死角，维持压力、温度恒定直到保温结束。再依次关闭各排气、进气阀门，并通过空气过滤器迅速向罐内通入无菌空气，维持发酵罐降温过程的正压，且在夹套或蛇形管中通入冷却水，使培养基的温度降到所需温度，见图5-17。

由于培养基的间歇灭菌不需要专门的灭菌设备，投资少，对设备要求简单，对蒸汽的要求也比较低，且灭菌效果可靠，因此，间歇灭菌是中小型发酵罐常用的一种灭菌方法。

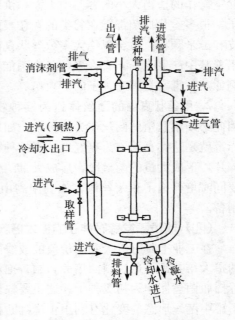

图5-17 实罐灭菌设备示意图

（二）连续灭菌

连续灭菌是将配制好的培养基向发酵罐等培养装置输送的同时进行加热、保温、冷却等灭菌操作过程。连续灭菌的基本设备一般有配料预热罐、加热器、维持罐、冷却器等，分别用于预热、升温、保温和冷却。采用连续灭菌时，发酵罐应在连续灭菌开始前进行空罐灭菌，以容纳经过灭菌的培养基，加热器、维持罐、冷却器也要先进行灭菌，然后才能进行培养基灭菌。

根据不同的生产条件和工艺要求，可以采用不同的连续灭菌工艺流程。常用的连续灭菌工艺流程有喷淋冷却连续灭菌流程（图5-18）、喷射加热连续灭菌流程（图5-19）、薄板式换热器连续灭菌流程（图5-20）。

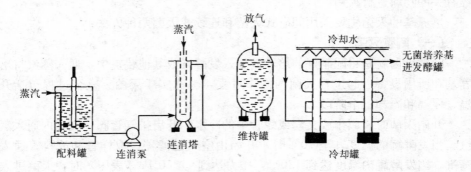

图5-18 喷淋冷却连续灭菌流程

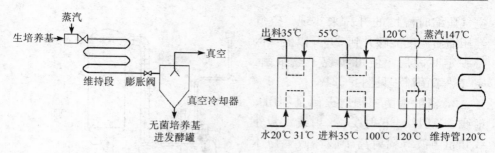

图 5-19 喷射加热连续灭菌流程　　　图 5-20 薄板式换热器连续灭菌流程

（三）影响培养基灭菌的因素

在培养基灭菌的因素中，除了所污染杂菌的种类、数量、灭菌温度和时间外，还有以下影响因素。

1. 培养基成分　油脂、糖类及一定浓度的蛋白质增加了微生物的耐热性，高浓度有机物会在细胞的周围形成一层薄膜，从而影响热的传入。低浓度（1‰～2‰）的 NaCl 溶液对微生物有保护作用，但随着浓度的增加，保护作用减弱，浓度达 8‰～10‰以上，则减弱微生物的耐热性。

2. 培养基 pH　pH 对微生物的耐热性影响很大，pH 为 6.0～8.0 时微生物耐热能力最强，pH 小于 6.0 时，H^+ 易渗入微生物细胞内，改变细胞的生理反应促使其死亡。所以培养基 pH 愈低，灭菌所需时间愈短。

3. 培养基的物理状态　培养基的物理状态对灭菌具有极大的影响，固体培养基的灭菌时间要比液体培养基的灭菌时间长。

4. 泡沫　泡沫中的空气形成隔热层，使传热困难，对灭菌极为不利。因此对易产生泡沫的培养基进行灭菌时，可加入少量消泡剂。

四、空气除菌

绝大多数微生物的代谢产物都是利用好气性微生物进行纯种发酵，溶解氧是这些菌体生长和代谢必不可少的条件，通常以空气作为氧源。但空气中含不同种类的微生物，它们一旦进入培养液，会干扰甚至破坏发酵的正常进行，给发酵造成很严重的后果。所以，通风发酵需要的空气必须是无菌空气，这就要求需对空气进行无菌处理。

（一）空气除菌的方法

1. 热灭菌法　空气热灭菌法是基于加热后微生物体内的蛋白质（酶）热变性而得以实现。由于空气在进入培养系统之前，一般均需用压缩机压缩，提高压力，所以，空气热灭菌时就不必用蒸汽或其他载热体加热，而可直接利用空气压缩时温度的升高来实现。空气经压缩后温度能够升到200℃以上，保持一定时间后，便可实现干热杀菌。空气热杀菌流程见图5-21。

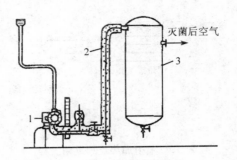

图5-21　空气加热杀菌流程图
1. 空压机　2. 保温维持管　3. 贮罐

2. 辐射杀菌　辐射灭菌是利用α射线、X射线、β射线、γ射线、紫外线和超声波等辐射离子破坏微生物体内的蛋白质等生物活性物质，从而达到杀菌效果。目前，辐射灭菌仅用于一些物体表面的灭菌及有限空间内的空气灭菌。

3. 静电除菌　静电除菌是利用静电引力来吸附带电粒子而达到除尘灭菌的目的。悬浮于空气中的微生物，其孢子大多数带有不同的电荷，没有带电荷的微粒进入高压静电场时都会被电离成带电微粒。但对于一些直径很小的微粒，它所带的电荷很小，当

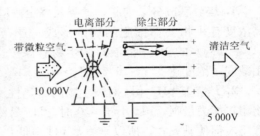

图5-22　静电除菌除尘装置示意图

产生的引力等于或小于微粒布朗扩散运动的动量时，则微粒就不能被吸附而沉降，所以静电除尘灭菌对很小的微粒效率较低。图5-22为静电除菌除尘装置示意图。

4. 过滤除菌法　过滤除菌是目前发酵工业上最常用的空气除菌方法。它是采用定期灭菌的干燥过滤介质来阻截空气中所含微生物，而取得无菌空气的方法。通过过滤除菌处理的空气可达到无菌，并有足够的压力和适宜的温度以供好氧培养过程使用。

（二）空气过滤除菌原理

当空气经过过滤介质时，基于滤层纤维的层层阻碍，迫使空气在流动过程中出现无数次改变气速大小和方向的绕流运动，从而导致微生物微粒与滤层纤维间产生撞击、拦截、布朗扩散、重力、静电引力等作用，从而把微生物微粒截留、捕集在纤维表面上，实现了过滤的目的。

（三）空气过滤介质

用于空气过滤除菌的介质有纤维状物或颗粒状物、过滤纸、微孔滤膜等各种材料。

1. 纸类过滤介质 纸类过滤介质主要指玻璃纤维纸，属于深层过滤技术。应用时需将 3～6 张滤纸叠在一起。这类过滤介质过滤效率相当高，大于 $0.30\mu m$ 的颗粒，除去率高达 99.99％以上。其缺点是强度不大，特别是受潮后强度更差。

2. 纤维状或颗粒状过滤介质 主要指棉花、玻璃纤维、活性炭等材料。棉花是较常用的过滤介质，通常采用的是有弹性、纤维长度适中的脱脂棉。玻璃纤维中最常用的过滤介质是无碱玻璃纤维，它直径小，不易折断，过滤效果好。活性炭要求质地坚硬，不易压碎，颗粒均匀，在填充前应将粉末和细粒筛去，其缺点是过滤效率较低。

3. 微孔滤膜类过滤介质 微孔膜类过滤介质的空隙小于 $0.50\mu m$，甚至小于 $0.10\mu m$，因而能将空气中的细菌绝对过滤掉。这类过滤介质主要用于滤除空气中的细菌和尘埃。

（四）空气的预处理

1. 空气粗过滤 提高空气压缩前的洁净度对于后续空气过滤除菌十分重要，其主要措施：提高空气吸气口的位置和加强吸入空气的前过滤。为了保护空气压缩机，常在空气吸入口处设置粗过滤器（也称前置过滤器），以滤去空气中颗粒较大的尘埃，减少进入空气压缩机的灰尘和微生物含量，以减小压缩机的磨损和主过滤器的负荷，提高除菌空气的效率和质量。前置过滤器，通常采用的过滤器有布袋过滤器、填料过滤器、油浴洗涤和水雾除尘装置。图 5 - 23、图 5 - 24 分别为油浴洗涤装置和水雾除尘装置示意图。

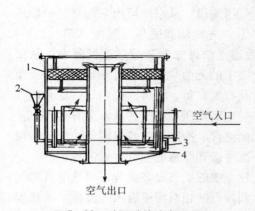

图 5 - 23 油浴洗涤空气装置
1. 滤网 2. 加油斗 3. 油镜 4. 油层

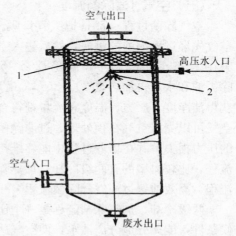

图 5 - 24 水雾除尘装置
1. 滤网 2. 喷雾器

2. 空气压缩及压缩空气的冷却 为了克服输送过程中过滤介质等的阻力，吸入的空气须经空压机压缩。目前常用的空压机有涡轮式与往复式两种，其型号的选择可根据实际生产中的需气量及压力而定，但通常采用无油的空气压缩机，以减少后续空气预处理的难度。空气经压缩后，温度会显著上升，压缩比愈高，温度也愈高。若将高温压缩空气直接通入空气过滤器，可能引起过滤介质的炭化或燃烧，给发酵温度的控制带来难度，导致菌种损伤。因此要将压缩后的热空气降温后才能使用。

3. 压缩空气冷却后的除水、除油 经冷却降温后的压缩空气相对湿度增大，会析出水来，致使过滤介质受潮失效。因此压缩后的湿空气要除水。若压缩空气是由含油压缩机制得，会不可避免地夹带润滑油，故除水的同时尚需进行除油。气液分离器是除去空气中被冷凝成雾状的水雾和油雾粒子的设备。其形式很多，一般常用的有旋风式和填料式。旋风式气流分离器是通过离心力的方式来分离重度较大的微粒。填料式气液分离器是利用填料的惯性拦截作用，将空气中的水雾和油雾分离出来。填料式气液分离器见图 5-25。

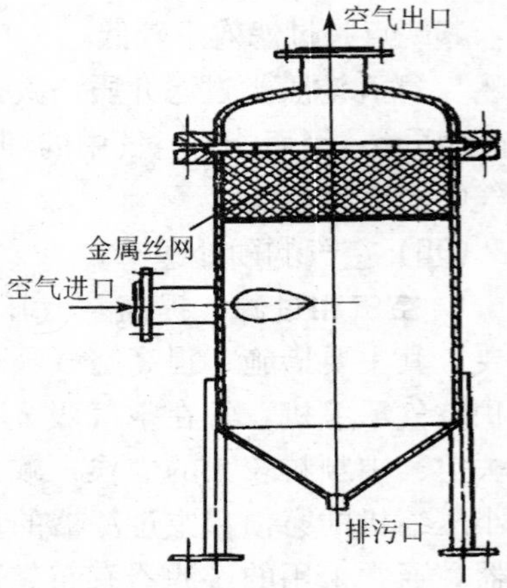

图 5-25　丝网分离器

(五) 空气过滤除菌流程

空气除菌过程一般是把吸气口吸入的空气先经过压缩前的过滤，然后进入空气压缩机。从空压机出来的空气一般压力在 $1.96 \times 10^5 Pa$ 以上，温度 $120 \sim 150℃$，先冷却到适当的温度（$20 \sim 25℃$）除去油和水，再加热至 $30 \sim 35℃$，最后通过总过滤器和分过滤器除菌，从而获得洁净度、压力、温度和流量都符合要求的无菌空气。具有一定压力的无菌空气可以克服空气在预处理、过滤除菌及有关设备、管道、阀门、过滤介质等的压力损失，并在培养过程中能够维持一定的罐压。空气过滤除菌有多种工艺流程，比较典型的有两级冷却、加热除菌流程、冷热空气直接混合式空气除菌流程、高效前置过滤空气除菌流程、一次冷却和除水的空气过滤流程。

两级冷却、加热除菌流程是一个比较完善的空气处理流程。可适应各种气候条件，能充分地分离油水，使空气达到较低的相对湿度进入过滤器。该流程的特点是两次冷却、两次分离、适当加热。经第一冷却器冷却后，大部分的水、油都已结成较大的雾粒，且雾粒浓度较大，适宜用旋风分离器分离。第二冷却器使空气进一步冷却后析出一部分较小的雾粒，宜采用丝网分离器分离。其流程见图 5-26。

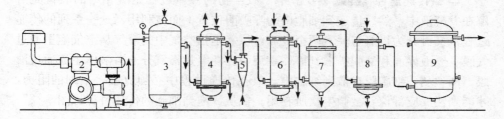

图 5-26 两级冷却、加热除菌流程

1. 粗过滤器 2. 压缩机 3. 贮罐 4,6. 冷却器 5. 旋风分离器

7. 丝网分离器 8. 加热器 9. 过滤器

（六）提高过滤除菌效率的主要措施

（1）减少进口空气的含菌数量。方法：①加强卫生管理，减少生产环境中空气的含菌数；②正确选择进风口，压缩空气站应设在上风向；③提高采气口的位置，减少菌数和尘埃量；④加强空气压缩前的预处理。

（2）设计和安装合理的空气过滤器，选用除菌效率较高的过滤介质。

（3）针对不同地区，选择合理的空气预处理设备，以达到较好的除油、水和杂质的目的。

（4）空气进入过滤器之前应进行干燥处理，以保证过滤介质正常工作。

（5）稳定压缩空气的压力，采用合适容量的贮气罐。

五、氧的供需与传递

在好氧发酵过程中，需要不断地向发酵罐中供给足够的氧，以满足微生物生长代谢的需要。实践证明，氧气供应不足不仅使菌体的生长代谢受到抑制，而且有可能使细胞代谢产生不希望得到的化合物。因此，调节通风和搅拌不仅会影响到发酵周期的长短，而且会影响到最终代谢产物的种类和产量。大多数的好气性发酵不仅需要维持适当的通气条件，保证一定的供氧量，还需要使发酵液中溶解氧的浓度维持在一定水平上，以保证发酵过程的顺利进行。

（一）微生物对氧的需求

1. 微生物的耗氧特征 微生物对氧的需求主要受菌体代谢活动变化的影响，常用呼吸强度和耗氧速率两种方法来表示。呼吸强度是指单位质量干菌体在单位时间内所吸取的氧量，以 Q_{O_2} 表示。耗氧速率是指单位体积培养液在单位时间内的耗氧量，以 γ 表示，也称摄氧率。呼吸强度可以表示微生物的相对耗氧量，但是，当培养液中有固定成分存在，而测定 Q_{O_2} 有困难时，可用耗氧速率来表示。

2. 氧传递途径　在好氧发酵中，微生物的供氧过程是气相中的氧首先溶解在发酵液中，然后传递到细胞内的呼吸酶位置上而被利用。这一系列的传递过程，又可分为供氧与耗氧两个方面。供氧是指空气中的氧气从空气泡里通过气膜、气液界面和液膜扩散到液体主流中。耗氧是指氧分子自液体主流通过液膜、菌丝丛、细胞膜扩散到细胞内。氧在传递过程中必须克服一系列的阻力，才能到达反应部位，被微生物所利用。氧从气泡到细胞的传递过程见图 5-27。

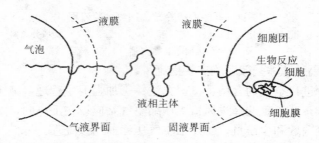

图 5-27　氧从气泡到细胞的传递过程示意图
（余龙江．发酵工程原理与技术应用．2006）

3. 溶解氧浓度与代谢产物的关系　溶解氧浓度对菌体生长和产物合成的影响有时是不同的，即对于细胞生长的最佳溶解氧浓度并不一定就是合成产物的最佳浓度，也就是说，发酵不同阶段对氧浓度的要求不同。例如，谷氨酸发酵过程中，在菌体生长繁殖阶段比谷氨酸生成阶段对溶氧要求低。

在谷氨酸产生菌生长繁殖阶段，若供氧过量，在生物素限量的情况下抑制菌体生长，表现为糖的消耗慢，pH 偏高且下降缓慢。在发酵产酸阶段，若供氧不足，发酵的主产物会由谷氨酸转为乳酸，这是因为在缺氧条件下，谷氨酸生物合成所必需的丙酮酸氧化反应停滞，导致糖代谢中间体——丙酮酸转化为乳酸，生产上则表现为糖的消耗快，pH 低，尿素消耗快，只长菌体而不产生谷氨酸。但是，如果供氧过量，则不利于 α-酮戊二酸进一步还原氨基化而积累大量 α-酮戊二酸。因此，了解菌体生长繁殖阶段和代谢产物形成阶段的最适耗氧量，就可能分别合理地控制氧供给。

（二）氧的传递

现代发酵工程研究表明，空气中的氧气进入细胞内涉及到氧转移到发酵液、溶解的氧分子通过发酵液进入微生物细胞和细胞吸收溶解氧三个步骤。氧从空气泡（气相）进入液体（液相）的传递速率（即氧的传递速率）可以表示为：

$$OTP = K_L a(C^* - C_L) \tag{5-9}$$

式中　OTR——单位体积培养液的氧传递速率〔$kmol/(m^3 \cdot h)$〕；

　　　K_L——液膜传质系数（m/h）；

　　　a——单位体积液体的气/液界面积比（m^2/m^3）；

　　　C_L——发酵液中溶氧浓度（$kmol/m^3$）；

　　　C^*——饱和溶氧浓度（$kmol/m^3$）。

K_L可以认为是从气体进入液体的传递阻力的倒数，（$C^* - C_L$）可以被看做是克服阻力的"推动力"。因为发酵过程中分别测定K_L和a值比较困难，所以常将K_L和a值合并为$K_L a$，作为一个参数来处理。$K_L a$被称做体积传递系数，可以用它来反映发酵罐的通气能力。在实验条件下，$K_L a$愈大，表明系统的通气能力愈强。如果发酵罐中的$K_L a$不能满足菌体的需氧，则发酵液中的溶氧浓度低于其临界溶氧浓度；如果能满足菌体的需氧，则溶氧浓度大于临界溶氧浓度。显然，发酵罐的$K_L a$必须满足菌体形成最大产物时所需的溶氧要求，只有这样才能保证整个发酵过程顺利进行。

第四节　发酵的影响因素与控制

发酵产品的生产过程是非常复杂的生物化学反应过程。只有采取各种不同方法测定生物代谢变化的各种参数，研究不同理化因素对发酵过程的影响，掌握发酵过程的变化规律，才能使生产过程达到预期目的，获得较高的产品收率。

一、发酵过程控制

（一）发酵过程控制的基本原则

由于发酵生产过程的主要目的是获得最大产量和最佳质量的发酵产物，所以，最优化控制的目标首先是得到最大量的发酵产物，其次是最短的生产周期和由此获得的最佳经济效益。

1. 影响因素　发酵生产水平主要取决于生产菌种特性和发酵条件的适合程度。所以，对于特定的微生物来讲，影响因素主要包括营养物质的浓度、种类、比例、溶解氧浓度以及氧化还原电位、CO_2、发酵液黏度、温度、pH、泡沫、酶和代谢产物等理化因素。此外，还包括菌体浓度、生长速率、死亡速率、细胞状态等生物学因素。

2. 工艺流程　由实验获得的最佳营养条件和环境条件，需要变成工艺控制条件，才能对发酵过程进行最优控制。例如，营养物质的种类、浓度和比例需要转化成培养基原料的种类、浓度和比例；溶解氧浓度需转化为搅拌转速和通气量。前体物质、促进剂和添加剂补料的方式和时间等都需要经试验后转变为最佳的工艺参数，在此基础上实施最佳工艺。

（二）发酵过程参数检测

发酵过程参数的测定是进行发酵过程控制的重要依据。发酵过程参数的检测分为两种方式，一是利用仪器进行在线检测，二是从发酵罐中取出样品进行离线检测。

1. 直接状态参数　直接状态参数是指能直接反映发酵过程中微生物生理代谢状况的参数，如 pH、DO、溶解 CO_2、尾气 O_2、尾气 CO_2、黏度等，见表 5-5。

表 5-5　发酵过程直接测定参数一览表

（余龙江．发酵工程原理与技术应用．2006）

参数名称	单位	测定方法	意义及主要作用
温度	K，℃	温度传感器	维持生长、合成代谢产物
罐压	Pa	压力表	维持正压，增加溶氧
空气流量	m^3/h	传感器	供氧，排出废气
搅拌转速	r/min	传感器	物料混合，提高传质效果
黏度	Pa·s	黏度计	反映菌体生长，K_La 变化
密度	g/cm^3	传感器	反映发酵液性质
装量	m^3，L	传感器	反映发酵液体积
浊度	（透光率）%	传感器	反映菌体生长情况
泡沫		传感器	反映发酵液代谢情况
传氧系数 K_La	1/h	间接计算，在线检测	反映供氧效率
加糖速度	kg/h	传感器	反映耗氧及糖代谢情况
加消泡剂速度	kg/h	传感器	反映泡沫情况
加中间体或前体速率	kg/h	传感器	反应前体和基质利用情况

2. 间接状态参数　间接状态参数是指那些采用直接状态参数计算求得的参数，如比生长速率（μ）、摄氧率（γ 或 OUR）、CO_2 释放速率（CER）、呼吸商（RQ）、氧得率系数（$Y_{X/O}$）、氧体积传质速率（K_La）等。通过对发酵罐进行物料平衡，可计算出 OUR 和 CER 以及 RQ 值，后者反映微生物的代谢状况，尤其能提供从生长向生产过渡或主要基质间的代谢过渡指标。用此方法也能在线求得 K_La，在其他影响因素已知的情况下，它能提供培养物的黏度状况。

3. 离线发酵分析方法　虽然直接状态参数如 pH、DO、溶解 CO_2、尾气 O_2、尾气 CO_2、黏度等能直接检测，但目前还没有一种能够在线监测培养基成分和代谢产物的传感器。所以，目前发酵液中的基质（糖、脂质、盐、氨基等）、前体和代谢产物（抗生素、酶、有机酸、氨基酸等）以及菌量的监测还是依赖于人工取样和离线分析。离线分析的特点是所得的过程信息是不连贯和滞后的，但离线分析在发酵过程中亦十分重要。表 5-6 介绍的是离线测定生物量的方法。

表 5-6　离线测定生物量的方法

方　　法	原　　　理	效果评价
压缩细胞体积	离心沉淀物	粗糙但快速
干重	悬浮颗粒干燥至恒重后的质量	如培养基含有固体，结果不准确
光密度	浊度	要保持线性稀释才准确
荧光或其他化学法	分析与生物量有关的化合物如ATP、DNA、蛋白质等含量	只能间接测量计算
显微观察	血球计数器上细胞计数	费力，但可通过成像分析实现可视化、简单化
平板计数	经适当稀释后，在平板上计数	只能测活菌，需要培养时间长，结果滞后

二、温度的影响及控制

（一）温度对发酵的影响

温度对发酵有很大影响，它会影响各种酶的反应速率，改变菌体代谢产物的合成方向，影响微生物的代谢调控机制，影响发酵液的理化性质，进而影响发酵的动力学特性和产物的生物合成。

1. 温度对微生物的影响　温度对微生物生长的影响是多方面的，一方面在其最适温度范围内，生长速率随温度升高而增加，一般当温度增加 10℃，生长速率大致增长 1 倍。当温度超过最适生长温度，生长速率将随温度增加而迅速下降。另一方面，不同生长阶段的微生物对温度的反应不同，处于延迟期的细菌对温度的影响十分敏感。将其置于最适生长温度附近，可以缩短其生长的延迟期，而将其置于较低的温度，则会增加其延迟期。对于对数生长期的细菌，如果在略低于最适温度的条件下培养，即使在发酵过程中升温，对其破坏作用也较弱。故在最适温度范围内提高对数生长期的培养温度，既有利于菌体的生长，又避免热作用的破坏。处于生长后期的细菌，一般其生长速度主要取决于溶解氧的浓度，而不是温度，因此在培养后期最好适当提高通气量。

2. 温度与酶反应　温度升高，酶反应速度就加快，微生物细胞生长代谢同样加快，产物提前生成，但因为酶本身很容易因热力的作用而失去活性，温度越高，酶的失活也越快，表现出微生物细胞容易衰老，使发酵周期缩短，从而影响发酵过程最终产物的产量。

3. 温度与培养液的物理性质　改变培养液的物理性质会影响到微生物细胞的生长。例如，温度通过影响氧在培养液中的溶解浓度、氧传递速度等，进而影响到整个发酵过程；温度的改变会对培养液的黏度产生影响，从而影响培养液物料的混合和热量的传递。

4. 温度与代谢产物合成方向　例如赭曲霉在 $10\sim20℃$ 发酵时，有利于合成青霉素，在 $28℃$ 发酵时，则有利于合成赭曲霉素 A。

（二）影响温度变化的因素

在发酵过程中，既有产生热能的因素，又有散失热能的因素，因而引起发酵温度的变化。产热因素有生物热和搅拌热；散失热有蒸发热、辐射热、显热等。产生的热能减去散失的热能，所得的净热量就是发酵热。因此发酵热可写成：

$$Q_{发酵} = Q_{生物} + Q_{搅拌} - Q_{蒸发} - Q_{辐射} - Q_{显} \qquad (5-10)$$

1. 生物热　产生菌在生长繁殖过程中产生的热能，叫做生物热。营养物质被菌体分解代谢产生大量的热能，部分用于合成高能化合物 ATP，供给合成代谢所需要的能量，多余的热量则以热能的形式释放出来，形成了生物热。

2. 搅拌热　搅拌器转动引起的液体之间和液体与设备之间的摩擦所产生的热量，即搅拌热。

3. 蒸发热　这部分热量是在发酵过程中以蒸汽形式散发到发酵罐的液面，再由排气管带走的热量。空气进入发酵罐后就和发酵液广泛接触，进行热交换同时必然会引起发酵液水分的蒸发，水分蒸发以及排出的气体夹带着部分显热一起散失到外界，一般计算时因 $Q_{显}$ 较小忽略不计。

4. 辐射热　由于罐外壁和大气间的温度差异而使发酵液中的部分热能通过罐体向大气辐射的热量，称为辐射热。辐射热的大小取决于罐内外温差的大小，差值愈大，散失愈多。

为了使发酵在一定温度下进行，生产中都采取在发酵罐上安装夹套或盘管，在温度高时，通过循环冷却水加以控制；在温度低时，通过加热使夹套或盘管中的循环水达到一定的温度从而实现对发酵温度的有效控制。

（三）温度的控制

（1）最适温度的选择。最适温度是指最适于微生物的生长或发酵产物生成的温度。但最适生长温度与最适生产温度往往是不一致的。微生物种类不同，所具有的酶系不同，所要求的温度也不同。同一种微生物，培养条件不同，最适温度也不同。

（2）由于适合菌体生长的最适温度往往与发酵产物合成的最适温度不同，

故经常根据微生物生长及产物合成最适温度的不同进行二阶段发酵。如谷氨酸产生菌的最适生长温度为 30～34℃，产生谷氨酸的温度为 36～37℃。在谷氨酸发酵的前期，菌体的生长和种子的培养应满足最适生长温度；在发酵的中后期菌体生长已经停止，为了积累谷氨酸，需要适当提高温度。

（3）在发酵过程中，为了得到很高的发酵效率，获得满意的产物得率，还采用二级以上的温度管理，也称为变温培养。在青霉素发酵中，采用如下温度控制，即起初 5h，维持 30℃，以后降至 25℃培养 35h，再降至 20℃培养 85h，最后又提高到 25℃，培养 40h 放罐，青霉素产量比在 25℃恒温培养提高 14.7%。

（4）发酵温度的选择还与培养过程所用的培养基成分和浓度有关系。如在使用基质浓度较稀或较易利用的培养基时，提高培养温度会使养料过早耗竭，导致菌丝自溶，发酵产量下降。例如，提高红霉素发酵温度，在玉米浆培养基中的效果就不如在黄豆粉培养基中的效果好，因后者相对难以利用，提高温度有利于菌体对黄豆粉的同化。

（5）温度的控制。在工业生产中，因发酵过程中会释放出大量的热量，所以一般不需要加热，需要冷却的情况比较多。将冷却水通入发酵罐的夹层或蛇形管中，通过热交换来降温，保持恒温发酵。如果气温较高，冷却水的温度也高，达不到预定的温度，可采用冷冻盐水或低温酒精等其他冷媒进行循环降温，以迅速降到最适温度。因此，比较大的工厂需要建立冷冻站，以保证在正常温度下进行发酵。

三、pH 的影响及控制

（一）pH 对发酵过程的影响

发酵培养基的 pH，对微生物生长和发酵过程中酶活性有很大的影响，表现为以下几个方面。

1. 影响酶的活性　当 pH 抑制菌体中某些酶的活性时，会阻碍菌体的新陈代谢。每种微生物都有其生长最适 pH 和耐受 pH 范围，大多数细菌的最适 pH 为 6.5～7.5，霉菌的最适 pH 为 4.0～5.8，酵母菌的最适 pH 为 3.8～6.0，放线菌的最适 pH 为 6.5～8.0。因而在发酵培养过程中，微生物均需要在一定的 pH 范围内才能进行正常的生长，如果培养液的 pH 条件不合适，则微生物的生长就会受到影响或抑制。

2. 影响微生物细胞膜所带电荷的状态　这种电荷改变的同时会引起细胞膜对个别离子渗透性的改变，从而影响微生物对营养物质的吸收和代谢产物的排出。如产黄曲霉的细胞壁厚度随 pH 的增加而减小，其菌丝的直径在 pH6.0 时为 $2\sim3\mu m$，在 pH7.4 时，则为 $2\sim1.8\mu m$，呈膨胀酵母状细胞，随着 pH 下降，菌丝形状可恢复正常。

3. 影响培养基中某些组分的解离　通过影响培养基中某些物质的分解，进而影响微生物对这些成分的吸收。

4. 影响代谢产物的合成　例如，黑曲霉在 pH2～3 的情况下，发酵过程形成的产物是柠檬酸，而在 pH 接近中性时，却生成草酸。又如，啤酒酵母菌的最适生长 pH 为 4.5～5.0，此时，发酵产物是酒精；但当 pH 大于 7.5 时，发酵产物除酒精外，还有醋酸和甘油。

由于 pH 的高低对菌体生长和产物的合成产生明显的影响，所以在工业发酵中，维持最适 pH 已成为生产成败的关键因素之一。

（二）发酵过程中 pH 的变化情况

在发酵过程中，pH 是动态变化的，pH 的变化决定于所用的菌种、培养基的成分和培养条件。一方面，微生物通过代谢活动分泌有机酸如乳酸、乙酸、柠檬酸等或一些碱性物质，从而导致发酵环境的 pH 变化；另一方面，微生物通过利用发酵培养基中的生理酸性盐或生理碱性盐，从而引起发酵环境的 pH 变化。一般，发酵过程中若消耗碱性物质或生成酸性物质都会引起发酵液的 pH 下降。同样，发酵过程中若消耗酸性物质或生成碱性物质会引起发酵液 pH 上升。

（三）发酵液 pH 的控制

发酵过程中 pH 的变化是菌体代谢反应的综合结果。在生产过程中，要选择好发酵培养基的成分及配比，控制好发酵工艺条件，才能保证 pH 不会产生明显的波动，维持在最适的范围内，获得良好的结果。对于特定的菌种，一旦上述的条件确定时，pH 的变化就带有明显的规律性。在实际生产中，可以基于某种产品发酵液 pH 变化规律对发酵过程进行适宜的调控，采用的方法有以下几种。

（1）配制合适的培养基，调节培养基初始 pH 至合适范围，并使其有很好的缓冲能力。

（2）培养过程中加入非营养基质的酸碱调节剂，如 $CaCO_3$ 等防止 pH 过度下降。

（3）培养过程中加入基质性酸碱调节剂，如氨水等。

（4）加入生理酸性盐或生理碱性盐基质，通过代谢调节 pH，如 $(NH_4)_2SO_4$ 等。

（5）将 pH 控制与代谢调节结合起来，通过补料来控制 pH，如在谷氨酸生产中，通过流加尿素来调节 pH。

在实际生产过程中，可以选取其中一种或几种方法，并结合 pH 的在线检测所得数据对 pH 进行迅速有效控制，保证 pH 长期处于合适的范围。

四、泡沫的影响及控制

（一）泡沫的产生及其对发酵过程的影响

在大多数微生物发酵过程中，由于培养基中含有蛋白质、糖、代谢物等稳定泡沫物质的存在，在通气搅拌及发酵产生的 CO_2 的情况下，培养液中就形成了泡沫。泡沫是气体被分解在少量液体中的胶体体系，气液之间被一层液膜隔开，彼此不相连通。形成的泡沫有两种类型：一种是发酵液表面上的泡沫，气相所占比例比较大，与液体有较明显的界限，如发酵前期的泡沫；另一种是发酵液中的泡沫，又称流态泡沫，分散在发酵液中，比较稳定，与液体之间无明显的界限。

发酵液的理化性质对泡沫的形成起决定性作用。气体在纯水中鼓泡，其稳定性几乎等于零，这是由于围绕气泡的液膜强度太低所致。发酵液中的玉米浆、皂苷、糖蜜所含的蛋白质和细胞本身都具有稳定泡沫的作用，使形成的液膜比较牢固，泡沫比较稳定。此外，发酵液的温度、pH、基质浓度以及泡沫的表面积对泡沫的稳定性也有很大影响。

泡沫的多少与通风量、搅拌的剧烈程度有关，还与所选用培养基材料性质有关。培养基的灭菌方法、灭菌温度和时间会改变培养基的性质，从而影响培养基的起泡能力。发酵过程中污染杂菌会使发酵液黏度增加，以至于产生大量的泡沫。

发酵过程产生少量泡沫是正常的。但是过多的持久性泡沫会给发酵过程造成困难，带来很多不利的影响，主要表现在：①降低了发酵罐的装填系数；②大量起泡，控制不及时会造成"逃液"，导致产物的损失；③泡沫"顶罐"，有可能使培养基从搅拌轴处渗出，增加了染菌的机会；④增加了菌群的非均一性，由于泡沫的液位变动，以及不同生长周期微生物随泡沫漂浮或黏附在罐盖或罐壁上，使菌体生长的环境发生了改变，影响微生物群体的均一性；⑤影响通气搅拌的正常进行，妨碍微生物的呼吸，造成发酵异常，导致最终产物产量下降；⑥使微生物菌体提早自溶，这一过程的发展又会促使更多的泡沫生成；⑦为了将泡沫控制在一定范围内，就需加入消泡剂，而消泡剂的加入有时会影响发酵产量或给下游分离纯化与精制工序带来一定的难度。

（二）泡沫的消除与控制

泡沫的控制方法可分为机械消泡和化学消泡剂消泡两大类。近年来，也有采用菌种选育的方法，筛选产生流态泡沫的菌种，来消除起泡的内在因素，预防泡沫的形成。

1. 机械消泡法 机械消泡法是靠强烈的机械振动和压力的变化使气泡破裂，或借助于机械力将排出气体中的液体分离回收，达到消泡的作用。消泡装置可安装在罐内或罐外。罐内可在搅拌轴上方安装消泡桨，形式多样，泡沫借旋风离心场作用被压碎。罐外法是将泡沫引出罐外，通过喷嘴的加速作用或离心力破碎泡沫。机械消泡的优点是不需要在发酵液中添加任何其他物质，减少了由于加入消泡剂所引起的染菌机会和对后继分离工艺的影响。但是，机械消泡的效果不如化学消泡迅速、可靠，还需要配备一定的设备和消耗一定的动力，不能从根本上消除引起泡沫的因素。

2. 化学消泡法 就是用化学消泡剂进行消泡的方法。化学消泡剂效率高，用量少，不仅适用于大规模发酵生产，同时也适用于小规模的发酵实验。这是目前应用最广的一种消泡方法。

发酵过程中常用的消泡剂分天然油脂类、聚醚类、高级醇类和硅树脂类。常用的天然油脂有玉米油、豆油、米糠油、棉籽油、猪油等。聚醚类是应用较多的一类，主要成分为聚氧丙烯甘油和聚氧乙烯氧丙烯甘油（俗称泡敌），用量为 0.03% 左右。十八醇是高级醇类中常用的一种，可单独或与其他载体一起使用。它与冷榨猪油一起能有效控制青霉素发酵的泡沫。聚二醇具有消泡效果持久的特点，尤其适用于霉菌发酵。聚硅氧烷类消泡剂的代表是聚二甲基硅氧烷及其衍生物，它不溶于水，单独使用效果很差。它常与分散剂（如微晶 SiO_2）一起使用，也可与水配成 10% 的纯聚硅氧烷乳液。

化学消泡剂的消泡效果与使用方式存在密切关系，增加消泡剂在发酵液中的分散效果，正确的掌握加入量和把握加入时机，均可以在一定程度上提高消泡剂的作用效果。生产上常用以下方法：①通过机械分散或借助某些载体或分散剂，使消泡剂更容易在发酵液中分散；②将消泡剂与载体一起使用，使消泡剂溶于或分散于载体中，两者并用可产生明显的增效作用，如当用聚氧丙烯甘油作消泡剂时，以豆油为载体的消泡增效作用相当明显；③多种消泡剂并用可增强消泡作用，如用 $0.5\% \sim 3.0\%$ 的硅酮、$20\% \sim 30\%$ 的植物油、$5\% \sim 10\%$ 的聚乙醇二油酸酯、$1\% \sim 4\%$ 的多元醇脂肪酸与水组成的混合消泡剂也具有明显的消泡增强效果；④利用乳化剂增强消泡剂的消泡作用，如用吐温 80 作为乳化剂时，消泡剂聚氧丙烯甘油的消泡效果可提高 $1 \sim 2$ 倍。

五、流加补料的控制

流加补料是指在发酵过程中补充某些营养成分，以维持生产菌株的代谢活动和产物合成，这种工艺可以控制抑制性底物浓度，解除或减弱分解代谢物的阻遏，能明显推迟生产菌的自溶期，延长生物合成期，维持较高的产物增长幅度和增加发酵液的总体积，从而使产量大幅度上升。同时，流加补料还可以作为工业生产上纠正异常发酵的一种手段。

（一）流加补料的内容和原则

流加补料有很多种情况，有连续流加、不连续流加或多周期流加。每次流加又可分为快速流加、恒速流加、指数速率流加和变速流加。发酵过程中，流加补料的物质大致上可分为补充生产菌体所需的碳源、氮源、微量元素、无机盐以及诱导底物等，其原则是有效控制微生物的中间代谢过程，使之向着有利于产物积累的方向发展。正确的流加补料措施能有力地调节生产菌种的生长和代谢方向，使其在生物合成阶段拥有足够而又不过多的营养物质，保证菌种的正常代谢和产物合成。

（二）流加补糖的控制

当确定补糖后，选择适当的补糖时机相当重要。例如，四环素发酵过程中补糖时间对四环素的产量有很大的影响，过早或过晚补糖都不能收到良好的效果。补糖的时机不能简单地以培养时间为依据，还要结合基础培养基中碳源的种类、用量和消耗速度、前期发酵条件、菌种特性、种子质量等因素综合考虑。一般在实际生产过程中常常根据残糖量、pH 或菌丝的形态等代谢变化来确定补糖时间。

当确定了补糖开始的时间后，补糖的方式和控制指标也有一定的要求，如果补糖方法控制不好，也不会收到良好的效果（图 5-28）。实验表明，在最适

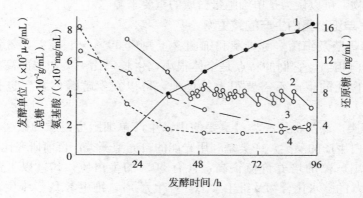

图 5-28　补糖对四环素发酵的影响

1. 发酵单位　2. 还原糖　3. 总糖　4. 氨基酸

●—●补糖前还原糖变化　　○—○补糖后还原糖变化　　○－－○补糖量

的流加葡萄糖的条件下，如能正确控制菌丝量的增加、糖的消耗与发酵单位增长三者之间的关系，就可获得更长的生物合成期。

流加补料是生产过程中较为灵活的控制微生物中间代谢的一种措施，不同微生物或同一微生物的培养条件不同，控制方法也有差异，需要根据具体情况，通过试验确定最适的控制方法。当然，在流加补料中还应考虑料液配比、无菌控制、培养基的碳氮平衡、经济核算等因素。

第五节　发酵工程在食品工业中的应用

发酵技术是最早被人类用于生产食品的技术之一，人们利用微生物进行自然发酵来酿酒、制醋等可追溯到数千年以前。随着微生物遗传育种技术的发展、发酵设备的不断更新完善、发酵参数的进一步优化，发酵已经成为一门系统工程，在食品工业中的应用越来越广泛。从传统酿造到现代化酒精的生产，从菌体蛋白到氨基酸、核苷酸的生产，从柠檬酸到 EPA、DHA 的生产，从红曲色素到 β-胡萝卜素、虾青素的生产，都是发酵工程在食品工业上的具体应用。

一、单细胞蛋白的发酵和生产

单细胞蛋白（SCP）是指适用于食品和动物饲料应用的微生物细胞，包括藻类、细菌、酵母菌、霉菌、高等真菌等。这些微生物大多数是富含蛋白质的单细胞生物，可以认为是单细胞蛋白质的重要来源。

（一）单细胞蛋白生产的微生物

1. 酵母菌及细菌　酵母菌和细菌含蛋白质 50%～80%，其氨基酸组成同动物蛋白相当。它们的特点是个体很小，生长率比藻类和霉菌高很多。这类菌体蛋白质的生产不需要很大的场地，可以在发酵罐内常年进行工业化生产。

2. 藻类　藻类也是一类最重要的用来生产单细胞蛋白质的微生物。进行单细胞蛋白生产的藻类，一类是利用光能的自养型藻类，目前研究比较多的是小球藻，小球藻的培养价值很高，含有 50% 的蛋白质，10% 以上的脂类和 10%～20% 的碳水化合物及维生素 A、维生素 B_1、维生素 B_2、维生素 C 等营养成分；另一类是利用有机碳源的异养型藻类。

（二）单细胞蛋白生产的一般过程

单细胞蛋白质的一般工艺过程如图 5-29。

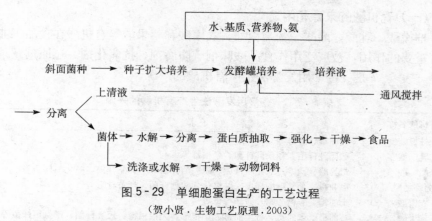

图 5-29 单细胞蛋白生产的工艺过程

（贺小贤．生物工艺原理．2003）

采用的发酵罐有传统的搅拌式发酵罐、通气管式发酵罐、空气提升式发酵罐等。加入发酵罐中的物料有生长良好的种子、水、基质、营养物、氨等，培养过程中控制培养液的 pH 及维持一定温度。适合假丝酵母菌生长的碳氮比接近 7：1 或 10：1，分批培养过程中，碳源浓度常控制在 1％～5％；而连续培养过程中，碳源浓度可大一些。如果碳氮比过高，许多酵母，特别是红酵母菌属的某些种会以脂类形式积累细胞成分。大部分酵母菌的培养温度控制在30～34℃，pH 为 3.5～4.5。高温培养能使培养液中营养成分充分利用，如汉逊氏酵母菌的生长温度可以控制在 37～42℃。

单细胞蛋白生产中为使培养液中的营养成分充分利用，可将部分培养液连续送入分离器中，上清液回入发酵罐中循环使用。菌体分离方法的选择可根据所采用菌种的类型，比较难分离的菌体可加入絮凝剂以提高其凝聚力，便于分离，一般采用离心机分离。

作为动物饲料的单细胞蛋白，可收集离心后浓缩菌体，经洗涤后进行喷雾干燥或滚筒干燥即可。用于人类食品的单细胞蛋白则需除去大部分核酸，将所得菌体水解，以破坏细胞壁，溶解蛋白质、核酸，经分离、浓缩、抽提、洗涤、喷雾干燥得到食品蛋白。

二、发酵法生产有机酸

有机酸发酵是指利用微生物发酵法生产有机酸，有机酸发酵的原理是指微生物在碳水化合物代谢过程中，有氧降解被中断而积累各种有机酸，现已确定的有 60 余种，以微生物发酵法生产的有机酸有 10 余种。这些有机酸约有75％用于食品、饮料工业，15％用于其他行业。

（一）有机酸的来源和用途

柠檬酸、乳酸、醋酸、葡萄糖酸、衣康酸和苹果酸等有机酸在食品工业中有着重要的作用，被广泛用作食品酸味剂、防腐剂、抗氧化剂、还原剂及杀菌剂等。表5-7是一些常用发酵法生产有机酸的来源。

表5-7 一些常用发酵法生产有机酸的来源

有机酸名称	来 源
柠檬酸	黑曲霉、酵母等
乳 酸	德氏乳杆菌、赖氏乳杆菌、米根霉等
醋 酸	奇异醋杆菌、过氧化醋杆菌、攀膜醋杆菌、恶臭醋杆菌、醋化醋杆菌等
葡萄糖酸	黑曲霉、葡萄糖酸杆菌、乳氧化葡萄糖杆菌、产黄青霉等
衣康酸	土曲霉、衣糖酸霉、假丝酵母等
苹果酸	黄曲霉、米曲霉、寄生曲霉、华根霉、无根根霉、短乳杆菌、产氨短杆菌等

（二）柠檬酸的生产

柠檬酸又名枸橼酸，原意是存在于柠檬等水果中的一种有机酸，是生物体主要代谢产物之一。柠檬酸的生产菌种一般分两种，当以淀粉质为发酵原料时，用黑曲霉的变种为生产菌种；当以烃类为发酵原料时，用假丝酵母作为生产菌种。

1. 液体深层发酵 液体深层发酵是柠檬酸生产的主要方法。为了使发酵过程既满足氧的供应，又保持网状菌丝体或小菌球的形成，要求不能进行激烈的搅拌。国外一般采用圆筒状发酵罐，径高比为 $1:4\sim6$，罐容量为 $400\sim600m^3$，国内液体发酵法多采用 $200\sim500m^3$ 的大罐，多以甘薯粉为原料发酵生产柠檬酸，一般产酸率为 $10.9\%\sim13.8\%$，转化率可达 90% 以上。薯干粉深层发酵工艺流程如图5-30。

我国薯干粉发酵生产柠檬酸工艺，采用液化工艺代替糖化工艺。薯干粉碎使用锤式粉碎机，粉碎度要较细，一般粒度在 0.4mm 左右。薯干粉的液化由外加液化酶完成，其工艺采用连续液化法，淀粉酶在搅拌桶中加入，通过喷射加热器升温后进入维持罐，达到工艺要求后加入其他营养成分，泵入连消塔升温灭菌，进入维持罐，最后进行冷却、发酵。由于黑曲霉能产生糖化酶，因此，后续的糖化是靠发酵菌种自身完成。

发酵中多数采用种子预培养工艺。种子罐培养基冷却到35℃左右接种，在35℃左右通气培养 $20\sim30h$。发酵培养基同样冷却到35℃左右接种，发酵温度控制在35℃进行，通风培养 4d。发酵度不再上升，残糖降至 2g/L 以下时，送到贮罐中，及时进行提取。

采用薯干粉直接深层发酵生产柠檬酸具有许多特点，如能够直接利用粗制原料——薯干粉发酵周期短，发酵条件要求不高、产酸高、无其他副产物等，做到了耗粮低、转化率高、成本低。

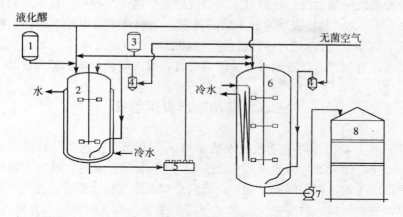

图 5-30 薯干粉深层发酵工艺流程

1. 硫酸罐 2. 种子罐 3. 消泡剂罐 4. 分过滤器
5. 接种站 6. 发酵罐 7. 泵 8. 发酵液贮罐

2. 固体发酵工艺 许多国家在柠檬酸生产初期，均采用固体浅层培养法，随着近代发酵工业的发展，深层发酵法逐渐代替了固体浅层发酵法。但由于一些废渣（苹果渣、甘蔗渣等）的利用以及深层发酵法投资大等原因，浅层固体法生产柠檬酸至今在一些地方仍在使用，特别是在发展中国家，只需少量投资，利用当地的各种废渣，即可建立一个柠檬酸发酵工厂。固体浅盘发酵法主要采用搪瓷盘（木盘等）装料，静置发酵，与我国传统的制曲法相近，生产工艺简单，受益快，又可变废为宝。固体法柠檬酸生产工艺如图 5-31。

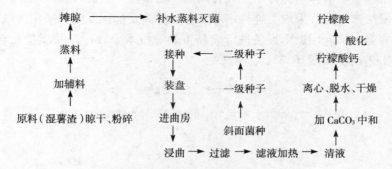

图 5-31 固体法生产柠檬酸工艺流程

3. 柠檬酸的提取精制 柠檬酸的提取一般采用"钙盐法"工艺。将发酵液加热至 80～90℃，加入少量石灰乳，沉淀去除其中少量的草酸。再将发酵醪液过滤，去除菌丝体及悬浮物，预热 80～90℃，加碳酸钙在 50℃左右沉淀出柠檬酸钙。沉淀经水洗，加硫酸酸化成柠檬酸。

柠檬酸酸解液过滤后，通过 722 型树脂进行离子交换后，将浓缩到密度为 1.34~1.35g/cm³ 的柠檬酸液放入结晶锅里，加压，夹层用冷水冷却，控制降温速度。结晶 5h 后，把悬浮液放进有滤袋的离心机进行离心，加入少量冰水洗涤结晶，直到没有母液流出，关闭离心机，取出结晶干燥后即为成品。

三、发酵法生产食用色素

1856 年，当英国帕金斯教授发明了第一个合成有机色素苯胺紫后，合成色素有了飞跃的发展。但到了 20 世纪，人们逐渐对合成色素进入人体后的转化机理得以了解，许多国家发现，合成色素对人体有较为严重的慢性毒性，甚至可以致癌，所以，世界各个国家又开始重视天然色素的研究和开发。现在，利用微生物发酵法生产天然色素是目前色素制造研究的一个重点，在国内外，微生物发酵法生产的天然色素以 β-胡萝卜素、红曲色素、栀子蓝色素较多。下面主要介绍红曲色素的发酵法生产工艺过程。

（一）固体发酵生产红曲色素

传统的固体发酵工艺主要适合小型或家庭作坊式生产红曲。其主要特点是地面培养红曲（或竹匾、曲盒培养），工具设备简陋，存在生产周期长、劳动强度大、品质难以控制、发酵转化率低等缺点。固体发酵法现主要用于小红曲厂或农村家庭副业生产红曲。

（二）液-固发酵生产红曲色素

先用种子罐液体培养种子，代替固体种曲接种，后进行固体培养发酵。同固体发酵法产相比，采取了纯种培养制种、提高发酵层厚度、采用通风措施及控制培养温度、利用烘干设备进行成品干燥等技术手段，产品质量比较稳定。其生产工艺流程如图 5-32。

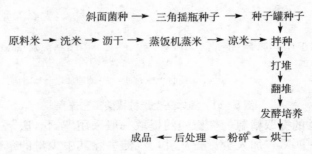

图 5-32　液-固结合发酵生产红曲色素工艺过程

（三）液体深层发酵法生产红曲色素

液体深层发酵法是从发酵液中提取色素，首先是将菌种在合适的培养基中逐级扩大培养，然后进行液体深层发酵，再用合适的溶剂对发酵产物进行浸提，最后进行分离和干燥。现在液体深层发酵大规模生产红曲色素的主要方式。具体参考方法如下。

1. 工艺流程　其基本工艺流程见图 5-33。

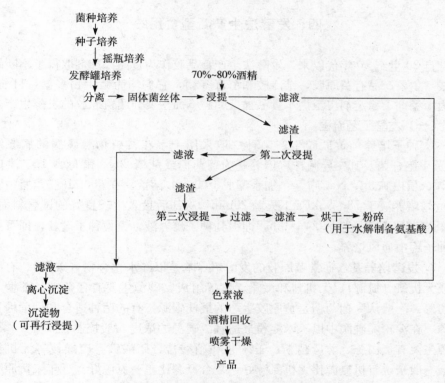

图 5-33　液体发酵法生产红曲色素工艺过程

2. 工艺条件控制

（1）斜面菌种。将分离选育的优良菌种（如 P1248）在试管斜面培养，培养基为可溶性淀粉 3‰，饴糖水 93‰（6 波美度），蛋白胨 2‰，琼脂 2‰，pH5.5，压力 0.1MPa，灭菌时间 20min。

（2）种子罐培养。种子培养基为淀粉 3‰，NaNO$_3$ 0.3‰，KH$_2$PO$_4$ 0.15‰，MgSO$_4$·7H$_2$O 0.10‰，黄豆饼粉 0.5‰，pH5.5～6.0，压力 0.1MPa，灭菌时间 30min，温度 30～32℃，转速 160～200r/min，培养时间 72h。

（3）发酵罐培养。发酵培养基为淀粉 3%，硝酸钾 0.15%，KH_2PO_4 0.15%，$MgSO_4 \cdot 7H_2O$ 0.10%，pH5.5～6.0，压力 0.1MPa，灭菌时间 30min，温度 30～32℃，转速 160～200r/min，培养时间 72h。

（4）色素提取、分离与干燥。将发酵液先行压滤或离心分离，滤渣用 70%～80%乙醇进行多次浸提，所得滤液与发酵液分离后所得澄清滤液合并，回收酒精后喷雾干燥。在喷雾干燥时往往添加适量辅料用作色素载体。

四、发酵法生产新型食用胶

自 20 世纪 50 年代以来，发酵法生产食品胶作为食品添加剂取得了不断的发展，主要产品有黄原胶、结冷胶和茧毒多糖，它们均为微生物多糖，目前，作为增稠剂、稳定剂广泛用于食品加工中。下面主要介绍黄原胶的发酵生产。

（一）发酵工艺流程

1. 种子培养 黄原胶生产菌种一般采用十字花科植物黑腐病的病原细菌-黄单胞杆菌及其变异菌株。培养基为葡萄糖或蔗糖 20g、酵母膏 1g、牛肉膏 3g、蛋白胨 5g、NaCl 15g，加水配成 1 000mL 溶液。在 500mL 三角瓶中装 200mL 培养液于 78～98kPa 下灭菌 20min，冷却后接入生长良好的试管斜面，在 28～30℃下摇瓶培养 24～48h，即得到种子培养液。镜检种子健壮，即可接入种子罐中通风培养。

2. 发酵培养基 通常黄原胶的发酵培养基是以碳水化合物（碳源）、有机氮或无机氮（氮源）、无机盐和微量元素等组成。碳源主要有葡萄糖、蔗糖和淀粉等，一般认为葡萄糖是黄原胶生产的最佳碳源，有的菌种适合利用蔗糖为碳源。在淀粉类碳源中以玉米淀粉最适宜。碳源的浓度一般控制在 4%～5%。氮源主要有蛋白胨、酵母精粉、玉米浆和硝酸盐、硝酸铵、硫酸铵等无机氮源。一般来说有机氮源比无机氮源好，复合氮源比单一氮源好。近年来黄原胶生产的氮源还逐步采用一些农副产品来代替，如水解乳清粉、谷物水解物、豆饼粉等。在生产过程中采用适当的碳/氮比是黄原胶发酵生产的关键，通常在限制氮源的条件下，采用高碳/氮比的发酵培养基有利于黄原胶的合成。

一些无机离子和微量元素对黄单胞菌体的生长和黄原胶的合成也有重要的影响，如 P、S、Mg^{2+}、Ca^{2+}、K^+、Zn^{2+} 等对菌体和胶的合成起促进作用。有些无机离子不但影响胶的产量，而且对胶的结构（如丙酮酸含量）和黏度有明显的作用，至于这些成分在发酵培养基中所占的比例，应根据具体的黄原胶生产菌种和发酵工艺通过研究实验来确定。

此外，表面活性剂对黄原胶的发酵生产具有重要的影响，一般来说，发酵培养基中不加表面活性剂，发酵液中黄原胶含量只能达到 2.6% 左右，而加入适当的表面活性剂进行乳化发酵，可使发酵液中黄原胶含量达到 6.5%。但是，在发酵过程中加入乳化剂，在产品精制分离过程中表面活性剂的去除回收比较困难，对终产品的质量会有一定的影响。

3. 发酵条件及其控制　发酵过程中的各种影响因素，如温度、溶氧、pH、剪切速率等对黄原胶的产量和数量有很大的影响。黄原胶发酵的接种量一般为发酵液的 7.5%（体积分数）左右，黄单胞菌的最适生长温度为 24～27℃，最适产黄原胶的温度为 30～33℃，因此，采用分段控制温度为宜，在发酵产胶期将发酵温度由 27℃ 调整至 32℃，有利于细胞生长和黄原胶的产生，发酵过程中 pH 控制在 6.5～7.5，最适 pH 为 7.0，为解决高黏度发酵的供氧问题，可以采用提高通风量、增加罐压、控制搅拌速度等方法，也有采用充入富集氧的空气或在发酵液中加入活性氧释放剂等技术手段。发酵周期的长短与生产菌种的特性、发酵培养基的组成、发酵工艺及发酵设备都有一定的关系。早期黄原胶生产发酵周期为 72～96h，目前国外先进的黄原胶发酵生产周期已缩短至 48～52h。

（二）黄原胶的提取

黄原胶发酵液中虽然胶的浓度不高，一般为 2.5% 左右，但胶的黏度高，一般为 5～8Pa·s，有的达到 10Pa·s 以上，外观淡黄，含有大量菌体、无机盐、其他不溶物等杂质，给黄原胶的分离提取带来很大困难。黄原胶的提取工艺过程一般包括发酵液预处理、胶的分离纯化、脱水干燥、粉碎和包装。

1. 发酵液预处理　发酵液预处理方法大致可分为三种。第一是物理处理方法，如采用热处理使菌体细胞及蛋白质等有机残留物变性凝集，通过过滤除去这些杂质。第二是化学处理方法，一些化学处理方法有助于黄原胶发酵液中不溶性成分的物理分离，如加盐可絮凝颗粒，硅藻土可吸附杂质颗粒等，酸、碱处理可提高黄原胶过滤性和注入能力等。第三是采用生物化学处理方法，黄原胶发酵液采用酶法降解细胞成为可溶性物质或碎片，如在发酵液中加入碱性蛋白酶，调 pH 至 9.0，30℃ 保温 4h，再调 pH 至 12.0，保温 3h，即可以得到澄清的发酵液，同时可以改善黄原胶的黏度和稳定性。

2. 黄原胶的分离提取

（1）直接干燥法。直接干燥法是将发酵液或按工艺要求经过处理后的发酵液加热蒸发出水分，直接干燥成固体产品。干燥方法可采用滚筒干燥、喷雾干燥、气流干燥、流化床造粒干燥等。

（2）沉淀分离提取法。沉淀分离法是采用一些能使多糖在溶液中溶解度降低，相分离和脱水的有机溶剂，或能与多糖结合絮凝沉淀的无机物或有机物，以达到沉淀分离黄原胶的一种方法。通常有醇沉淀法和盐析沉淀法。经沉淀分离得到的黄原胶产物，其中含有大量水和溶剂，一般先进行压榨或离心脱水处理，除去其中部分溶剂和水，脱水后的产物一般采用气流干燥或真空干燥，干燥温度控制在60℃左右，温度过高会导致产品颜色加深，溶解度降低。终产品的水分一般控制在10％左右。

思 考 题

1. 请介绍一下在发酵工业发展过程中，有哪些重大的技术进步？对以后的发酵工业发展起到了什么作用？

2. 从发酵产品来讲，发酵工业主要在哪些方面进行了生产和研究？

3. 请比较一下机械搅拌式、自吸式及气升式微生物细胞反应器的不同及各自优缺点。

4. 植物细胞培养有哪些方法？使用哪些相应的生物反应器？

5. 动物细胞培养有哪些方法？使用哪些相应的生物反应器？

6. 简述比生长速率、基质比消耗速率、产物比生成速率的区别。

7. 研究发酵反应动力学有何意义？

8. 请结合相关知识，写出用液态法进行红曲色素生产时种子的扩大培养过程。

9. 请结合相关知识，写出如何对生产单细胞蛋白的培养基进行灭菌？

10. 发酵产品生产中需控制哪些参数？排气中二氧化碳控制的意义是什么？

11. 发酵过程温度升高的原因及对微生物生长和代谢有哪些影响？如何进行温度控制？

12. 发酵生产为什么要对 pH 进行控制？如何控制？

13. 消泡的方法有哪些？各有什么优缺点？

第六章　食品生物工程下游技术

生物工程下游技术是指从细胞工程、发酵工程和酶工程产物中把目标化合物分离纯化出来，使之达到商品应用目的的过程。生物工程下游技术的发展，正在深刻地影响着传统的食品工业，从而形成了精细食品工程（精细食品化工和精细食品生物化工）。本章介绍生物工程下游技术的路线、主要的单元操作原理以及适用范围。

第一节　生物工程下游技术的特点

生物工程下游技术是生物制品成本构成中的重要部分，分离纯化的成本大于总成本的 50%。因此，改进分离工程技术是降低生物制品生产成本和提高经济效益的关键。

1. 生物工程下游技术特点

（1）在原料液中目标成分含量低。下游工程的原料通常是发酵液或培养液，目标成分在原料中的含量低于 10%，甚至为千分之一或万分之一。

（2）原料液成分复杂。有完整的有机体和残破的细胞碎片，有分子质量大小不同和分子形状各异的各种生物活性分子，并且分布体系呈多相性。

（3）目标成分稳定性差。对热、pH、酶、空气、光、重金属离子、机械剪切力等都十分敏感，在分离过程中要求采取较为温和的条件，防止目标成分失活。

（4）生物制品要求纯度很高。必须达到各种法规标准。

2. 食品工程中下游技术的目的产物

（1）按成分分类。蛋白质、多肽、氨基酸类，酶、辅酶、酶抑制剂类，多糖类，免疫调节剂类，其他。

（2）按商业用途分类。功能食品、食品添加剂、生物药物、化妆品。

第二节　原料及预处理

菌种经过适当条件的培养后，菌体大量生长繁殖，合成并积累了一定浓度的代谢产物，这时就可以进入下游加工过程。在目标产物的分离纯化时，无论代谢产物积累在细胞内还是细胞外，都要首先进行发酵液的预处理，才能采用各种方法对代谢产物进行分离纯化。

一、下游工程原料

目前，发酵液和培养基仍然是下游工程技术中的主要原材料。下游工程的原料包括发酵工程、细胞工程、酶工程的发酵液和培养基，以及基因工程获得的动物、植物、微生物等有机体的器官及其他部分。

原料发酵液的成分很复杂，有菌体、残存的培养基、各种用于催化的酶类、微生物的多种代谢产物等。目的产物在发酵液这一复杂多相体系中浓度很低，并与大量可溶的杂质混合在一起呈悬浮状态，悬浮物颗粒小，浓度低，液相黏度大，性质不稳定，为非牛顿性流体。因此发酵液应及时进行处理，以便减小分离纯化的难度和有效的防止目标成分失活。细菌及某些放线菌菌体细小，发酵液黏度大，不能直接过滤，由于菌体自溶，核酸、蛋白质及其他有机黏性物质的存在，会造成滤液浑浊，滤速极慢，因此，在预处理中应采用絮凝或凝聚的方法，设法增大悬浮液中固体粒子的大小，提高其沉降速度，或采取稀释、加热等方法降低黏度，以利于过滤。

二、发酵液预处理

发酵液预处理的目的就是改变发酵液的理化性质，便于进行固液分离，为以后的离心、过滤做准备。常用的方法如下。

1. 加热　加热是最简单的预处理方法。提高发酵液的温度可显著降低悬浮液的黏度，提高过滤速度。适当的加温有利于蛋白质杂质凝聚，改善发酵液的过滤特性。

具体操作方法：在目的产物较为耐热时，先调节发酵液的 pH，加热发酵液至 $60\sim70℃$，维持 0.5h，能使过滤速度增加 $10\sim100$ 倍，滤液黏度可降低至原来的 1/6。在少数情况下也有采用加热至 80℃ 以上的方法，使蛋白质变性凝固，从而大大提高了过滤速度。

采用加热的方法前提条件是目的产物必须具有热稳定性。加热处理通常会对原液体系的质量产生影响，特别是会使色素增多，对某些生化物质效果并不是很理想。

2. 调节 pH　调整发酵液的 pH 到适当值，可以使蛋白质等两性物质处于等电点而沉淀，再用固液分离方法使之除去。大多数蛋白质的等电点都在酸性范围内，pH 在 4.5～5.5。调整 pH 还可以改变一部分大分子物质的电荷性质，因此在膜过滤时此类大分子物质不易被膜吸附，从而改变发酵液的过滤特性。

具体操作方法：用浓度小于 1mol/L 的盐酸或氢氧化钠溶液，在搅拌的同时缓缓加入发酵液中。此方法应避免加入物在发酵液中局部浓度过大导致的蛋白质变性。也可用草酸代替盐酸，在调节 pH 的同时，去除发酵液中的钙离子。

3. 凝聚和絮凝　凝聚和絮凝都是在化学试剂的作用下有效的改变细胞、菌体、蛋白质等胶体粒子的分散状态，使发酵液中的大分子物质和细胞碎片聚集起来，增大体积，便于过滤，常用于菌体细小而且黏度大的发酵液预处理。

具体操作方法：首先需要测定发生凝聚作用的最小电解质浓度，之后确定最佳的添加量、pH、搅拌速率、时间等因素，使之达到最佳凝聚效果。采用凝聚方法得到的凝聚体，颗粒常常是比较细小的，有时还不能进行有效的分离。而且当凝聚剂或絮凝剂的用量超过最佳值时，反而会引起吸附饱和，使凝聚和絮凝效果下降。

第三节　固液分离和细胞破碎

从发酵液中分离出固体通常是下游工程加工的第一步操作，发酵液经预处理后须立即进行固液分离。在目的产物是细胞外产物的情况下，液相部分即为分离的关键部分。相反，在目的产物为细胞内产物的情况下，则固相部分即为分离的关键部分。固相部分必须经细胞破碎后，将目的产物转移至液相部分才能进一步分离，固液分离是生物下游工程技术的瓶颈。

一、固液分离

固液分离的核心单元操作有离心、过滤等，细菌和酵母发酵液一般采用离心法分离，霉菌和放线菌的发酵液一般采用过滤法进行分离。

1. 离心分离　离心分离是在离心力产生的重力场作用下使悬浮颗粒沉降下来的操作过程。单元操作可以是分批的、半连续的或者连续的。常用的离心设备有高速冷冻离心机、碟式离心机、管式离心机、倾析式离心机等。

（1）高速冷冻离心机。高速冷冻离心机适用于分离热稳定性较差的目的产物，但因其容量较小和不能连续操作，只能作为研究开发实验室规模使用。

（2）碟式离心机。碟式离心机的应用最广泛，密封的转鼓内有倾斜的锥形碟片，颗粒沉淀在鼓壁上，上清液则经溢流口排出。碟式离心机适用于大规模的工业生产，最大允许处理量达 300m³/h，可连续或分批式操作，操作稳定性好，但连续操作时固相部分的含水量较高，半连续操作时，出渣和清洗较为困难（图 6-1）。

（3）管式离心机。管式离心机内有细长直管转筒，悬浮液由管底加入，在 50 000r/min 的转速下离心，上清液由顶部排出。管式离心机具有很高的离心分离效果，可用于微生物细胞、细胞碎片、细胞器、病毒、蛋白质等大分子的分离。生产能力最大处理量为 10m³/h。分离后固相部分含水量低。缺点在于生产规模过小和间歇式操作（图 6-1）。

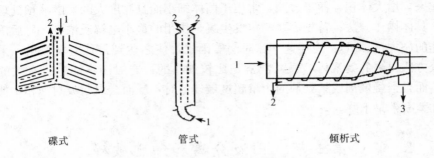

碟式   管式   倾析式

图 6-1　碟式、管式、倾析式离心机
1. 物料入口　2. 上清液出口　3. 排渣出口

（4）倾析式离心机。倾析式离心机把离心和螺旋推进结合在一起，悬浮液经加料孔进入螺旋内筒，再进入转鼓，颗粒沉降到转鼓壁。经螺旋输送至排渣孔排出，上清液则由另一端的溢流孔排出。倾析式离心机具有连续操作、稳定性好等优点，在下游工程中得到广泛应用，特别适合固形物较多的悬浮液的分离。但分离效果不够理想，液相的澄清度较差（图 6-1）。

2. 过滤分离　过滤是传统的化工单元操作，在操作中迫使悬浮液通过固相支撑物或过滤介质，截留固相，以达到固液分离的目的。在下游工程中应用较广的过滤设备有压力过滤、真空过滤和错流过滤 3 种。

（1）压力过滤。最常见的压力过滤装置是板框过滤机（图 6-2），过滤介质为滤布，当悬浮液通过滤布时，固体颗粒被滤布阻隔而形成滤饼，滤饼达到一定厚度时起过滤作用，压力来自于液压泵。板框过滤机结构简单，过滤面积大，能承受较高的压力差，应用范围广，固相含水量低，但不能连续操作，劳动强度大，生产效率较低。压力过滤技术已是目前亟待改进的一种传统分离方法。

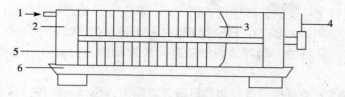

图6-2 压力过滤设备
1. 滤浆入口 2. 固定端板 3. 移动端板
4. 调节手柄 5. 滤布 6. 滤液

（2）真空过滤。最常见的真空过滤设备是真空转鼓过滤机（图6-3），工作部件是一个绕着水平轴转动的鼓，鼓的表面为滤布，鼓内维持一定的真空度，鼓外为大气压是过滤的推动力。转鼓下部浸于悬浮液中，随着转鼓旋转，悬浮液附着在转鼓上，透过滤布的滤液被吸入鼓内，滤渣附着在滤布上，被洗涤、吸干、刮卸下来。真空转鼓过滤机可连续操作，处理量大，自动化程度高，但不适于过滤黏度较大、菌体较大的细菌发酵液。

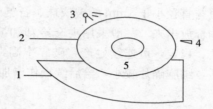

图6-3 真空转鼓过滤设备
1. 料液斗 2. 转鼓 3. 洗涤喷嘴
4. 卸渣刮刀 5. 真空

（3）错流过滤。错流过滤也称为切向流过滤，采用多孔高分子材料作为过滤介质，悬浮液在过滤介质表面作切向流动，利用流动的剪切力将过滤介质表面形成的滤饼移走，提高过滤速率，滤液质量好，操作方法简便，但剪切力可能使蛋白质类生物活性物质失活，从而降低产率（图6-4）。

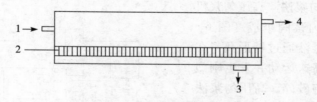

图6-4 错流过滤设备
1. 泵驱动的料液入口 2. 膜滤器 3. 滤液出口 4. 浓缩液

二、细胞破碎

大多数目的产物是细胞外产物，如微生物胞外多糖、胞外酶等，发酵液经离心分离或过滤分离以后，除去微生物细胞，得到含有活性物质的清液或滤液，即可进行下一步的分离纯化工作。但也有一些目的产物是细胞内产物，特别是基因工程产品大多存在于宿主细胞内，就必须在预处理和固液分离以后进行细胞破碎，使目的产物释放到细胞外，再进行固液分离，对液相进行分离纯化。

细胞破碎方法有机械破碎和非机械破碎两类，机械破碎包括珠磨法、高压匀浆法、超声波法等，非机械破碎包括酶溶法、化学渗透法等。机械破碎时，机械能转化为热量而使溶液温度升高，因此必须采取冷却措施，以免生物活性物质失活。

1. 珠磨法　珠磨机是细胞破碎常用设备（图 6-5）。在珠磨机中细胞悬浮液与直径小于 1mm 的玻璃珠、石英砂等快速研磨，使细胞破碎，使细胞内含物释放出来。一般采用夹套冷却和搅拌轴冷却使悬浮液冷却。珠磨法操作简便、稳定，可连续生产，破碎率高，但温度升高较多，对热敏感的成分易失活，细胞碎片较小，给后续操作增加难度。

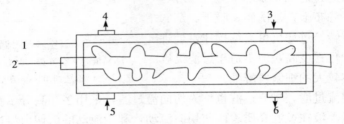

图 6-5　珠磨机

1. 带冷却夹套的磨室　2. 带冷却系统的搅拌轴　3. 料液入口
4. 料液出口　5. 冷却剂进口　6. 冷却剂出口

2. 高压匀浆法　高压匀浆机由高压泵和匀浆阀组成（图 6-6），细胞悬浮液通过针形孔，在高压驱动下高速运动并发生剧烈冲击，使细胞破碎。高压匀浆法操作简便，可连续操作，但细胞破碎率低于珠磨法，不适于丝状真菌和含有包涵体的基因工程菌的破碎作业。高压匀浆法如果和酶溶法相结合，效果会更好。

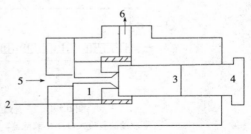

图 6-6　高压匀浆机

1. 阀座　2. 撞击环　3. 阀杆
4. 调节手柄　5. 料液入口　6. 料液出口

具体操作方法：一般采用 50～70MPa 压力，循环匀浆 2～3 次，即可使细胞破碎率达到 70% 左右。增加匀浆压力和增加匀浆循环，可以提高细胞破碎率，但压力超过一定值以后，继续增加压力的效果并不明显。

3. 超声破碎法　超声波形成的空穴产生压力对微生物细胞产生冲击力，进而达到细胞破碎的目的。常用的超声波频率为 $10\sim200kHz$，超声破碎机操作简便，可连续操作，但超声振荡会使悬浮液温度升高，并使热敏感的生物活性物质失活，因而使用受到限制。

4. 酶溶法　是非机械类细胞破碎法。微生物生长到一定阶段，即能产生溶菌酶，将自身的细胞壁溶解。因此控制发酵悬浮液的温度、pH等条件，即可使细胞自溶。但在细胞壁水解的同时，目的蛋白质也可能被水解变性。而且自溶法得到的悬浮液有较大的黏度，使过滤速率下降。因此可向悬浮液中添加专门的能水解细胞壁的酶，如溶菌酶、葡聚糖酶、蛋白酶等。酶种类的选择应根据微生物种类和目的产物的性质而定。此法成本太高，因而使用受到限制。

5. 包涵体的处理　细胞破碎后先分离出包涵体，将包涵体溶解在变性剂中。再加入还原剂使二硫键断裂还原蛋白质中的半胱氨酸，得到单体肽链，再复性重新折叠。因此基因工程菌的细胞破碎包括包涵体的分离、包涵体的溶解、蛋白质的复性三个步骤。

(1) 包涵体的分离。首先将基因工程菌悬浮于缓冲液中，用溶菌酶法或超声波法处理基因工程菌，使菌体细胞破碎，离心（$2\,000\sim20\,000r/min$，15min），除去上清液，得包涵体。再用蔗糖溶液、低浓度弱变性剂尿素缓冲液或温和的表面活性剂 0.4% Triton - 100 缓冲液等，洗去附着在包涵体上的杂蛋白、DNA、RNA 和酶，得到较纯的包涵体。

(2) 包涵体的溶解。首先用弱变性剂尿素（或盐酸脲）和表面活性剂十二烷基磺酸钠溶解包涵体，使蛋白质肽链分解。然后加入二巯基乙醇（ME）或还原型谷胱甘肽（GSH）等，使二硫键可逆地断裂。此时重组蛋白呈可溶解和单体肽链的状态。

(3) 蛋白质的复性。变性蛋白质经初步纯化和浓缩以后，用透析法去除变性剂和还原剂。大部分蛋白质即重新折叠，被空气中的氧氧化，在正确位置上重建二硫键，恢复其活性。在此过程中加入微量的金属离子（如钙离子），可加速折叠蛋白质的氧化。

第四节　纯化与精制

发酵液等生物原材料经预处理以后，得到了可供进一步分离纯化的液相。此液相仍是一个混合物，它既包含所需的目的产物，也包含各种杂质，而且杂质的种类和数量仍然大大超过目的产物的数量。因此必须通过初步纯化的多项单元操作，把目的产物与大部分杂质分离开来，使杂质数量低于目的产物的数量，供精细加工之用。初步纯化的单元操作有萃取、吸附、沉淀、离心等，大多数情况下只使用其中的一种操作。

一、初步纯化使用的单元操作技术

1. 萃取　目的产物在发酵液或提取液中的浓度较低，必须通过萃取把目的产物与大多数杂质从混合物中分离出来。萃取包括溶剂萃取、超临界流体萃取、双水相萃取、反胶团萃取、凝胶萃取等。溶剂萃取和超临界萃取用于小分子物质的萃取，双水相萃取和反胶团萃取用于蛋白质等大分子的萃取。

（1）溶剂萃取。溶质在溶剂中的溶解度取决于两者分子结构和极性的相似性，相似则相溶。通常选择萃取能力强、分离程度高的溶剂，并且要求溶剂的安全性好、价格低廉、易回收、黏度低、界面张力适中。溶剂萃取法可进行工业化生产，操作简单，产物回收率中等，但使用溶剂量大，安全性较差。

（2）超临界二氧化碳流体萃取。超临界流体萃取应用于从固体或液体物料中萃取高沸点、热敏性组分。由于二氧化碳无毒、无臭，价格低廉，且对很多溶质有较大的溶解能力，临界温度接近室温（31.1℃），临界压力适当（7.38MPa），因此目前常用超临界二氧化碳为萃取溶剂。在萃取罐中的目的物质被超临界二氧化碳流体萃取，经升温，气体和溶质分离，溶质从分离罐下部取出，气体经压缩冷却又成为超临界流体，即可反复使用（图6-7）。

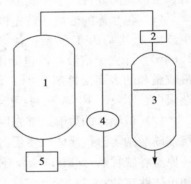

图6-7　超临界 CO_2 流体萃取装置
1. 萃取罐　2. 加热器　3. 分离罐
4. 压缩泵　5. 冷却器

溶质在超临界流体中的溶解度主要取决于两者的化学相似性、超临界流体的密度、流体夹带剂等因素。

化学上越相似，溶质的溶解度越大。流体的密度越大，非挥发性溶质的溶解度越大，而流体的密度可通过调节温度和压力来控制。二氧化碳流体中加入少量（1%～5%）夹带剂即可有效地改变流体的相行为。常用的夹带剂有乙醇、异丙醇、丙酮等。

超临界二氧化碳流体萃取具有无毒、无臭，高选择性等优点，但设备昂贵，目前仍很少大规模的应用于工业生产。

（3）双水相萃取。两种亲水性高聚物溶液混合后，静置分层为两相（双水相），生物大分子在两相中有不同的分配而实现分离，而且生物大分子在上相和下相中浓度比为一常数。溶质的分配总是趋向于系统能量最低的相或相互作用最充分的相。

常用的双水相体系有聚乙醇（PEG）/葡聚糖（Dextran）、PEG/Dextran硫酸盐体系，PEG/磷酸盐体系。

聚乙二醇/葡聚糖体系常用于蛋白质、酶或核酸的分离，聚乙醇胺/盐体系则用于生长素、干扰素的萃取。

双水相萃取的优点在于可以从发酵液中把目的产物酶与菌体分离，还可把各种酶互相分离。具体操作方法：Candida bodinii 的发酵液的湿细胞含量调整在20％～30％，PEG/Dextran 双水相，即可把菌体中的甲醛脱氢酶、过氧化氢酶等提取出来，酶分配在上层，菌体在下层。两种酶分配系数不同，可进一步用双水相萃取法分离。但双水相萃取使用的 Dextran 较昂贵，因此较多使用 PEG/盐体系。

（4）反胶团萃取。在水和有机溶剂构成的两相体系中，加入一定量的表面活性剂，使之存在于水相和有机相之间的界面。表面活性剂能不断包围水相中的蛋白质，形成直径为 20～200nm 的球形"反胶团"，并引导入有机相中，完成对蛋白质的萃取和分离（图6-8）。在反胶团中蛋白质并不与有机溶剂接触，而是通过水化层与表面活性剂的极性头接触，因而蛋白质在萃取过程中是安全的。

反胶团萃取中常用的有机溶剂为辛烷、异辛烷、庚烷、环己烷、苯，以及混合的有机溶剂乙醇/异辛烷、三氯甲烷/辛烷、乙醇/环乙烷等。

表面活性剂的选择是反胶束萃取的关键，常用的表面活性剂有丁二酸-2-乙基己基磺酸钠（AOT）、CTAB、TOMAC、磷脂酰胆碱、磷脂酰乙醇胺等。表面活性剂的浓度约为 0.5mmol/L。

反胶团萃取不能用于萃取相对分子质量较大的蛋白质如牛血清蛋白（68 000），最适宜于萃取相对分子质量较小或中等的蛋白质如 α-糜蛋白（25 000）。在使用阴离子表面活性剂时，在萃取前应调节水相的 pH 比目标蛋白质等电点 pI 低 2～4 个单位，以增加蛋白质分子的表面电荷，提高萃取效果。在使用阳离子表面活性剂时，应调节水相的 pH 高于蛋白质 pI，使蛋白质净电荷为负值。

反胶束萃取操作简单，萃取能力大，选择性中等，但前期选择表面活性剂的探讨研究工作量大，使用受限制（图6-8）。

2. 吸附 在生物活性物质分离中常用固体吸附剂吸附溶液中的目的物质，

称为正吸附，也可吸附杂质称为负吸附。

（1）普通吸附剂吸附。普通吸附剂有活性炭、磷酸钙、白陶土、硅藻土等。活性炭对带有极性基团的化合物的吸附力较大，对相对分子质量大的化合物吸附力大于相对分子质量小的化合物，对芳香族化合物的吸附力大于脂肪族化合物。活性炭在酸性溶液中吸附力较强，因此吸附前应调节水相 pH 在 5 左右。活

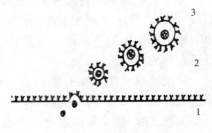

图 6-8 反胶束萃取
1. 水相 2. 有机相 3. 反胶束

性炭分 2～3 次加入效果比 1 次加入好，加入后搅拌并静置 20min，再加入第二次。

磷酸钙由浓磷酸和氢氧化钙反应制成，呈凝胶状，用以吸附目的蛋白质或杂蛋白。

白陶土为硅酸铝，使用前应加热活化处理，常用来脱色、吸附相对分子质量较大的杂质，以及有机酸和胺类化合物。

硅藻土为无定形的二氧化硅，化学稳定，吸附力较弱。

用普通吸附剂吸附操作简便，较少引起生物活性物质的变性失活，但专一性较差。

（2）离子交换吸附。离子交换吸附利用树脂上的离子性功能团与溶液中的离子进行吸附，而将呈离子状态的目的产物或杂质从溶液中分离出来。

常用的树脂有强酸性、弱酸性、强碱性、弱碱性 4 类。强酸性树脂为聚苯乙烯骨架上连接磺酸基，如 Dowex50。弱酸性树脂为聚丙烯骨架上连接羧基，如 Amberlite IRC50。强碱性树脂为聚苯乙烯骨架上连接季胺碱性基团，如 Dowex1 和 Dowex2。弱碱性树脂为酚醛树脂骨架上连接伯胺、仲胺和叔胺。

树脂的吸附能力取决于交联度、膨胀度和交换容量。交联度小，则树脂柔软，容易溶胀，对较大离子易吸附。交换容量是指单位树脂所含交换基团的数量，取决于树脂的种类、组成、交联度、溶液 pH、交换基团性质等。

树脂在使用前应进行预处理，强酸性树脂用强酸处理，弱酸性树脂用稀酸处理，强碱性树脂用强碱处理，弱碱性树脂用稀碱处理。强酸性树脂和强碱性树脂在所有 pH 范围内都能吸附，但弱酸树脂要求溶液 pH 调整为＞7，弱碱性树脂要求溶液 pH＜7，在选定的 pH，目的物质或杂质呈阳离子或阴离子而被吸附。

溶液加入经预处理的树脂后即进行吸附，吸附了目的物质的树脂从溶液中分离出来，再把目的物质从树脂上洗脱下来。洗脱条件和吸附条件相反。在酸

性条件吸附的在碱性条件下洗脱，在碱性条件下吸附的在酸性条件下洗脱。如pH缓冲液不能将目的物质洗脱下来，就用含水的有机溶剂进行洗脱。

用过的树脂再生后可继续使用。强酸性树脂用过量的强酸再生，弱酸性树脂用稀酸再生，强碱性树脂用过量的强碱再生，弱碱性树脂用稀碱再生。

离子交换吸附的优点：操作简便，选择性较强，应用较广。

（3）大网格聚合物吸附。大网格聚合物为非离子树脂，能从低浓度溶液中吸附有机化合物。大网格树脂分为非极性、中极性、极性三种，分别以苯乙烯、甲基丙烯酸甲酯和丙烯酰胺为骨架。

根据类似物吸附类似物的原则，从极性溶液中吸附非极性溶质应选用非极性树脂，从非极性溶液中吸附极性溶质应选用极性树脂。上述两种情况也都可选用中极性树脂。

树脂在使用前应用石油醚浸泡和水蒸气处理以除去原料中的溶剂等，再用1mol/L氢氧化钠或盐酸处理，再用甲醇或含水甲醇淋洗，最后用蒸馏水洗涤。

被吸附的目的物质能很容易地从树脂上洗脱下来。通常用对被吸附物质溶解度大的有机溶剂或有机溶剂的水溶液作为洗脱剂。弱酸性物质在酸性条件下被吸附，应在碱性条件下被洗脱。弱碱性物质在碱性条件下被吸附，应在酸性条件下被洗脱。

使用过的树脂用酸碱处理后，再用甲醇浸泡、蒸馏水淋洗，即可再生。大网格聚合物吸附的优点：操作简便，条件温和，选择性中等，有一定的应用。

3. 沉淀　沉淀是将混合于溶液中的目的产物或主要杂质以无定形固相形式析出再进行分离的单元操作。沉淀的方法有等电点沉淀法、盐析法、有机溶剂沉淀法。

（1）等电点沉淀法。等电点沉淀法是调节溶液pH，使两性溶质溶解度下降而析出。具体操作方法：先将发酵液在70℃真空浓缩，然后降低料液温度小于30℃，缓慢加入酸碱溶液至目的物质的等电点，出现晶核，缓慢搅拌育晶2h，静置沉降约4h，离心分离得到目的物质。

（2）盐析法。盐析是向溶液中加入大量中性盐，中性盐的离子中和生物大分子的表面电荷，破坏分子外围的水化层，从而使生物大分子聚集沉淀。所使用的中性盐为硫酸铵、硫酸钠、硫酸镁、氯化钠、磷酸二氢钠等，以硫酸铵最为常用。硫酸铵加入量根据欲沉淀的目的蛋白质种类而定，以饱和度表示。饱和的硫酸铵溶液为100％饱和度，1L水在25℃时溶入767g硫酸铵溶液为100％饱和度，如溶入383.5g硫酸铵即为50％饱和度。

具体操作方法：盐析时硫酸铵应磨细，边缓慢搅拌边缓慢加入，容器底部不应沉积未溶解的固体盐，避免局部过浓使蛋白质变性。加到所需饱和度以后，搅拌 1h，再静置一段时间，使沉淀"老化"。一般情况下盐析应在 0～10℃进行，减少蛋白质或酶的失活。热稳定性的酶可在常温下盐析。在盐析前应调节溶液的 pH 至酶蛋白的等电点，但必须考虑在等电点处，目的蛋白质的稳定性。

（3）有机溶剂沉淀法：生物大分子溶液中加入一定量的亲水性有机溶剂，使溶质的溶解度降低而沉淀析出，即有机溶剂沉淀法。常用的有机溶剂有乙醇、丙酮、甲醇、异丙醇等。其中乙醇最为常用，乙醇价格较低，酶蛋白在乙醇中的溶解度较低。乙醇用量应根据目的蛋白质种类而定，通常应经预实验确定。丙酮的介电常数比乙醇小，沉淀能力比乙醇强。因此用丙酮代替乙醇时，可减少用量。即在乙醇浓度达 70％时才能将目的产物沉淀下来的情况下，在丙酮浓度达 50％～60％时即可达到相同的效果。

具体操作方法：加入有机溶剂时应分批不断搅拌，以免局部过浓引起蛋白质变性。降低操作温度可减少蛋白质变性和提高收率，因此在操作前应将乙醇和蛋白质溶液分别预冷至—10℃为好。在操作前应调节溶液 pH 至蛋白质的等电点附近，也必须考虑在等电点处目的蛋白质的稳定性。有时加入少量的高岭土或硅藻土作酶沉淀的载体，以使离心收集酶沉淀。用离心法将蛋白质沉淀和醇溶液分开后，应立即向沉淀中加入缓冲液或水，稀释沉淀物内的乙醇浓度，避免蛋白质变性。

（4）聚合物絮凝剂沉淀法：水溶性非离子型多聚物絮凝剂有脱水作用，加入蛋白质溶液中可使蛋白质沉淀。常用的多聚物絮凝剂有聚乙二醇（PEG）、右旋糖酐硫酸酯、葡聚糖等。聚乙二醇在水中的浓度达到 50％时，浓度为 6％～12％的蛋白质可沉淀下来，操作可在常温下进行。聚乙二醇广泛用于遗传工程中质粒 DNA 的分离纯化，在 0.01mol/L 磷酸缓冲液中加入相对分子质量为 60 000 的聚乙二醇，使浓度达到 20％，可将相对分子质量在 10^6 范围的质粒 DNA 沉淀下来。

所得的沉淀物中含有较多的聚合物沉淀剂，可用盐析法或有机溶剂沉淀法分离。沉淀物溶于磷酸缓冲液中，加入 35％饱和度硫酸铵将蛋白质沉淀下来，聚乙醇留在上清液中。或在缓冲液中加入乙醇，离心沉淀蛋白质，聚乙二醇则留在上清液中。聚合物絮凝沉淀法操作较复杂，因此应用不广泛。

4. 离心　离心不仅用于固液分离步骤，也用于初步纯化步骤。离心纯化的主要技术包括制备型超速离心、密度梯度离心、差分离心等。

（1）制备型超速离心。根据离心机转速，离心机可分为普通离心机、高速离心机和超速离心机。普通型转速在 5 000r/min 以下，高速离心在5 000～50 000r/min，一般都带有制冷系统和温度控制系统；超速离心机转速在

60 000r/min 以上，最高可达 160 000r/min，相对离心力为 1 000 000g 以上。相对离心力是离心力与重力的比值。根据用途，离心机类型可分为分析型、制备分析型、制备型、工业型等。

制备型超速离心机由转子、驱动马达、速度控制系统、制冷系统、温度控制系统组成。制备型超速离心机操作简便，但设备昂贵，大多数情况下不能连续操作。

（2）密度梯度离心。密度不同的生物物质，在密度梯度溶液中离心，被分布于不同位置而分离。制备密度溶液的材料应黏度低、稳定、不与样品发生反应、离心后易与样品分离、纯度高、价廉。最常用的材料为蔗糖、甘油、氯化铯（CsCl）等，蔗糖应用范围最广，氯化铯用于 DNA、RNA 和核蛋白的分离，蔗糖-葡萄糖用于染色体的分离，甘油用于膜片段、核片段和蛋白质的分离，山梨醇用于病毒和酵母的分离，右旋糖酐用于微粒体的分离。

具体操作方法：以蔗糖为例，首先将蔗糖配制成不同浓度的溶液，取相同容量的溶液依照浓度减小的顺序加入离心管中，形成不连续的密度梯度，在 20℃静置 2h，形成连续的密度梯度。加样后离心，不同密度的组分被分配到不同密度梯度的溶液上。用 22 号注射针在离心管底部穿一小孔，不同密度的溶液可分步收集。密度梯度离心的优点：操作简便，稳定性好，选择性较高。

（3）差分离心。差分离心是依次提高离心力，将各组分逐级进行分离和纯化的方法。先将样品溶液在某一离心力场下离心，得到沉淀和上清液，沉淀淘洗离心后为较纯的粗颗粒组分。上清液在加大的离心力场下离心，又得到沉淀和上清液，这部分沉淀淘洗离心后为中等颗粒组分。以此类推。差分离心主要用于从细胞匀浆中分离各种细胞器。细胞匀浆（在 0.25mol/L 蔗糖溶液中）在 1 000g 时离心 10min 得到细胞核，在 3 300g 时离心 10min 得到线粒体，在 16 300g 时离心 20min 得到溶酶体，在 100 000g 时离心 30min 得到微粒体。差分离心操作简便，稳定性好，选择性中等。

5. 膜分离 膜分离是用不同孔径的滤膜，把不同相对分子质量和体积的物质分离纯化的方法。膜分离分为透析、微滤、超滤、纳滤、反渗透 5 种。微滤膜孔径为 20～10 000nm，超滤膜为 2～20nm，纳滤膜为 1～2nm，反渗透膜为 0.1～1nm（图 6-9）。

（1）透析分离。透析是在实验室条件下最早使用和最常用的膜分离技术，透析能把相对分子质量相差较大的两类物质分离开来。常用的透析膜为玻璃纸、硝化纤维薄膜等。透析膜制成管状。膜的孔径也可用化学处理进行调节，经乙酰化处理后膜的孔径缩小，用 64% 氯化锌溶液浸泡后膜的孔径增大，直至允许相对分子质量为 135 000 的大分子通过。透析膜在使用前应在 50% 乙醇

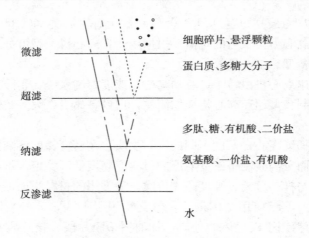

图 6-9　膜分离的种类

中煮沸 1h，再依次用 0.01mol/L 碳酸氢钠溶液、0.01mol/L EDTA 溶液、蒸馏水洗涤，除去杂质。

具体操作方法：先将待透析液装入透析袋内，扎紧两端，液体占袋内空间约 50%，以免透析袋吸水后胀裂。透析袋置于透析缸中，不断更换溶剂（水或缓冲液），直至小分子物质被透析至袋外。如使用旋转透析器，透析效果可提高 2～3 倍（图 6-10）。

透析法的优点：操作简便，不需要附加压力，成本低廉，应用广泛，但选择性较低。

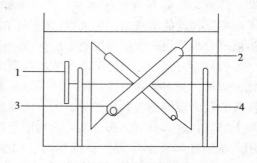

图 6-10　旋转透析器件
1. 旋转装置　2. 透析袋　3. 玻璃珠　4. 缓冲液或水

（2）微滤膜分离。微滤膜是由纤维素、聚砜、聚酰胺、全氟羧酸组成的管式或中空纤维式膜组。在微滤膜分离时，在压力差推动下，溶剂和小于膜孔的颗粒透过膜，大于膜孔的颗粒被截留。压力差由原料液侧压或透过液侧抽真空形成。用于微滤分离的压力较低，压力差一般小于 100kPa。

根据需要，选择不同膜孔的微滤膜。微滤膜分离主要用于细胞分离或产品消毒。微滤膜分离的优点：操作简单，使用压力较低，但选择性较差。

（3）超滤膜分离。超滤膜由表皮层和支撑层组成，表皮层厚 0.1～1μm（100～1 000nm）；支撑层厚 125μm，为多孔海绵层。起筛分作用的是表皮层，孔隙率 60%，孔密度 $10^{11}/cm^2$，截留相对分子质量 10^3～10^6，操作压力 0.3～

0.7MPa（图6-11）。

超滤操作方法分为重过滤和错流过滤两种，其中重过滤使用较多。重过滤时，原料液经超滤后体积减少至原体积1/5，再加水至原体积，反复操作，脱除小分子杂质，得到纯度较大的蛋白质等大分子物质的溶液。错流过滤是将经超滤的截留液再次通过超滤管式膜组件，得到大分子物质的浓缩液，此时杂质也被浓缩了。

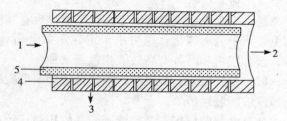

图6-11　管式超滤膜组件
1. 料液入口　2. 浓缩液出口　3. 透过液出口
4. 不锈钢管　5. 管式超滤膜

超滤膜过滤主要用于蛋白质和酶的初步纯化和浓缩，以及成品加工时去除热原质，优点是操作简便，能耗低，效果佳，但容易造成膜污染和浓差极化，浓差极化是指膜表面截留组分浓度过分高于该组分在料液中的浓度。

（4）纳滤分离。纳滤分离和超滤分离极为接近，仅是孔径变得更小（1～2nm）。纳滤膜是用醋酸纤维、聚酰胺、聚乙烯醇、磺化聚砜组成的管式膜，像超滤膜一样由表皮层和支撑层组成。纳滤的相对分子质量截留范围为100～250。因此能把小分子有机物截留浓缩，把水和无机盐脱除。纳滤的操作压力低于反渗透压力。纳滤分离主要用于肽的分离纯化和浓缩、乳清的脱盐和浓缩或食品工厂有机废水的处理等，在分离纯化工程中应用较超滤少。

（5）反渗透分离。反渗透膜是不对称膜，反渗透膜分为高压反渗透膜和低压反渗透膜两种。高压反渗透膜有三醋酸纤维素、直链或交链全芳族酰胺、交联聚醚等，操作压力10MPa。低压反渗透膜的皮层为芳烷基聚酰胺或聚乙烯醇，非皮层为直链或交链全芳族聚酰胺，操作压力为1.4～2.0MPa。物料在压力下通过反渗透膜构建的中空纤维组件或卷式组件，排出水分，使小分子溶质浓缩，因而较少应用在生物活性物质的分离纯化中。

二、精细纯化常用的操作技术

发酵液经预处理、固液分离和初步纯化以后，得到了含有少量杂质的目的产物，此时杂质的物理化学性质已经与目的产物十分接近，因此要求采用一些特殊的高新技术把杂质和目的产物进一步分离开来。精细纯化技术包括层析、电泳、分子蒸馏等。

1. 层析　层析技术也称为色谱分离技术。常见的层析分离分为纸层析、薄层（平板）层析、柱层析3种。纸层析和薄层层析操作简便，分辨率高，但分离量太少，因而主要用于定性和定量分析。柱层析进样量大，回收容易，因而主要用于分离纯化，也可用于定性定量分析。下面介绍使用最广的凝胶层析、亲和层析和制备型高效液相色谱三种。

（1）凝胶层析。凝胶层析主要包括葡聚糖凝胶层析、琼脂糖凝胶层析、聚丙烯酰胺凝胶层析等。

葡聚糖凝胶层析：葡聚糖凝胶是应用最广泛的层析固定相，商品名 Sephadex，由右旋糖酐 Dextran 通过交联而成，干胶为坚硬白色粉末状，吸水后膨胀，呈凝胶状，在 pH2～10 稳定，在强酸下水解，在氧化剂下分解，在中性时可经受 120℃加热灭菌。Sephadex G 后面的编号数字表示其吸液量（每克干胶膨胀时吸水毫升数）的 1 倍，如 Sephadex G‑25 即为每克干胶吸水量为 2.5mL。

在一般过滤时，小分子物质通过过滤介质，大分子物质被截留。而凝胶层析则相反，移动相通过具网状结构的葡聚糖凝胶时，小分子可进入凝胶内部空间，而大分子则被排阻于凝胶相之外，在不断洗脱时，大分子被首先洗脱，小分子被最后洗脱。就把大小分子分离开来。

凝胶层析的基本操作程序为固定相准备、加样、冲洗展层、分步收集、固定相再生。葡聚糖凝胶在水中浸泡1～3d，装柱，排除气泡，展层剂洗脱，分步收集器收集，用紫外检测等手段确定目标物质的管位，合并洗脱液，得到分离纯化的生物大分子。

使用过的凝胶可洗涤后反复使用，使用次数过多时凝胶被污染，层析速度减缓，应采用反冲法洗去污染杂质。使用后的凝胶如短期内不用，应加入防腐剂 0.02％叠氮化钠，以防止霉菌生长。如长期不用，用递增浓度的酒精浸泡，直至酒精达 95％，最后沥干，在 70℃烘干保存。

葡聚糖凝胶常应用于分离纯化蛋白质、多糖等。

琼脂糖凝胶层析：琼脂糖是从海藻琼脂中除去带磺酸基和羧基的琼脂胶后得到的中性多糖。商品名 Sepharose。我国生产的 Sepharose 2B、4B 和 6B，对蛋白质的分离范围分别为 $7\times10^4\sim4\times10^7$、$6\times10^4\sim2\times10^7$、$10^4\sim4\times10^6$。琼脂糖凝胶的化学稳定性较葡聚糖凝胶差，正常使用 pH 范围为 4～9，干燥、冷冻、加热等操作都会使琼脂糖失去原有的性能。

聚丙烯酰胺凝胶层析：聚丙烯酰胺为化学合成凝胶，商品名为生物凝胶 P（BioGel‑P）。生物凝胶 P 化学稳定性好，在 pH2～11 范围内使用，机械强度好，有较高的分辨率。生物凝胶的孔径度取决于交联度和凝胶浓度。P10、P100、P150 对蛋白质分离范围分别为 1500～20 000、5 000～100 000、15 000～

150 000。

凝胶层析操作简便，不需要昂贵的设备，分辨效果好，应用广泛，但较费时和消耗大量溶剂。

（2）亲和凝胶层析。亲和凝胶层析是联结在琼脂糖凝胶上的配基与移动相中的生物大分子进行特异的可逆的结合，从而把生物大分子分离纯化。一些生物分子与另一些生物分子无论在生物体内还是体外都表现出特别的亲和性。例如酶与底物、酶与抑制剂、酶与辅酶、抗体与抗原等。每一组亲和的生物分子都互为配基。例如，把激素偶合组装到琼脂糖上，则可把溶液中的受体蛋白分离出来。反之，把受体蛋白组装到琼脂糖上，则可把溶液中的激素分离出来。

亲和凝胶层析的操作步骤依次为：载体的选择、配基的选择、配基的固相化、加样、洗脱、收集、再生。载体为琼脂糖、葡聚糖、纤维素等。配基分为专一配基和通用配基两种。专一配基选择特异性强，一种配基只与另一种配基亲和，例如某一抗原和此抗原抗体。而通用配基与一类物质亲和，例如NADH 为脱氢酶的通用配基（图 6-12）。

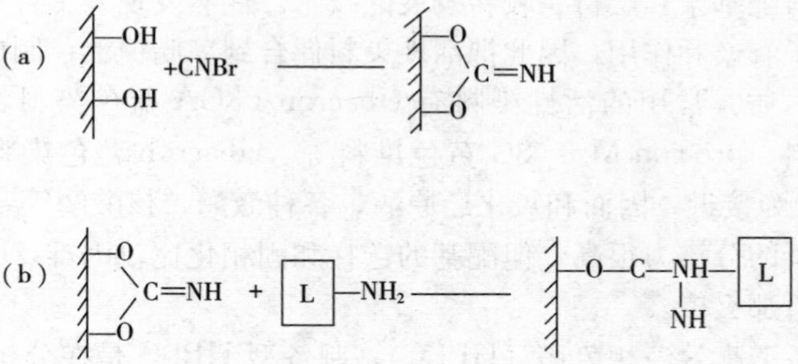

图 6-12　亲和层析原理
(a) 活化　(b) 偶联

配基固相化是将配基偶联到载体上的操作。琼脂糖经溴化氰活化后，再与配基上的氨基偶合，即形成专一性亲和凝胶（图 6-13）。

层析的具体操作方法：固相化的亲和凝胶上柱后，充分平衡，用缓冲液将上柱样品溶解，静置 3min，配制成浓度约为每毫升 20mg 蛋白的样液，上样量为柱床体积的 5%，4℃下用缓冲液洗涤，样液中对应物被配基吸附，杂质被洗脱，用高盐缓冲液或不同 pH 缓冲液将对应物洗脱下来。亲和凝胶在洗脱后，用缓冲液充分平衡后即可重复使用，无需特殊再生处理。

亲和层析的一个重要分支是免疫亲和层析，它利用抗原-抗体的亲和反应进行酶的分离纯化。操作时先将作为目标物质的酶纯化后注入试验动物体内，试验动物即产生抗体，从试验动物血清中分离纯化抗体，并将抗体偶合到琼脂

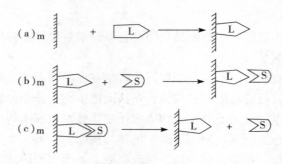

图 6-13 琼脂糖的活化和偶联

(a) 配基固相化　(b) 目的物质吸附　(c) 目的物质解吸附

m. 载体　L. 配基　S. 目的物质

糖上，装柱即可从粗酶液中将目标酶吸附-洗脱下来，得到纯化的目标酶。其中制备免疫物质的技术称为单克隆抗体法。

免疫亲和层析除了可以分离纯化酶以外，还可用来分离纯化受体蛋白，即细胞表面能与激素、功能因子或药物发生专一性结合的生物大分子。

活性染料配基亲和层析是较新发展的技术。偶然发现人工合成的活性染料与生物大分子有亲和作用，因此把活性染料偶合到琼脂糖上，制成亲和层析柱用以分离蛋白质。常用的活性染料有 cibacron F3GA 蓝色染料、procion H-E3B 红色染料、procion MX-8G 黄色染料等。cibacron 蓝色染料在分子结构上与 NAD 极为接近，因而和氧化还原酶、各种激酶、核酸酶等亲和。

亲和层析的分辨力很高，但配基的选择和固相化比较困难，因而工业应用不如凝胶层析那么广。

（3）制备型高效液相色谱（HPLC）。制备型 HPLC 是在分析型 HPLC 的基础上发展起来的。制备型 HPLC 对层析中的样品容量、回收率、产率要求较高，而对分离度和速度要求不高。制备型 HPLC 的层析柱为内径大于 8cm 的不锈钢柱，能承受 $200kg/cm^2$ 的压力，压力为 $10\sim15kg/cm^2$ 时可用玻璃柱。柱的填料为硅胶、羟基磷灰石、高分子聚合物等。填料粒度为 $20\sim50\mu m$，流动相的流速为 $14\sim20mL/min$，泵的压力上限为 $200kg/cm^2$。进样时样品应低浓度大体积，而不是高浓度小体积。样品应注射在整个柱的横截面。进样量根据柱的内径、柱长、固定相和流动相类型、分离的难易而定，每克填料进样量大于 1mg。制备型 HPLC 一般不用梯度洗脱。所选溶剂应黏度低、易挥发。控制溶剂的组成、离子强度和 pH 使之适于分离的目的。洗脱剂中加入少量乙酸和吗啉可减少峰形拖尾现象。溶剂必须是高纯度的，否则在挥发去除流动相时，不挥发的杂质将浓缩，造成对目的产物的污染。还必须强调指出，溶解样品的溶剂极性应低于洗脱溶剂的极性，否则分离效果大大降低。

　　制备型 HPLC 常用于分离肽、蛋白质、核酸与核苷酸、多糖等。制备型高效液相色谱分离效果好，但需要昂贵的设备和经过专门技能培训的操作人员。

　　2. 电泳　电泳技术最初仅仅用于生化物质的定性分析，后来才逐步应用于分离纯化目的，分离规模也逐步提高。蛋白质是两性大分子，在一定的 pH 缓冲液中，蛋白质或带正电，或带负电，或在等电点时不带电。在电场作用下，带正电荷的蛋白质移向负极，带负电的蛋白质移向正极，处于等电点的蛋白质不移动。根据此原理，可将两性大分子分离开来。电泳技术有凝胶电泳、等电点聚集电泳、制备型连续电泳等。

　　（1）凝胶电泳。凝胶电泳常用聚丙烯酰胺凝胶电泳（PAFE）。聚丙烯酰胺凝胶电泳装置如图 6 - 14。不同浓度的聚丙烯酸酰胺凝胶有不同的孔径，浓度越高孔径越小。3.5％的聚丙烯酰胺凝胶用于相对分子质量为 100 万～500 万的蛋白质的分离纯化，15％的凝胶用于相对分子质量小于 1 万的蛋白质的分离纯化。如果电泳柱中只填装一个浓度的聚丙烯酰胺凝胶，即为连续式凝胶电泳。在较多情况下电泳柱中填

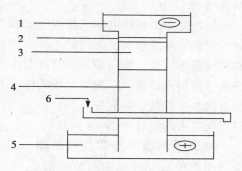

图 6 - 14　聚丙烯酰胺凝胶电泳
1. 缓冲液Ⅰ　2. 样品　3. 浓缩层
4. 分离层　5. 缓冲液Ⅱ　6. 洗脱液

装不同浓度的凝胶，成为不连续式聚丙烯酰胺凝胶电泳。上层凝胶浓度较低（3.5％），孔径较大；下层凝胶浓度较大（7.5％～25％），孔径较小。上层凝胶称为浓缩层，下层凝胶称为分离层。

　　操作时，样品加入浓缩层表面，样品量 50～100mg，在 100V 电压下开始电泳。在浓缩层，受到电场作用两性大分子一方面而移动，一方面受到凝胶网格的阻滞作用，一边移动一边排列，形成区带，从而达到分离的目的。一方面带负电荷少的、相对分子质量大的蛋白质分子移动较慢，另一方面大分子在分子筛中移动又快于小分子，使大分子的电泳迁移行为变得很复杂。区带进入分离层后，在电场下进一步分开。目的蛋白质移动至洗脱处，透过支撑膜，被洗脱液洗脱。凝胶层上部和下部分别使用不同 pH 的缓冲液，有助于缩短分离时间，提高分离效果。

　　聚丙烯酰胺凝胶电泳分离效果较好，时间短，通常需时 20～30min。但操作较复杂，要求操作人员专业化程度高，分离量较小，洗脱液中目的产物的浓

度较低，必须采取降温措施克服电压梯度引起的发热现象。

（2）等电点聚焦电泳。当载体为连续 pH 梯度时，不同蛋白质移动至该蛋白质等电点的 pH 位置处，便不再移动聚集成极窄的区带，从而达到分离的目的。载体通常填充在绕卷成线圈状的软管中。载体中加入载体量 1/10 的两性电解质（如 ampholine），在电场作用下，两性电解质泳动分布，使整个载体形成 pH3～10 的连续的稳定的梯度。软管两端施加电压。电泳电压为 400V，电泳时间约为 2d，不同蛋白质即泳动排列。电泳结束后，将软管剪成数截，取出载体，回收目的蛋白质。等电点聚集电泳分辨率高，可将等电点相差仅 0.02 的蛋白质分离开来，但操作较复杂，成本高，进样量小。

（3）制备型连续电泳。凝胶电泳和等电点聚焦电泳都很难做到连续操作，制备型连续电泳解决了此问题。其装置为垂直放置的间隔 0.8mm 的两块塑料板构成的电泳槽，槽内填装凝胶等载体。缓冲液自上而下流过电泳槽，要求缓冲液平行匀速移动。在两侧电场的作用下，两性大分子在向下移动的同时向两侧方向水平移动，最后在下部收集口收集流出的组分（图 6-15）。

3. 分子蒸馏 蒸馏是食品加工常用的单元操作，如酒精蒸馏，可将液体中各种组分依其挥发能力的大小区分开来。当混合物中目的产物的挥发性与杂质的挥发性很接近时，或者目的产物的热稳定较差时，使用一般的蒸馏操作进行分离就有困难，必须采用分子蒸馏技术。

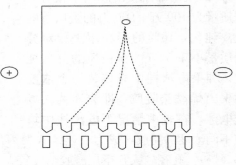

图 6-15 连续电泳

（1）分子蒸馏的特点。①分子蒸馏在高度真空条件下进行操作，从而降低了蒸馏时所用的温度，避免了目的产物的热失活。操作压力一般控制在 0.013～1.33Pa。在这样高的真空度下，即使在常温下，气体分子的自由飞行距离也大增，平均自由程可达 0.5～50m。因此从理论上来说，分子蒸馏可在任何温度下进行。但实际上蒸馏时蒸发面和冷凝面必须维持一定的温度差，一般为 100℃。②分子蒸馏缩短了蒸发器表面与冷凝器表面之间的距离，仅 2～5cm，比气体分子的平均自由程还要小。也就是说，气体分子一离开蒸发面即被冷凝器表面捕捉，无暇返回蒸发器。很显然，只允许液相到气相的分子流，控制了气相返回液相的分子流，必然会大大提高蒸馏的效率。③在离心或刮板作用下，液体物料一到蒸发器表面，立即被加热蒸发，在不产生气泡的情况下实现相变，缩短了物料的受热时间。

（2）分子蒸馏装置。分子蒸馏装置分为离心式分子蒸馏器、薄膜式短程蒸发器等。

①离心式分子蒸馏器：物料从进料管到达离心蒸发器表面，在离心力的驱使下，物料在蒸发器表面形成薄膜，立即被加热器加热，在高真空下蒸发汽化，蒸汽中沸点低的组分被冷凝器冷却成蒸馏液，蒸汽中沸点高的组分由真空接口抽走。没有汽化的残留液由残留液出口排出。

离心式分子蒸馏的优点是操作温度低，分离效果好。通常将3～5台离心式分子蒸馏器组合成一个多级机组，逐级提高目的产物的纯度。在蒸馏前对物料液应进行预处理，除去水、溶剂等杂质。分子蒸馏设备也较为昂贵，处理量较小（图6-16）。

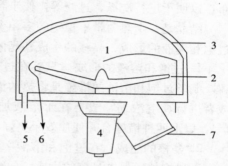

②薄膜式短程蒸发器：由蒸发器、冷凝器、转子刮板和真空系统组成。蒸发器为圆筒形外壳，冷凝器为内筒，蒸发器和冷凝器之间的间距较小。转子刮板为环形，不断将蒸发器表面物料刮成薄膜。物料从蒸发器上方进入，沿蒸发

图6-16　离心式分子蒸馏器

1. 进料口　2. 带加热器的离心蒸发器
3. 冷凝器　4. 驱动离心蒸发器的马达
5. 蒸馏液出口　6. 残留液出口　7. 真空接口

面流下。并被转子刮板刮成薄膜，蒸发后，蒸汽中一部分被冷凝，一部分被真空系统抽出，残留液由出口处排出。

分子蒸馏已经在单苷酯、维生素A和维生素E的工业化分离纯化中得到一定应用。

第五节　成品加工

经过分离纯化得到的高纯度和较高浓度的溶液，可以制备成各种口服液或输液等成品，也可以作为半成品，进一步加工成精细食品、药品和化妆品。但是大多数生物工程的最终产品都是以固态形式出现的，以便于贮存、运输和使用。因此必须采用结晶、浓缩、干燥等单元操作，才能获得在纯度、感官指标、卫生指标等方面都符合国家标准或企业标准的固态成品。

一、结　晶

结晶是固体物质以晶体形态从溶液中析出的过程。结晶是同类分子或离子进行规则排列的结果，只有当溶质在溶液中达到一定纯度和浓度要求后，方能形成晶体，而且纯度越高越容易结晶。如纯度低于 50%，蛋白质和酶就不能结晶。因此结晶往往说明制品的纯度达到了一定的水平。

在下游工程中要求晶体有规则的晶形，适中的粒度和大小均匀的粒度分布，以便于进行洗涤、过滤等操作步骤，提高产品的总体质量。

结晶是一个热力学不稳定的多相多组分的传质、传热过程。结晶过程包括过饱和溶液的形成、晶核的生成和晶体的生长。

1. 过饱和溶液的形成　只有在过饱和的溶液中，形成的晶核才不会被溶解。制备过饱和溶液的措施是将热的饱和溶液冷却至 4℃左右，放置 4h 以上，或者进行真空浓缩，或者在水溶液加入 95%酒精等非溶剂，或者调节溶液pH。以上四种措施合并使用效果更好。

2. 晶核的生成　在过饱和溶液中溶质一般不会自动成核，需要适度的机械震动或搅拌，促进晶核的生成。一般采用低速、聚乙烯桨叶搅拌，搅拌速度为 20～50r/min。温度对晶核生成的影响是双向的，温度升高使溶液的过饱和度下降，但使晶核的生成速度提高。当溶质浓度过低结晶困难时，可适当加入晶种，使溶液在过饱和度不足的情况下，提前生成晶核。但所加入的晶种应有一定的形状、大小和均匀度，才能有效控制晶体的形状。不过，此种情况下制品的收率往往不高。

3. 晶体的生长　当晶体生长速度大大超过晶核生成速度时，则得到粗大而有规则的晶体。当溶液快速冷却时，晶体细小，呈针状。当溶液缓慢冷却时，得到较粗大的晶体。因此为了得到颗粒粗大均匀的晶体，应选择降温缓慢，温度不太低，搅拌缓慢的操作。为了得到颗粒细小但杂质含量低的晶体，则应选择降温较快，温度较低，搅拌稍快的操作。

结晶法用于高纯度目的产物的制备，收率也较高，操作简便，产品外观规则优美，便于贮运、包装和使用。但只有一部分目的产物能够被制备成晶体，而且在结晶形成过程中仍然有一部分杂质可能被吸藏在晶体表面。

二、浓　缩

浓缩是用于提高液相中溶质的浓度，为结晶和干燥操作做准备。浓缩方法的选择应视目的产物的热稳定性而定。对于热稳定性的目的产物可用常规的水浴常压蒸发、减压蒸发等。中小规模的生产可用旋转蒸发器浓缩。当生产规模较大时可采用降膜式薄膜蒸发器，液相预热后通过分配器流入加热管，沿着管内壁呈膜状向下移动，同时受热蒸发。该设备生产能力大，节约能源，热交换效果好，受热时间短。降膜蒸发可蒸发较高浓度和黏度的溶液，但不适用于易结垢或易结晶的溶液。对于热不稳定的生物大分子通常采用冷冻浓缩、葡聚糖凝胶浓缩、聚乙二醇浓缩等方法。

1. 冷冻浓缩　冷冻浓缩是利用冰和水之间的固液相平衡原理的一种浓缩方法，包括两个步骤，先将部分水分从水溶液中结晶析出，然后将冰晶与浓缩后的液相分离。冷冻浓缩效果好，但能耗大，目前使用规模较小。

2. 葡聚糖凝胶浓缩和聚乙二醇浓缩　葡聚糖凝胶浓缩，是在生物大分子稀溶液中加入溶液量 1/5 干的葡聚糖凝胶 G25，缓慢搅拌 30min，葡聚糖凝胶将溶液中的水吸去，滤得较浓的溶液，反复操作可使溶液体积缩小至 1/10。葡聚糖凝胶洗净后用乙醇脱水，干燥后可再利用。聚乙二醇浓缩是将稀溶液置于透析袋内，袋外放置聚乙二醇，溶液内水分向袋外转移，溶液即浓缩了几十倍。除聚乙二醇外，也可用聚乙烯吡咯酮、蔗糖等作吸收剂。葡聚糖凝胶浓缩和聚乙二醇浓缩效果好，但成本高，应用范围受到限制。

三、干　燥

生物制品的含水量应按国家标准或企业标准严格控制，一般控制在 5%～12%。生物制品的干燥常用气流干燥、喷雾干燥、冷冻干燥等方法。

1. 气流干燥　气流干燥是固体流态化干燥方法，把呈泥状、粒状或小块状的湿物料送入热干燥介质中，物料在运动中与热介质一起进行热交换，得到粉粒状干燥产品。常用的热干燥介质为不饱和热空气或过热氮气。气流干燥所需时间短，热效率高，设备简单，操作简便，但易使目的产物受热变性和氧化，产品色泽会变褐，也不适用于黏稠度大的物料的干燥。

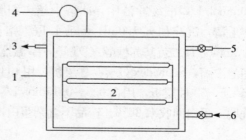

图 6-17　箱式冷冻干燥设备
1. 冷冻干燥箱　2. 带温度指示的搁板　3. 真空接口
4. 真空计　5. 膨胀阀　6. 放气阀

2. 喷雾干燥　喷雾干燥是用压缩空气将溶液自喷嘴以 $10～50\mu m$ 雾滴形式喷入温度为 $120℃$ 的干燥

室，在 15～40s 内雾滴被干燥为细粉。喷雾干燥时物料温度低，条件温和，干燥速度快，产品有良好的分散性、流动性和溶解性，安全卫生，操作简便，适合于热不稳定性产品和大规模生产，但为了回收废气中夹带的产品微粒，需配备高效的废气分离装置。

3. 冷冻干燥　冷冻干燥是在低于水的三相点压力下进行干燥。物料装后先冷冻，恒温 1h，抽真空使容器中真空度达到 13.3Pa 左右，加热放置物料盘的搁板升温至 40～60℃，物料中的冰即升华除去（图 6 - 17）。冷冻干燥对热敏性物料最为适用，能保持生物大分子活性不变，产品残留水分低（＜2％），但设备投资较大，能耗大，使用成本高。

第六节　下游工程在食品工业中的应用

生物工程产品种类繁多，它们分离纯化的方法按其目的产物的类别、性质以及生产规模、条件变化无穷，在此只能举例说明。在研制新的产品时可做参考和查阅相关文献，确定工艺路线和方法。

一、蛋白质和多肽

许多蛋白质和多肽对人体的生理活动具有调节作用，如细胞生长刺激因子（白细胞介素、神经生长因子、成纤维细胞生长因子、表皮生长因子、细胞集落刺激因子等）和细胞生长抑制因子（如干扰素、肿瘤坏死因子、转化生长因子等）。现以基因工程重组 α-干扰素为例介绍蛋白质和多肽的分离纯化工艺。

基因工程重组 α-干扰素为 165 个氨基酸残基组成的糖蛋白，相对分子质量 19 000。培养基因工程菌 SW - IFNb/DH5，得到湿菌体，悬浮于 pH7.0、20mmol/L 磷酸缓冲液中，冰浴中超声细胞破碎三次，4 000r/min 离心 30min。弃上清，沉淀加入 100mL 8mol/L 尿素溶液，pH7.0、20mmol/L 磷酸缓冲液，0.5mmol/L 二巯基苏糖醇（DTT），室温搅拌提取 2h，15 000r/min 离心 30min，超滤浓缩，Sephadex G - 50 柱层析，用 pH7.0、20mmol/L 磷酸缓冲液洗脱，再经 DE - 52 柱层析，用含 0.5～0.15mol/LNaCl 的 pH7.0、20mmol/L 磷酸缓冲液洗脱。蛋白回收率 25％。产品不含杂蛋白，DNA 和热原物质含量合格。

二、酶和核酸

许多酶具有生理调节作用和治疗作用，如天冬酰胺酶有抗肿瘤作用，尿激酶有抗血栓作用，弹性蛋白酶有抗动脉硬化作用，激肽释放酶有扩张冠状动脉的作用。酶还被广泛用于医学临床诊断中。现以弹性蛋白酶为例介绍酶的分离纯化工艺。

弹性蛋白酶由 240 个氨基酸残基组成，相对分子质量 25 900，等电点 9.5。以微生物工程得到的湿菌体或猪胰为原料。原料粉碎，加 3 倍量－5℃丙酮，搅拌 1h，离心，重复操作，湿饼真空干燥，粉碎，得丙酮粉。丙酮粉加水，20℃搅拌 2h，板框压滤得提取液。提取液加水稀释，加 pH5.4、0.1mol/L 磷酸缓冲液平衡过的 Arnberlite 树脂 CG-50，20℃搅拌吸附 2h，收集树脂，洗涤。树脂加 pH9.3、0.5mol/L 氯化铵溶液，洗脱 1h，过滤得滤液。在 －5℃下，边搅拌边加入 3 倍量－5℃丙酮，继续搅拌 10min，静置 5h，收集结晶，用丙酮、乙醚洗涤，真空干燥，得弹性蛋白酶白色针状结晶。

核苷和核苷酸是天然的代谢激活剂或重要生化反应的辅酶。近年来发现一些核酸，特别是一些人工合成的核苷酸具有治疗作用，如免疫核糖核酸有促使癌细胞逆分化的作用，巯嘌呤有治疗急性白血病的作用，聚肌胞苷酸有诱导干扰素形成的作用。现以三磷酸腺苷为例介绍核苷酸的分离纯化工艺。

三磷酸腺苷参与机体的各种生化反应，现已作为临床生化药物。培养产氨短杆菌 B1-787，得发酵液，热处理使酶失活，调节 pH 至 3～3.5，过滤得上清液。上清液通过 pH2 活性炭柱，ATP 被吸附，用氨醇溶液（氨水：水：95% 乙醇＝4：6：100）洗脱。洗脱液调节 pH 至 3，用 717C1-型离子交换树脂吸附，用 pH3、0.03mol/L 氯化钠溶液洗脱，去除 ATP 用 pH3.8、1mol/L 氯化钠溶液洗脱，得 ATP 溶液。加入冷乙醇，沉淀，过滤，冷丙酮洗涤，脱水，置五氧化二磷真空干燥器中干燥，得 ATP 纯品。

三、糖类和脂类

1. 糖类 活性多糖是当前研究的热点。活性多糖具有抗癌、降血脂和提高机体免疫力的作用。活性多糖的提取多以食用真菌（灵芝、香菇、银耳等）或植物（黄芪、人参、刺五加等）为原料，也有以动物特别是海生动物的器官为原料。现以猪苓多糖为例介绍活性多糖的分离纯化工艺。

猪苓多糖，以真菌猪苓等为原料制备而得，有调节机体免疫力和抗肿瘤转移的功能。真菌猪苓切成碎块，加 5 倍量水，加热加压提取 3 次，过滤，得合并滤液。减压浓缩，在搅拌下加入乙醇，使醇含量达 80%，静置 12h，收集沉淀，低温干燥。干燥物溶于水中，重复上述操作，得粗制品。粗制品溶于水中，加 1% 鞣酸，加活性炭，去除杂蛋白和脱色。过滤，加乙醇，使醇含量达

70%，静置 24h，收集沉淀。沉淀溶于 20％热乙醇中，通过中性氧化铝柱，用 60℃热蒸馏水洗脱。洗脱液减压浓缩，加入乙醇至乙醇含量达 70％，析出白色絮状沉淀，收集沉淀，低温干燥，得猪苓多糖纯品。

2. 脂类　脂类在人体重要器官中含量很高，参与机体的构造、修复和生理活动。现以二十碳五烯酸（EPA）和二十二碳六烯酸（DHA）为例，介绍脂类的分离纯化工艺。

将碎鱼或罐头用鱼下脚料粉碎，在 7℃下与淀粉混合，用己烷提取，己烷提取液用氯化钠溶液洗涤，加无水硫酸钠脱水，回收己烷，得粗制鱼油。粗制鱼油加 1mol/L 氢氧化钾乙醇溶液，20℃回流 6h，离心分离，得脂肪酸钾盐皂化物。加乙醇和尿素，70℃搅拌 10min，饱和脂肪酸和低不饱和脂肪酸与尿素生成结晶，冷却过滤，得浓度达 50％的 EPA 和 DHA 的滤液。最后，采用多级分子蒸馏技术或减压蒸馏技术得到纯度在 95％以上的 EPA 和 DHA。

思 考 题

1. 目的产物为胞内蛋白质时，试述其分离纯化的主要步骤和拟采取的单元操作。

2. 基因工程产物蛋白质的分离有什么特殊性？

3. 试述溶剂萃取法的基本规律和适用范围。

4. 试述离子吸附法的基本规律和适用范围。

5. 简述超滤和纳滤的异同。

6. 简述葡聚糖凝胶层析的基本操作程序。

第七章 食品工业废水的生物处理技术

第一节 废水处理技术概述

水是地球上一切生物生存和发展必不可缺的，但是人类的生产和生活活动排出的污水，尤其是食品工业生产废水大量进入水体，造成了严重污染，给人类的生存带来了极大的威胁。因此，防止、减轻和消除水体污染，改善和保持水环境质量，已成为摆在我们面前的十分重要的问题。

废水处理的基本方法有物理法、化学法、生物法等。目前，用生物法处理废水，已成为污水处理的一种重要手段。

一、食品工业废水来源

食品工业废水主要来自生产中的三个阶段。

1. 原料清洗阶段 在原料清洗阶段，原料所带的大量泥沙等杂物和原料本身的组织，如：根、叶、皮、鳞、肉、羽、毛等及原料所带的残留农药、化肥等都会进入清洗后的废水，使废水中含有大量悬浮物，增加了废水的 SS 值。原料上沾有的微生物、寄生虫，也随着清洗流入清洗废水中。

2. 生产加工阶段 在加工过程中，原料中的很多可溶性成分会流入废水，使废水中含有大量有机物，增加了废水的 COD、BOD 值。

3. 产品成形阶段 为增加食品的色、香、味，延长保存期，添加了各种食品添加剂，其中一部分会流入生产废水中，使废水的化学成分更加复杂。

二、食品工业废水的特性

1. 可生物降解成分多 由于食品工业的生产原料直接来源于自然界的有机物质，造成所排放废水的成分以有机物质为主，因此生物降解性好。

2. 氮、磷含量高 由于食品工业的原料特殊，导致废水成分以自然有机物质为主，尤其是蛋白质、脂肪等，因此使废水氮、磷含量高。

3. 含微生物种类多 食品工业废水中含有的微生物种类很多，甚至包括致病菌，这一特点导致食品工业废水易腐败变质。

4. 不含有毒物质 因为食品工业的产品直接供人类食用，其以自然界的有机物质为原料，故所排放废水中基本不含有机、无机有毒物质。

5. 浓度高 由于食品工业生产中强调节约用水和降低生产成本，并进行水的合理化利用，因此在有机物质含量不变的情况下，生产用水量在不断减少，导致废水浓度增高，甚至含污染物可高达每升数万毫克。

6. 废水量多少不一 食品工业的特性决定了其生产规模可大可小，产品种类繁多，加工方式千差万别。可以是小作坊式生产，可以是大型工业化生产，不同的品种、不同的加工工艺，可导致每天的废水量从几立方米到几千立方米不等。

7. 水质、水量会随季节发生变化 由于食品工业原料的供应有季节性，一天的生产有时间性，废水的水质、排水量会随之发生变化。

三、衡量废水污染的指标

食品工业所排放的污水情况较为复杂，其污染程度，常需要通过一些指标来检测。下面分别介绍衡量废水污染程度的最重要的几项指标，其中悬浮物和有机物是一般水污染控制必不可少的项目。

1. 总固体（TS） 在 $103\sim105℃$ 下将废水烘干的残渣量即为总固体，包括漂浮物、悬浮物、胶体和溶解物，以烘干单位体积污水所得到的残渣量（mg/L）表示。

2. 悬浮物（SS） SS 是指废水在沉淀设备中形成的浮渣和污泥，单位为 mg/L。悬浮物中包含漂浮物和可沉物（指 60min 内能在锥形瓶沉下的物质），它可能影响水体透光度，从而可妨碍水生植物生长，或堵塞土地的空隙，形成河底淤泥等现象。

3. 有机物 废水中有机物的组成很复杂，想分别测定废水中各种有机物的含量是非常困难的，一般采用生化需氧量（BOD）和化学需氧量（COD）两个指标表示有机物的含量。

（1）生化需氧量（BOD）。又称生物需氧量，表示在一定的温度、一定的时间内有机物由于微生物（主要是细菌）的活动降解所要耗用氧的量，常用单位体积污染水所消耗的氧量（mg/L）表示。

微生物消耗、分解有机物的能力与环境温度有关，并且有机物被氧化、合成的程度随微生物和有机物的种类而异，所以用 BOD 来衡量有机物，仅可作相对的比较。多数国家规定用 20℃ 作为测定的温度。当温度为 20℃ 时，一般的有机物至少需要 20d 左右才能基本完成第一阶段的氧化分解过程，这在实际应用中是有困难的，目前大多数国家都采用 5d 作为测定的标准时间，表示为 BOD_5。

（2）化学需氧量（COD）。COD 表示利用化学氧化剂氧化有机物所需要的氧量，单位也是以单位体积污染水所消耗的氧量（mg/L）表示。COD 值越高，表示所含的有机物越多。目前测定时常用的氧化剂为重铬酸钾，测出的结果用 COD_{Cr} 表示。

废水若用生物法处理，还需要一个可生化性指标，其定义为 BOD/COD 的比值，其范围：BOD/COD＜0.3，此废水不可用生化处理；BOD/COD＞0.5，此废水可用生化处理；BOD/COD＞0.7，此废水非常容易用生化处理。

废水不可用生化处理的主要原因是这种废水中可能含有抑制或杀死微生物的有毒物质，也可能所含物质虽对微生物无毒害作用，但不能被微生物分解氧化，这类废水要采用物理或化学法处理。

4. pH　水体的 pH 也是衡量水被污染程度的一个指标。对于某一水体，其 pH 几乎保持不变，这表明水体具有一定的缓冲能力，天然水体的 pH 一般在 6～9。

5. 细菌总数　废水中含细菌的总菌落数量的多少，可表明水质的有机污染程度。其单位为 cfu/mL。它的测量是将定量水样接种于营养琼脂培养基中，在 37℃下培养 24h 后，计数生长细菌菌落数，然后根据接种的水样数量，算出 1mL 水样中的菌落数，即得细菌总数。

6. 大肠菌群数　大肠菌群数是水质细菌检验的常用指标，以大肠菌群数/L 水样来表示。大肠菌群一般包括大肠埃希杆菌、产气杆菌和副大肠杆菌，主要寄生在人和动物的肠道中，大量地存在于粪便中，废水中若检出大肠杆菌群，说明它已遭到粪便的污染。大肠菌群的测定方法目前常用发酵法和滤膜法。

四、废水处理法类型概述

废水处理的任务是采用各种技术措施将废水中所含的各种形态的污染物分离出来或将其分解、转化为无害和稳定的物质，使废水得到净化。现代废水处理技术按其作用原理和去除对象可分为物理法、化学法、生物法等。

1. 物理法　物理法就是利用物理作用来分离水中呈悬浮状态的污染物质。主要方法有：稀释、混合、粒状介质过滤、萃取、膜过滤、吸附、重力分离、气浮、离心分离、格栅、蒸发等。

2. 化学法　化学法是利用化学反应来分离、转化、破坏或回收废水中的污染物，并使其转化为无害物质。主要方法有：中和、氧化还原、离子交换、膜分离、混凝沉降、混凝气浮等。

3. 生物法 生物法是一种在生物反应器水平上模拟水体自净化作用的强化过程，是利用微生物的生命活动，把废水中难以回收利用的溶解性有机物转化成简单无害的无机物如 CO_2 和 H_2O 等，然后再从水中分离出菌体细胞，排出含有简单无机物的水的过程。其基本原理是利用微生物分解有机物，同时合成自身细胞（活性污泥）。根据微生物的类别，目前常用的生物处理法可分为好氧生物处理和厌氧生物处理两大类。

第二节　好氧生物处理技术

好氧生物处理技术是废水生物处理中应用最为广泛的一类技术。好氧生物处理是在有分子氧的情况下，进行的生物氧化方式，即有机污染物在溶解氧充足的条件下，成为好氧微生物的营养基质，被好氧微生物氧化分解，达到污水净化的目的。

一、好氧生物处理技术概述

（一）好氧生物处理方法分类

好氧生物处理法主要分为天然和人工两类。天然条件下好氧生物处理法是利用自然条件进行废水的净化，如：天然水体的自净、氧化塘法等，此方法处理效能较低，受气候影响大，但是基建投资小，运行费用较低。人工好氧生物处理方法采用人工强化措施净化废水，主要方法有活性污泥法和生物膜法，这些方法处理效能高，受气候影响小，但基建投资大，运行费用高。

（二）好氧生物处理系统中的微生物类群

好氧生物处理系统中的微生物，几乎包括了微生物的各个类群，主要是细菌，其次是酵母和霉菌，还包括原生动物和高等微型动物。细菌是好氧生物处理中最重要的微生物。这些细菌可分为自养型和异养型两类，在废水好氧处理中，去除含碳有机物主要的、也是数量最多的微生物是异养型细菌。真菌多为异养型微生物，其严格好氧，喜欢酸性环境，最佳 pH 约为 5.6。在低 pH 和低溶解氧的环境中，真菌可与细菌竞争。真菌形成丝状增长，使沉降性能不好。

（三）影响好氧生物处理的因素

1. 溶解氧 DO 好氧生物处理法中提供足量的溶解氧是关键，供氧不足会出现厌氧状态，妨碍好氧微生物正常的代谢过程，滋生丝状细菌，产生污泥膨胀现象，进而影响废水处理的效果。为使微生物代谢正常进行并使沉淀分离性良好，应要求溶解氧维持在一定水平，一般是 2mg/L 左右。

2. 温度　温度直接影响微生物代谢的速率和生长繁殖的速度，影响生物处理的效果。废水好氧生物处理一般在 15～40℃ 运行，温度低于 10℃ 或高于 40℃ 时，由于不是与微生物代谢有关酶的最适温度，微生物去除 BOD 的效率大大降低。一般在 5～35℃ 时，温度每增加 10～15℃，微生物活动能力可增加 1 倍。但温度大幅度升高，会使微生物细胞组织受到不可逆破坏；温度过低，会降低微生物体内生物化学反应的速度，从而降低废水处理的效率。20～30℃ 为微生物代谢有关酶的最适温度，在此温度下，生物处理效果最佳。

3. 营养物质　微生物的代谢需要一定的营养物质，如：碳、氢、氧、氮、磷等，食品工业废水的特点决定了这些营养物质一般不会缺乏。一旦发现营养物缺乏，要针对情况投加适量所缺营养物质的废水，进行营养补充。好氧生物处理时，对氮、磷的需要量可以据下式估算：$BOD_5 : N : P = 100 : 5 : 1$

4. pH　废水氢离子浓度对微生物的生长有直接影响，好氧生物处理系统在中性环境中运行最好，一般 pH 在 6.5～8.5。当 pH 大于 9 或小于 6.5 时，微生物的生长、繁殖及代谢速度将受到抑制。pH 小于 6.5 时，由于真菌在争夺食料中比细菌占优势，生长情况好于细菌，导致微生物形成的固体沉降性能不好，影响生物处理的效果。所以在处理 pH 距 6.5～8.5 较远的食品工业废水时，在生物处理前，应先进行中和处理或设均质池。

二、氧化塘法

氧化塘又称稳定塘或生物塘，是一种类似天然或人工池塘的废水处理系统，属于自然生物处理法。废水在池塘内经较长时间缓慢流动和停留，通过水中微生物（细菌、真菌、藻类和原生动物）的代谢活动，使有机废物降解，废水得到净化。

氧化塘具有基建投资少，运转费用低，能耗低，管理方便，对水量、水质的变动有很强的适应能力，可与其他养殖（如养鱼、培植水生作物等）相结合，使废水得到综合利用等优点。当然，氧化塘也有污水停留时间长，占地面积大，受气温影响大，净化能力受季节控制，卫生条件差，散发臭气，若塘底处理不干净时会污染地下水等缺点。

氧化塘可分为好氧塘、兼性塘、厌氧塘、曝气塘。无论何种类型的氧化塘，它们的作用原理都是利用塘中的微生物，对污水中的有机物进行不同形式的降解，得到不同的小分子降解产物，从而使污水得到净化。

三、活性污泥法

活性污泥法是当前生活污水、城市污水及食品工业废水中应用最广泛的一种生物处理技术。

（一）活性污泥法的工作原理

活性污泥是由具有生命活力的多种微生物类群组成的颗粒状絮状物，有时称之为生物絮体。以活性污泥为主体的废水处理法叫活性污泥法。其实质就是，在充分供氧的条件下，以废水中的有机污染物作为微生物的营养基质，对活性污泥进行连续或间歇培养作用，将有机物转化为无机物。活性污泥去除污染物的基本原理是：活性污泥与废水充分接触混合后，由于活性污泥颗粒（粒径为 0.02～0.2mm）有较大的比表面积，其表面的黏液层能迅速吸附大量的有机或无机污染物。吸附过程约在 30min 内即可完成，可除去废水中 70% 以上的污染物。被吸附的有机或无机污染物又在微生物酶的作用下，进行分解或合成代谢作用，实现了物质的转化，从而使废水或污水得以净化。

（二）活性污泥的性质和驯化

从外观看，活性污泥随水质不同而呈现褐、黄、灰、铁锈红等颜色，在显微镜下观察活性污泥，可看到细菌、放线菌、酵母菌、霉菌、原生动物等。好氧微生物是活性污泥中的主体生物，其中又以细菌最多。活性污泥在水中经搅动呈悬浮状，静置后也易下沉，无臭味，有微微的土腥味。经分析，活性污泥由活性微生物、微生物呼吸作用的残余物，吸附在活性污泥上的惰性不可降解有机物和可降解但尚未降解的有机物及惰性无机物组成，活性污泥含水率为 98%～99%。

利用活性污泥处理废水，关键之一在于活性污泥。活性污泥可从已开展污水处理的工作单位获取，并进行扩大培养，也可通过用户自己培养而成。刚培育成的活性污泥不能立即用来处理废水，必须经过一段时间的驯化。所谓驯化，就是逐渐增加废水的量和浓度，使活性污泥中微生物的种类能适应所处理废水的性质。

（三）活性污泥的性能指标

活性污泥具有很强的吸附力，为提高处理污水的效果，希望其与废水有足够的接触面积，这就要求活性污泥具有颗粒松散、易于吸附和氧化有机物的特性。但经过曝气池后，又希望在澄清时活性污泥与水容易分离，具有良好的凝聚沉降性能。这些关系到所排出处理水的水质、回流污泥量的多少、二次沉降池的大小及剩余污泥后处理的难易程度。活性污泥的性能常用以下指标来衡量。

1. 混合悬浮固体（MLSS）　MLSS 是指 1L 曝气池混合液中所含悬浮固体的干重，单位用 g/L 或 mg/L 表示。该指标是表示污泥浓度的一个参数，它的大小间接地反映了正在处理的废水中微生物浓度。一般活性污泥曝气池中 MLSS 值控制在 2～4g/L。

2. 混合液挥发性悬浮固体（MLVSS）　MLVSS 表示 1L 曝气池混合液中所含挥发性悬浮固体的干重，单位用 g/L 或 mg/L 表示。其意义与 MLSS 相似，只是它除去了曝气池混合液中无机物的质量，所以更接近活性污泥中微生物的质量。

3. 污泥负荷（Ls 或 F/M）　Ls 指单位时间内，单位质量的活性污泥能处理的有机物数量，以下式表示：

Ls＝单位时间进入处理系统的有机物量/曝气池混合液悬浮固体总量

单位用 d^{-1} 表示。若 Ls 小于 $0.3d^{-1}$，则表示此曝气池中混合物的有机物不足，难于维持微生物生长的需要，这会引起细胞自溶，造成污泥不易沉淀；若 Ls 大于 $0.6d^{-1}$，则会造成污泥膨胀，一般控制在 $0.3～0.6d^{-1}$。

4. 污泥容积指数（SVI）　SVI 又称污泥指数，指曝气池中混合液经 30min 静置后的污泥体积与污泥干重之比，用百分数表示。SVI 能反映活性污泥凝聚性和沉降性，若 SVI 过高，则说明污泥颗粒松散，不易沉降，可能发生了污泥膨胀；若 SVI 太低则说明污泥颗粒大，紧密细小，污泥的无机化程度太高，影响污泥的活性和吸附性。一般：SVI＜100，沉降性能好；SVI＝100～200，沉降性能一般；SVI＞200，沉降性能差。

一般控制 SVI 在 50～150 之间为好。

5. 污泥沉降比（SV）　SV 指一定量曝气池混合液，静置 30min 后，沉降污泥体积与原混合液体积之比，以百分数表示。一般在正常情况下，活性污泥静置 30min 后密度达到最大，因此污泥沉降比也能反映曝气池正常运行时的污泥量。它还可反映污泥膨胀等情况。

6. 污泥龄（STR 污泥滞留时间）　STR 指每日新增的污泥平均停留在曝气池中的天数，即曝气池全部活性污泥平均更新一次所需要的时间，单位为"d"。

污泥龄反映了活性污泥吸附有机物后进行氧化的时间的长短，即污泥龄越长，有机物氧化稳定得越彻底，处理效果越好，剩余污泥量也越少。但污泥龄不能太长，否则污泥老化，会影响沉淀效果，一般污泥龄在 5～15d。

（四）活性污泥法的运行方式

活性污泥除污的系统工程是早期生物技术的范例，也是世界各国普遍采用

的传统废水生物处理的主要方
法。活性污泥法的形式多样，
但是具有共同的特征基本流
程，如图7-1。

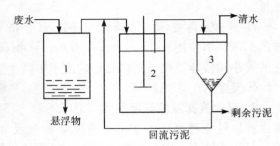

图7-1 活性污泥法基本流程示意图
1. 沉淀池 2. 曝气池 3. 二次沉淀池

活性污泥法的主要构筑物
是曝气池及二次沉淀池。废水
在初次沉淀池经适当预处理，
成为可用生物处理法处理的水
质而进入曝气池，在曝气池中
不断进行曝气，以给停留在曝

气池内的大量微生物提供足够氧气，在池子内，完成活性污泥氧化分解有机物
的过程。曝气池中的活性污泥和废水的混合液不断排出，流至二次沉淀池，经
固液分离后上清液从二次沉淀池排出，部分沉淀物（活性污泥）不断回流到曝
气池，以保持曝气池内有足够的活性污泥用来分解、氧化有机物的生物量，将
多余的活性污泥（剩余污泥）从二次沉淀池排出。

根据废水在系统中运动的情况，活性污泥法可分为推流式和完全混合式两
种，在此基础上又发展了其他几种生物曝气方式。

推流式活性污泥法如图7-2。
活性污泥氧化分解有机物的过程是
在一个长方形池子内完成的。经初
次沉淀的废水，在曝气池中与污泥
混合，从池首向池尾呈推流式流
动，活性污泥微生物在此过程中连
续完成吸附、代谢过程，随后进入
二次沉淀池。为了增加池内的湍
流，强化混合和增加废水在池内的
停留时间，常在池中加一些挡板。

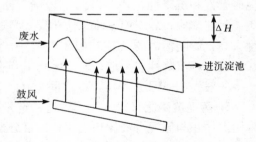

图7-2 装有挡板的推流式曝气池

为增加曝气效果，推流式有不同的形式，最为常见的是普通曝气法，此法
中通气是在整个池长的范围内均匀的通气。其优点是处理效率高，对生化需氧
量和悬浮物的去除率可达 90%～95%，故出水水质好，剩余污泥量较少，可
达完全处理的水平。若处理要求不用这样高时，可减少回流污泥量、缩短曝气
时间，进行部分处理。其缺点是由于需氧率沿池长递减，而供氧沿池长均匀供
给，供需之间发生了矛盾，导致前段供氧不足，后段供氧过剩。如果以前段维
持足够的溶解氧为标准，则后段的供氧量超出需要，会造成浪费。所进的废水

与回流污泥形成的混合液，理论上不跟曝气池内原有的液体混合，而是独自由池起始端流向池尾端，因此会导致有机物浓度在池首过高。

渐减曝气法采用沿池长渐减的供氧方式，能达到供氧与需氧的均衡，克服了普通活性污泥法供氧方式上的不足，提高了氧的利用率，可节省运行费用，提高处理效率。

逐步曝气法又称多点进水法或阶段曝气法。针对普通活性污泥法有机物浓度在池首过高的缺点，逐步曝气法将废水沿曝气池长度方向分数处注入，逐步曝气，一般分散进水点数在 3～4 处。此法可平衡曝气池供氧量，提高空气的利用率，还可使微生物营养供应均衡。另外由于污泥浓度沿池长变化，池前段浓度高于平均浓度，池后段低于平均浓度，使得曝气池流出的混合液浓度降低，这样有利于二沉池的处理。可根据具体情况较方便地改变进水点的位置、点数和水量，将普通活性污泥法改为逐步曝气法。根据国外经验，与普通活性污泥法相比，逐步曝气法的曝气池可缩小 30％，生化需氧量去除率可达 90％。由于曝气池处理水量的加大，须同时扩大二沉池的容量。另外，由于最后一点进入曝气池的废水在池中停留的时间很短，因此，本法出水水质较活性污泥法稍差。

完全混合活性污泥法与普通活性污泥法的不同点是，废水与回流污泥进入曝气池后，与池内废水完全混合循环流动，即废水与回流污泥进入曝气池后立即与池内原有的混合液充分混合，进行吸附与氧化分解。本法特点：由于废水立即和池中混合液进行了完全的混合，其实质是使废水立即得到稀释，因此完全混合法耐冲击负荷性强，可以最大限度地承受水质的变化，有利于处理浓度较高的废水，这在某种程度上，克服了普通污泥法的不足。

延时曝气法的运行方式与完全混合法的相同。其特点是曝气时间长，一般可达 16～24h，负荷低。本法不但能几乎完全氧化去除废水中的有机污染物，而且还能氧化分解转移到污泥中的有机物和合成的细胞物质，使处理效果稳定、出水水质好、剩余污泥量很少。此法适用于规模较小的污水处理系统。

四、生物膜法

生物膜法，又称为生物过滤法、固着生长法。它是根据土壤的自净原理发展起来的一种污水处理技术，与活性污泥法中微生物对有机物降解过程的基本原理是一致的。相对于活性污泥法而言，生物膜法是将细菌、原生动物等活性微生物固定在滤料或某些载体上，并在这上面形成膜状生物污泥，即生物膜。当污水流经其表面时，污水与生物膜相互接触，污水中的有机污染物作为营养基质被微生物所摄取，达到污水净化的目的，同时微生物自身也得到繁衍增殖。

（一）生物膜法的基本原理

生物膜就是滤料在污水中经过一段时间后，在其表面形成的一种具有蓬松的絮状结构的膜状污泥。当污水流经滤料时，滤料截留了污水中的悬浮物质，在其表面吸附了污水中胶体物质，污水中的有机物质使被吸附物中的微生物大量繁殖，微生物又进一步吸附了污水中的悬浮体、胶体及溶解状物质，这样，滤料表面就形成了一层表面积大、吸附力强的生物膜。

生物膜具有很强的降解有机物的能力，当滤料空隙中氧气足够时，生物膜能分解氧化所吸附的有机物，同时微生物不断繁殖，又进行吸附作用，使生物膜的厚度不断增加。当生物膜达到一定厚度时，由于氧传递不到生物膜的较深处，使膜中由好氧状态转为厌氧状态，好氧微生物的生长、繁殖受到抑制，厌氧菌开始生长，厌氧层不断加厚。在水的冲刷及生物膜自重等的多重作用下，生物膜将从滤料表面脱落，随处理水流入二沉池。滤料表面又会重复上述生物膜的形成过程，再长出新的生物膜。能去除有机物的生物膜主要是表面的一层好氧膜，厚度一般在 0.5～1.0mm。

生物膜由细菌、酵母、放线菌、霉菌、藻类、原生动物以及肉眼可见的其他生物等组成的稳定的生态系统，与活性污泥的不同点在于，生物膜中丝状菌很多，并起主要作用，丝状菌可以使生物膜形成疏松的立体结构，增大了表面积，而且丝状菌的净化能力很强，这些微生物以吸附或沉淀于膜上的有机物为营养物质，在滤料表面不断生长繁殖。

（二）几种生物膜处理方式

由于生物膜的生长方式及水流和结构等方面的不同，生物膜法也具有生物滤池、生物转盘、生物接触氧化法、生物流化床等多种形式。

1. 生物滤池 生物滤池可分为三种：普通生物滤池、高负荷生物滤池、塔式生物滤池。

（1）普通生物滤池。普通生物滤池主要由池体、滤料、布水设备和排水系统四部分组成，见图 7-3。在生物滤池中，污水通过布水管均匀地分布在滤池表面，并

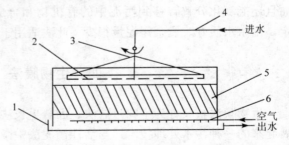

图 7-3 普通生物滤池构造示意图
1. 出水收集器 2. 布水器 3. 旋转轴
4. 进水管 5. 填料层 6. 空气分布装置

沿滤池中滤料间的空隙从上到下流动，由池底进入排水渠，最后流出池外。

滤料是普通生物滤池中很重要的部分，对滤池的净化效果起到决定性的影响作用，直接影响生物工作情况。滤料的表面特性也会影响生物膜的生长和生物膜的厚度。一般情况下滤料应具备下列条件：质地坚硬，抗压能力强，耐腐蚀性能好，不会溶出对活性微生物有害的物质；有较大的表面积，表面比较粗糙；孔隙率适宜，价格低廉；应考虑就地取材，便于加工运输。按形状可分为块状、板状和纤维状的。块状的可选用碎石、碎砖、矿渣、炉渣、焦炭、陶瓷环等，它们的粒径为 25～40mm。污水中有机物浓度越高，选用的滤料粒径应随之增大，这样可防止滤料被生物膜堵塞。板状的滤料有木板、纸板、塑料板、树脂等，它们的断面形状可以是波纹状、蜂窝状、管状。这些材料的特点是质量轻、耐腐蚀性强、表面积和孔径比一般的滤料要大，因此可使滤池的通风情况大为改善，提高了污水处理能力。软性塑料填料属于纤维状滤料。

布水设备的作用主要是将污水均匀地分配到滤池表面。常用的布水设备分为固定式和可动式（旋转式）两种，固定式喷水设备布水不够均匀，而且不能为防止滤池堵塞而连续不断地冲刷生物膜，设备投资相对来说较大，因此它已逐渐被可动式布水设备取代。可动式布水设备适用于圆形或多角形生物滤池，高负荷生物滤池和塔式生物滤池也常用可动式布水设备。

普通生物滤池 BOD$_5$ 去除率一般为 80％～95％，但是水力负荷和有机负荷率很低，导致需要较多的滤料和较大的占地面积，一般采用固定式布水系统。

（2）高负荷生物滤池。高负荷生物滤池在结构上与普通生物滤池基本相同，不同之处在于多采用粒径较大的滤料，其有较高的水力负荷率，一般是普通生物滤池的 10 倍，有机负荷率也较普通生物滤池高 8 倍左右，所以滤池体积较小，占地面积较普通生物滤池节省，但 BOD$_5$ 的去除率较低，为 75％～90％，一般采用可动式布水系统。

（3）塔式生物滤池。塔式生物滤池一般高达 8～24m，直径为 1～3.5m，呈塔状见图 7-4。塔身高有抽风作用，可改善通风情况。塔式生物滤池实际上也是一种高负荷滤池，由于塔较高，污水、生物膜和空气的接触时间得以延长，故较一般的高负荷滤池的负荷还要高，常被用于高浓度有机废水的处理，并被广泛用于食品工业废水处理中。

塔式滤池的特点主要是占地面积小，对水质突变的适应性强，通风好，供氧充足。虽然塔式生物滤池的负荷高，但在进水 BOD$_5$ 浓度较高时，由于生物膜生长太快，滤料易堵塞，故使用时应控制 BOD$_5$ 浓度在 500mg/L 以下。由于滤池有一定高度，污水的提升费用较大。另外还存在着基建投资大，运行管理不太方便的问题。

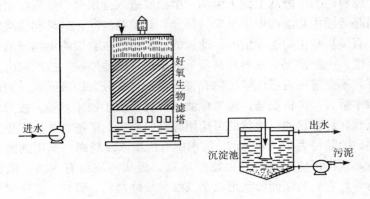

图 7 - 4　塔式生物滤池

　　生物滤池法的主要优点是构造简单，操作容易，能够经受有毒污水的冲击负荷。其主要缺点是在增加污水的浓度或流量时，出水水质将随之恶化。出水水质还受季节、温度的影响，温度下降时，生物膜对有机污染物的降解速度下降，导致出水水质的下降。

　　使用何种生物滤池法要根据具体情况进行选择，如用前两种生物滤池法处理高浓度的食品工业废水（如：肉类加工废水、啤酒生产废水），滤池易堵塞，导致运行不正常。由于塔式生物滤池水力负荷大，耐冲击负荷能力强，所以根据水的污染程度适时选用塔式生物滤池，可在一定程度上避免堵塞的发生，还可以将这些方法结合使用。

　　2. 生物转盘　生物膜生长在能够转动的圆盘表面进行污水处理的装置就是生物圆盘，由许多块能旋转的圆盘代替了滤料，同时具有活性污泥和生物滤池两种方法的特点。生物转盘滤池是由装配在水平横轴上、间隔较小（一般为15～20mm）的一系列大圆盘所组成，见图 7 - 5。圆盘直径 1～4m，厚度 2～10mm，盘数可达 100～200 片，用硬质聚氯乙烯塑料、酚醛树脂、玻璃钢或环氧树脂玻璃钢制成，也可用竹席或尼龙布包在框架上制成。圆盘在电机带动下，以 0.01～0.05r/s 的转速缓慢转动，圆盘一半浸在废水中，另一半暴露在空气中，在水中部分的生物膜吸附废水中的有机物，当转出水面后，就从空气中吸收所需的氧，进行生化反应，如此循环，将废水中的有机物氧化分解，最终使池中的废水得以净化。转盘上的生物膜生长到一定厚度会自行脱落，所以废水还需进入二次沉淀池。

　　生物转盘法与活性污泥和生物滤池法相比，具有以下几方面的优点：①不会发生像生物滤池中滤料堵塞现象或活性污泥中的污泥膨胀现象，能够处理高

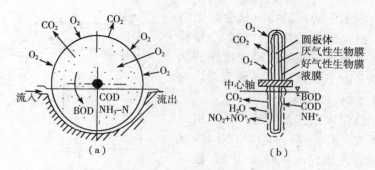

图7-5 生物转盘净化原理示意图

(a) 侧面 (b) 断面

（马贵民，徐光龙．生物技术导论．2006）

浓度的有机废水；②适应性强，净化率高；③易于沉淀分离和脱水干化，剩余污泥量少；④操作简单，不需要污泥回流系统，便于管理和控制；⑤设备简单，运行费用低。但废水量很大时，需要很多圆盘，因此，目前只用于较小水量的高浓度废水处理中。

3. 生物接触氧化法 生物接触氧化法是在曝气的条件下，将滤料完全淹没在废水中进行反应，实现净化的生物膜法，又称淹没式生物膜法。生物接触氧化池系统中包括格栅、初沉淀池、生物接触氧化池和二次沉淀池，通常没有回流系统（图7-6）。其中生物接触氧化池是该系统的中心设施，由池体、填料、布水装置、曝气系统和排泥系统五部分组成。

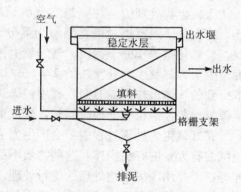

图7-6 生物接触氧化池构造示意图

生物接触氧化法与其他方法相比，具有以下几方面的优点：①由于接触氧化池内的生物浓度较高，所以对水负荷具有较强的适应性；②由于使用了曝气装置，使系统微生物对有机物的代谢速度加快，从而缩短了处理时间；③设备体积小，占地面积少；④可以有效避免污泥膨胀。

4. 生物流化床 在上述几种生物膜的污水处理方法中，生物膜和污水都是处于一静一动的相对运动状态，而生物流化床则使生物膜和污水都处于运动状态中。流化床以砂、活性炭、焦炭等一类较轻的惰性颗粒为载体充填在床内，载体表面覆盖着生物膜。废水以一定的流速从下而上流动，使载体处于流化状态，废水中的污染物有机会与生物膜发生广泛而频繁的接触，加上小颗粒载体的相互摩擦碰撞，使得生物膜的活性较高，又由于载体在不停地流动，很好地防止了堵塞现象。

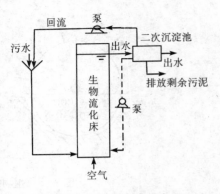

三相流化床工艺是目前广泛采用的流化床形式（图7-7），它将空气（或氧气）直接通入流化床，构成气-固-液三相混合体系，不需要另外的充氧设备。

图7-7　三相流化床示意图

好氧生物处理法的处理效率高，但能耗大，剩余污泥量大。对于像食品工业这样的高浓度有机污水，利用厌氧生物处理法会更合适。

第三节　厌氧生物处理技术

厌氧生物处理法是在隔绝空气的情况下，依靠专性厌氧或兼性厌氧微生物，将大分子的有机污染物降解为低分子物质，然后再将其进一步分解为甲烷、二氧化碳等小分子物质。与好氧生物处理法相比，厌氧生物处理法具有污泥量少（为好氧生物处理法的 $1/6 \sim 1/10$），有机负荷率高，动力消耗低，降解得到的气体可作为能源回收利用，厌氧生物处理不需要供给溶解氧，可节省能源等优势。但也有处理时间长，处理水质差的缺点。

在好氧生物处理过程中，会产生大量的活性污泥和生物膜，在初沉淀池中也沉淀有大量的有机固体，这些物质不稳定，有异味，还带有病原菌、寄生虫卵等，需要用厌氧生物处理法进行处理。厌氧生物处理还可将有机污染物转化为新能源，从而获得生物能源。废水的有机物含量高时，用厌氧生物处理法最为合适。

一、厌氧生物处理技术概述

1. 厌氧生物处理法的过程　厌氧生物处理的过程又称为厌氧消化，生物处理中起作用的微生物是厌氧微生物，这类微生物能在没有溶解氧的条件下代谢分解污水中的有机物，最终代谢产物为气体，其中大部分为甲烷，另外是少量的硫化氢、二氧化碳、氨等。目前认为厌氧生物处理过程可分为三个阶段：水解发酵阶段、产氢产乙酸阶段和产甲烷阶段。在水解发酵阶段，有机物首先通过发酵细菌的作用生成乙醇、丙酸、丁酸、乳酸等；在产氢产乙酸阶段，产氢产乙酸菌将丙酸、丁酸等脂肪酸和乙醇降解为乙酸、氢气和二氧化碳等；在产甲烷阶段，产甲烷细菌利用乙酸、氢气和二氧化碳产生甲烷。

2. 厌氧消化微生物 厌氧消化微生物可以分为发酵细菌、产氢产乙酸菌和产甲烷菌三大类。

(1) 发酵细菌。发酵细菌主要包括梭菌属、拟杆菌属、丁酸弧菌属、真细菌属、双歧杆菌属等。这类细菌可先通过胞外酶将不溶性的有机物水解成可溶性有机物，进而将大分子有机物转化为脂肪酸、醇类等小分子有机物。

(2) 产氢产乙酸菌。这类细菌主要包括单胞菌属、互营杆菌属、梭菌属、暗杆菌属等，其主要功能是将各种高级脂肪酸和醇类氧化分解为乙酸和氢气。

(3) 产甲烷菌。这类菌都是专性厌氧菌，氧和任何氧化剂都会对其造成严重伤害，它们在自然界分布极其广泛。产甲烷菌的主要功能是将产氢产乙酸菌的产物乙酸、氢气和二氧化碳转化为甲烷。

3. 影响厌氧生物处理法的因素 由于产生甲烷的速率特别低，控制着整个厌氧生物处理过程的速率，所以在整个厌氧生物处理过程中，必须维持有效的产甲烷阶段的条件。下面介绍几个最重要的影响消化的因素。

(1) 温度。厌氧菌的活动与温度关系密切，在厌氧生物处理过程中有两个最佳温度范围：55℃和35℃，相应的厌氧处理被称为高温消化和中温消化，由于高温消化操作复杂，消耗的能量多，加热费用大，除非借助废水原来的温度，否则一般采用中温消化。

(2) 有机负荷。有机负荷与产气量的关系是在一定范围内有机负荷越大，产气量越多。但由于厌氧处理过程中，产酸阶段的反应速率比产甲烷阶段反应速率大得多，在有机负荷过高时，有机酸积累过多，会抑制产甲烷菌的代谢。

(3) pH。产甲烷菌的最适 pH 范围为 6.8～7.2，其对 pH 的变化很敏感，适应性差，当 pH 高于 8 或低于 6 时，消化作用受到严重的抑制。在实际污水处理过程中，挥发性酸的控制也很重要，因为有机酸积累可导致 pH 下降，从而降低消化效率，因此在消化运行过程中，应关注挥发酸的量，一般控制在 200～800mg/L（以醋酸计）。当 pH 过低时，可投入石灰或碳酸钠，调节 pH。对于食品工业污水的厌氧处理，消化池内要保持一定的碱度，一般不低于 1 000mg/L（以碳酸钙计）。

二、厌氧生物处理工艺

厌氧生物处理工艺分为厌氧悬浮生长（厌氧活性污泥法）和厌氧接触生长

（厌氧生物膜法）两大类。前者包括厌氧接触消化法、升流式厌氧污泥床（UASB）、水力循环厌氧接触池等；后者包括厌氧生物滤池（AF）、厌氧生物转盘、厌氧膨胀床、厌氧流化床等。这几种厌氧处理工艺中，在世界范围内采用最多的是 UASB 工艺，而膨胀床、流化床和厌氧滤池加起来占使用总量的15％左右。

（一）厌氧接触消化法（厌氧消化池）

厌氧接触消化法对传统的消化池进行了改进，在消化池后段设一个沉淀池，将消化池排出的混合液真空脱气（沼气），在沉淀池内进行固液分离后，废水由沉淀池上部流出，污泥大部分回流至消化池（图 7 - 8）。

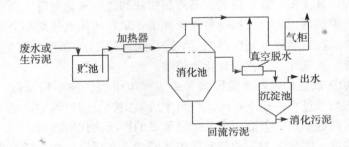

图 7 - 8   厌氧接触系统

（二）厌氧滤池（AF）

厌氧生物滤池是一种内部装有微生物载体的厌氧反应器，其结构与一般的好氧生物滤池相似，池内也装有填料，但池顶密封（图 7 - 9）。厌氧微生物以生物膜的形态生长在填料表面，废水淹没地通过填料，在生物膜的吸附作用、微生物的代谢作用和填料的截留作用下，废水中的有机污染物被除去，达到废水净化的目的。

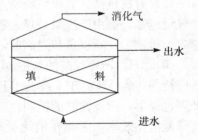

图 7 - 9   厌氧生物滤池示意图

厌氧生物滤池法的优点：由于生物量较高，有机负荷也较高，处理效果良好；能保持稳定的污泥量，产泥量少，不需要污泥回流；构造简单，能耗低，运行管理方便。该法的主要不足之处：填料价格较高，且容易堵塞；生物滤池难以均匀布水。

（三）升流式厌氧污泥床（UASB 反应器）

UASB 反应器是在厌氧滤池的基础上发展起来的一种高效厌氧反应器，是目前应用最广泛的一种厌氧生物处理装置，见图 7 - 10。它的构造特点是在反应器的上部设置了一个气、固、液三相分离器。在反应器底部装有大量厌氧污泥，废水从反应器底部进入，穿过污泥层进行有机物与微生物的接触。厌氧消化所产生的气体附着在污泥颗粒上，使颗粒悬浮在废水中，形成上密下疏的悬浮污泥层。气泡在变大并上升时，对反应体系起到了搅拌的作用。气泡通过三相分离器时，沼气与所附着的污泥颗粒分开，先被分离到气室，由导管导出，而污泥又沉降到

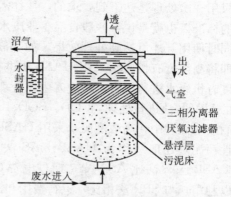

图 7-10　升流式厌氧污泥床反应器

污泥层。UASB 反应器的优点：可实现污泥的颗粒化；污泥床内保持有大量的微生物存在，处理效能高；气、固、液分离实现了一体化；污泥产量低，不会堵塞，不设搅拌装置，运行管理方便；能耗低，占地面积小，造价低；能够回收沼气作为生物能利用。

（四）新型高效厌氧反应器

1. 厌氧膨胀颗粒污泥床　厌氧膨胀颗粒污泥床（简称 EGSB）是 20 世纪 90 年代初在荷兰研制成功的，其构造由主体部分、进水分配系统、气液固三相分离器、出水循环系统等部分组成（图 7-11）。污水从床底部流入，载体颗粒在反应器内均匀分布、循环流动，一部分回流后再与进水混合，出水与沼气在上部分离并排出。

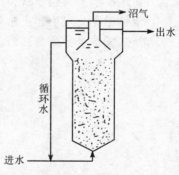

图 7-11　厌氧膨胀粒污泥床示意图

厌氧膨胀颗粒污泥床的优点：能减轻或消除静态床中常见的底部负荷过重的状况，可以增加反应器的有机负荷；由于出水循环比率较高，使污水中有毒物质得到有效稀释，提高了系统对毒性物质的承受能力；污水与微生物之间能充分接触，促进了微生物对基质的降解，提高了处理效率。

2. 升流式厌氧流化床　升流式厌氧流化床（简称 UFB）是介于流化床和升流式厌氧污泥床之间的一种反应器。内有微粒填料，载体流化的动力来自液体的流动和气体的上升。基质和微生物接触紧密，可以承受较高的有机负荷。

选择食品工业废水的处理方法要根据具体情况，因地制宜进行，要考虑到污水的组成、水质、水量的变化等因素。由于食品工业废水属于高浓度废水，

只用一次处理是达不到要求的，往往需要几种生物处理方法串联才能达到排水的标准。也就是说，一般食品工业废水处理不仅仅使用一种方法，要几种方法同时使用，才可达到处理效果。如啤酒废水采用厌氧处理，再进行好氧处理，即将高浓度有机废水采用 UASB 法进行预处理后，再进入总调节池，与低浓度有机废水进行混合，再进入主体处理工艺系统。高浓度有机废水采用厌氧中的 UASB 法进行处理，COD、BOD、SS 等的去除率均较高。有资料报道，啤酒废水处理中，高浓度废水采用 UASB 法进行预处理，混合废水进入 AS（活性污泥）处理（称为 UASB＋AS 法），与全部直接进入 AS 法处理比较，UASB＋AS 法比 AS 法节省曝气电费 68％，节省污泥处理费 59％，沼气还可以利用；与 SBR 法相比，运行费用和污泥处理费比 SBR 低。

思 考 题

1. 食品工业废水具有哪些基本特性？
2. 衡量废水污染的主要指标有哪些？
3. 简述废水生物处理法类型。
4. 活性污泥处理法和生物膜法的异同点有哪些？
5. 简述厌氧生物处理法的特点和原理。

第八章 生物技术与食品安全

生物技术在改善食品生产环节、提高食品营养、消除食品污染源等方面有着巨大的应用前景，但同时也有对人类不利的方面，如果对生物技术不加管理，将会给人类带来灾难性的后果。本章主要介绍对生物技术食品的安全性评价、现代分子检测技术与食品安全、生物技术食品的安全管理与相应法规等内容。

第一节 生物技术食品安全性评价的基本内容

生物技术食品中最具有代表性的是指利用基因工程技术，将外源性基因转移至各种微生物、植物和动物体内，或通过改变现有基因表达等方式所生产的食品。

利用基因工程技术生产的食品，作为一种新型的食品种类，它自出现的那一天起，就备受世人的关注。其安全性问题一直是科学界、政府、消费者所关注的热点。

一、生物技术食品安全性评价的由来

20 世纪 60 年代末，斯坦福大学教授 Berg 尝试用来自细菌的一段 DNA 与猴病毒 SV40 的 DNA 连接起来，获得了世界第一例重组 DNA。但这项研究受到了其他科学家的质疑，因为 SV40 病毒是一种小型动物的肿瘤病毒。可以将人的细胞培养转化为类肿瘤细胞。如果研究中的一些材料扩散到环境中，将对人类造成巨大的灾难。于是在 1973 年的 Gordon 会议和 1975 年的 Asilomar 会议专门针对转基因生物的安全进行了讨论。

20 世纪 80 年代后期，随着第一例基因重组生物技术食品牛乳凝乳酶的商业化生产，转基因食品的安全性受到了越来越广泛的关注。1991 年召开的第一届 FAO/WHO 专家咨询会议，在安全性评价方面迈出了第一步。会议首次回顾了食品生产加工中生物技术的地位，讨论了在进行生物技术食品安全性评价时的一般性和特殊性的问题。认为传统的食品安全性评价毒理学方法已不再适用于转基因食品。1993 年经济发展合作组织召开了转基因食品的安全会议，

会议提出了《现代生物技术食品安全性评价：概念与原则》的报告，报告中的"实质等同性原则"得到了世界各国的认同。1996 年和 2000 年的 FAO/WHO 专家咨询会议，2000 年和 2001 年在日本召开的世界食品法典委员会（CAC）转基因食品政府间特别工作组会议，对"实质等同性原则"给予了肯定。

二、转基因食品安全性评价的目的与原则

1. 安全性评价的目的　转基因食品作为人类历史上的一类新型食品，在给人类带来巨大利益的同时，也给人类健康和环境安全带来潜在的风险。因此，转基因食品的安全管理受到了世界各国的重视。其中，转基因食品的安全性评价是安全管理的核心和基础之一。转基因食品安全性评价目的是，从技术上分析生物技术及其产品的潜在危险，对生物技术的研究、开发、商品化生产和应用的各个环节的安全性进行科学、公正的评价，以期在保障人类健康和生态环境安全的同时，也有助于促进生物技术的健康、有序和可持续发展。因此，对转基因食品安全性评价的目的可以归结为①提供科学决策的依据；②保障人类健康和环境安全；③回答公众疑问；④促进国际贸易，维护国家权益；⑤促进生物技术的可持续发展。

2. 安全性评价的原则　转基因食品的安全性评价原则主要包括两方面的内容：遗传工程体特性分析和实质等同性原则。

（1）遗传工程体特性分析。在对转基因食品评价时，第一个要考虑的问题是对遗传工程体的特性分析，这样有助于判断某种新食品与现有食品是否有显著差异，分析的主要内容：①供体来源、分类、学名，与其他物种的关系。作为食品食用的历史，有无有毒史、过敏性、传染性、抗营养因子、生理活性物质，该供体的关键营养成分等。②被修饰基因及插入的外源 DNA 介导物的名称、来源、特性和安全性。基因构成与外源 DNA 的描述，包括来源、结构、功能、用途、转移方法、助催化剂的活性等。③受体与供体相比的表型特性和稳定性，外源基因的拷贝量，引入基因移动的可能性，引入基因的功能与特性。

（2）实质等同性。1993 年经济合作发展组织（OCED）在《现代生物技术食品的安全性评价：概念与原则》的绿皮书中，提出对现代生物技术食品采用实质等同性的评价原则。1996 年 FAO/WHO 召开的第二次生物技术安全性评价专家咨询会议，将转基因植物、动物、微生物产生的食品分为三类：转基因食品与现有的传统食品具有实质等同性；除某些特定的差异外，与传统食品具有实质等同性；与传统食品没有实质等同性。

实质等同性比较的主要内容有以下两种。

①生物学特性的比较：对植物来说包括形态、生长、产量、抗病性及其他有关的农艺性状；对微生物来说包括分类学特性（如培养方法、生物型、生理特性等）、增殖潜力或侵染性、寄主范围、有无质粒、抗生素抗性、毒性等。动物方面是形态、生长生理特性、繁殖、健康特性、产量等。

②营养成分比较：包括主要营养因子、抗营养因子、毒素、过敏原等。主要营养因子包括脂肪、蛋白质、碳水化合物、矿物质、维生素等；抗营养因子主要指一些能影响人对食品中营养物质的吸收和对食物消化的物质，如豆科作物中的一些蛋白酶抑制剂、脂肪氧化酶、植酸等。毒素指一些对人有毒害作用的物质，在植物中有马铃薯的茄碱、番茄中的番茄碱等。过敏原指能造成某些人群食用后产生过敏反应的一类物质，如巴西坚果中的 2S 清蛋白。一般情况下，对食品的所有成分进行分析是没有必要的，但是，如果其他特征表明，由于外源基因的插入产生了不良影响，那么就应该考虑对广谱成分予以分析。对关键营养素的毒素物质的判定，是通过对食品功能的了解和插入基因表达产物的了解来实现的。但是，在应用实质等同性评价转基因食品时，应该根据不同的国家、文化背景、宗教等的差异进行评价。在进行评价时应根据下列情况分别对待。

a. 与现有食品及食品成分具有完全实质等同性，若某一转基因食品或成分与某一现有食品具有实质等同性，那么就不用考虑毒理和营养方面的安全性，两者应同等对待。

b. 与现有食品及成分具有实质等同性，但存在某些特定差异这种差异包括：引入的遗传物质是编码一种蛋白质还是多种蛋白质，是否产生其他物质，是否改变内源成分或产生新的化合物。新食品的安全性评价主要考虑外源基因的产物与功能，包括蛋白质的结构、功能、特异性食用历史等。在这种情况下，主要针对一些可能存在的差异和主要营养成分进行比较分析。目前，经过比较的转基因食品大多属于这种情况。

c. 与现有食品无实质等同性，如果某种食品或食品成分与现有食品和成分无实质等同性，这并不意味着它一定不安全，但必须考虑这种食品的安全性和营养性。首先应分析受体生物、遗传操作和插入 DNA、遗传工程体及其产物如表型、化学、营养成分等。由于目前转基因食品还没有出现这种情况，故在这方面的研究还没有开展。

三、转基因食品安全性评价的几个主要问题

1. 过敏原　食物过敏是人类食物食用史上一个由来已久的卫生问题。食

物过敏常发生在某些特殊人群，全球有近 2% 的成年人和 4%～6% 的儿童有食物过敏史。食物过敏是指在食品中含有某些能引起人产生不适反应的抗原分子，这些抗原分子主要是一些蛋白质，这些蛋白质具有对 T-细胞和 B-细胞的识别区，可以诱导人免疫系统产生免疫球蛋白 E 抗体（IgE）。过敏蛋白含有两类抗原决定簇，即 T-细胞和 B-细胞的抗原决定簇。抗原一般为小于 16 个氨基酸残基的短肽。在食物过敏性反应中还有一类是细胞介导的过敏反应，包括由于淋巴细胞组织敏感产生的滞后型食物过敏。这种过敏反应是在进食过敏性食品 8h 以后才开始有反应，目前这种类型的反应多发生在婴儿。但在一些患有胃病的人群中这种过敏反应也是常见的。例如，对谷蛋白敏感性胃病。

食物过敏反应通常在食物摄入后的几分钟到几小时内发生。在儿童和成年人中，90% 以上的过敏反应是由 8 种或 8 类食物引起的：蛋、鱼、贝壳、奶、花生、大豆、坚果和小麦。一般过敏性食品都具有一些共同特点，如大多数是等电点 pI＜7 的蛋白质或糖蛋白，相对分子质量在 10 000～80 000；通常都能耐受食品加工、加热和烹调操作；可以抵抗肠道消化酶的作用等。

一般在下列情况下转基因食品可能产生过敏性：①所转基因编码已知的过敏蛋白；②基因含过敏蛋白；③转入蛋白与已知过敏原的氨基酸序列在免疫学上有明显的同源性；④转入蛋白属某类蛋白的成员，而这类蛋白家族的某些成员是过敏原。如肌动蛋白抑制蛋白为一类小分子质量蛋白，在脊椎动物、无脊椎动物、植物及真菌中普遍存在。但在花粉、蔬菜、水果中的肌动蛋白抑制蛋白为交叉反应过敏原。

若此基因来源没有过敏史，就应该对其产物的氨基酸序列进行分析，并将分析结果与已建立的各种数据库中的 198 种已知过敏原进行比较。现在已有相应的分析软件可以分析序列同系物、结构相似性，以及根据 8 种相连的氨基酸所引起的变态反应的抗原决定簇和最小结构单位进行抗原决定簇符合性的检验。如果这样的评价不能提供潜在过敏的证据，则进一步应用物理及化学试验确定该蛋白质对消化及加工的稳定性。

国际食品生物技术委员会与国际生命科学研究院的过敏性和免疫研究所一起制定了一套分析遗传改良食品过敏性树状分析法。该法重点分析基因的来源、目标蛋白与已知过敏原的序列同源性，目标蛋白与已知过敏病人血清中的 IgE 能否发生反应，以及目标蛋白的理化特性。

2. 毒性物质　毒性物质是指那些由动物、植物和微生物产生的对其他种生物有毒的化学物质。从化学的角度看，毒性物质包括了几乎所有类型的化合物；从毒理学方面看，毒性物质可以对各种器官和生物靶位产生化学和物理化学的直接作用，因而引起机体损伤、功能障碍以及致畸、致癌，甚至造成死亡等各种不良生理效应。

现在已知的植物毒素有 1 000 余种，绝大部分是植物次生代谢产物。属于生物碱、萜类、苷类、酚类、肽类等有机物。其中，最重要的是生物碱和萜类植物。在人类食品植物中也产生大量的毒性物质和抗营养因子。如蛋白酶抑制剂、溶血剂、神经毒剂等。到目前为止，自然界共发现四类蛋白酶抑制剂：丝氨酸蛋白酶抑制剂、金属蛋白酶抑制剂、巯基蛋白酶抑制剂和酸性蛋白酶抑制剂。这些蛋白酶抑制剂在抗虫基因工程研究中得到了广泛的应用。在许多豆科植物产生相对较高水平的凝集素和生氰糖苷。植物凝集素在食用前未被消化或加热浸泡除去，可以造成严重的恶心、呕吐和腹泻。如果生食豆类和木薯，其生氰糖苷含量能导致慢性神经疾病甚至死亡。

从理论上讲，任何外源基因的转入都可能导致遗传工程体产生不可预知的或意外的变化，其中包括多向效应。这些效应需要设计复杂的多因子试验来验证。如果转基因食品的受体生物有潜在的毒性，应检测其毒素成分有无变化，插入的基因是否导致毒素含量的变化或产生了新的毒素。在毒性物质的检测方法上应考虑使用 mRNA 分析和细胞毒性分析。

模型动物的建立对评价转基因食品的安全性是非常重要的。动物实验是食品安全评价最常用的方法之一，对转基因食品的毒性检测评价涉及免疫毒性、神经毒性、致癌性、遗传毒性等多种动物模型的建立。

3. 抗生素抗性标记基因　抗生素抗性标记基因在遗传转化技术中是必不可少的，主要应用于对已转入外源基因生物体的筛选。因为抗生素对人类疾病的治疗关系重大，对抗生素抗性标记基因的安全性评价，是转基因食品安全评价的主要问题之一。

美国食品与药品管理局（FDA）评价抗生素抗性标记基因时，认为在采取个案分析原则的基础上，还应考虑：①使用的抗生素是否是人类治疗疾病的重要抗生素；②是否经常使用；③是否口服；④在治疗中是否是独一无二不可替代的；⑤在细菌菌群中所呈现的对抗生素的抗性水平状况如何；⑥在选择压力存在时是否会发生转化。

在以上的基础上，抗生素抗性基因安全性还应具体考虑以下几个问题。

（1）抗生素抗性基因所编码的酶在消化时对人体产生的直接效应。包括该产物是否是毒性物质、是否是过敏原或诱导其他过敏原的产生、是否具有使口服抗生素失去疗效的潜在作用。

（2）抗生素抗性基因水平转入肠道上皮细胞肠道微生物的潜在可能性。目前认为人们在食用食品后，大部分 DNA 经过肠胃道的核酸酶消化后，已成为戊糖、嘌呤和嘧啶碱基。即使有极少部分较大片段的 DNA，在没有选择压力的环境中，在不存在感受态的受体细胞，在没有大于 20 kb 的同源区的情况下，抗生素抗性基因水平转入上皮细胞的可能性是极少的。加之上皮细胞的新陈代谢周期短，这种转移更是微乎其微了。

（3）抗生素抗性基因水平转入环境微生物的潜在可能性。在对这种可能性进行评价时认为，在土壤中存在许多微生物含有可转移的质粒，有些质粒含有抗生素抗性基因，这些微生物的数量远远超过了转基因植物残存的抗生素抗性基因的数量，加之这些抗生素抗性基因是整合在植物基因组中的，其移动性又远远低于微生物中的质粒。因此，水平转移到环境微生物的可能性也非常小。

（4）未预料的基因多效性这是一些学者关心的问题之一。基因的多效性有的可以预测，有的则不可预测。其效应也是可以有利，或不利。

第二节　生物技术食品安全管理内容及相关法规

世界各国对生物技术都倾注了极大的兴趣，并寄予高度的希望。但对基因工程工作及其产品的安全性也同样采取十分谨慎的态度。主要是对基因改性产品的安全性具有相对的不确定性，而涉及人体健康、环境保护、伦理、宗教等影响；生物技术产品跨越政治界限的生态影响和地理范围；在一国或地区表现安全的基因产品在另一地区是否安全，既不能一概肯定，也不能一概否定，需要经过评价，实施规范管理。另外，随着世界市场的开放及其影响范围的扩大，已表明生物技术产品已超越本国的影响限度，这就带来无可回避的风险问题。

一、生物技术食品安全管理的内容

生物技术安全管理的法规体系建设主要包括以下内容。

1. 建立健全生物安全管理体制的法规体系　明确规定将生物技术的实验研究、中间试验、环境释放、商品化生产、销售、使用等方面的管理体制纳入法制轨道。

2. 建立健全生物技术的安全性评价、检测、监测体系　制定能够准确评价的科学技术手段。

3. 建立、完善和促进生物技术健康发展的政策体系和管理机制　保证在确保国家安全的同时，大力发展生物技术，进一步发挥生物技术创新在促进经济发展，改善人类生活水平、保护生态环境等方面的积极作用。

4. 建立生物技术产品进出口管理机制　管理国内外基因工程产品的越境

转移，有效地防止国外生物技术产品越境转移，给国内人体健康和生态环境带来的危害。

5. 提高生物技术产品的国家管理能力　建立生物安全管理机制和机构设置，加强生物安全的监测设施建设，构建生物安全管理信息系统，增强生物安全的监督实力，培训生物安全科学技术的人力资源。

总之，生物技术安全管理的总体目标：通过制定政策法规和法律规定，确立相关的技术标准，建立健全管理机构并完善监测和监督机制，积极发展生物技术的研究与开发，切实加强生物安全的科学技术研究，有效地将生物技术可能产生的风险降低到最低限度，以最大限度地保护人类健康和环境生态安全，促进国家经济发展和社会进步。

二、国内外生物技术食品安全管理及相关法规

由于转基因技术开辟了一个新的领域，目前的科学技术水平还不能准确地预测外源基因在受体生物遗传背景中的全部表现，人们对于生物技术食品的潜在危险性和安全性还缺乏足够的预见能力。因此，各国根据各国的国情和世界卫生组织、联合国粮农组织、经合组织制定的生物技术产品安全性评价原则制定出各自的生物技术安全指南和管理，建立起一系列的生物技术产品的安全管理的程序和规范。

1. 美国转基因食品的管理　美国的生物技术食品是由食品和药品管理局（FDA）、美国环保局（EPA）、美国农业部（USDA）负责检测、评价和监控。其中，FDA 的食品安全与应用营养中心是管理绝大多数食品的法定权力机构。而美国农业部的食品安全和检测部门则负责肉、禽和蛋类产品对消费者的安全与健康影响的管理。EPA 管理食品植物杀虫剂的使用和安全。

1998 年，FDA 的食品安全与营养学中心发布了转基因植物应用抗生素标记基因的工业指南，提出对抗生素抗性基因的安全性评价，首先是该基因编码酶或蛋白质的安全性，即是否有潜在毒性或致敏性，以及因存在于食品中是否影响到相应抗生素的口服使用疗效。尽管抗生素抗性标记基因从植物中转移给肠道或环境微生物的可能性极小，但食品与药品管理局要求在个案分析的原则基础上，从事转基因植物的人员应从以下几个方面评价标记基因的安全性：①所涉及的抗生素是否在药物治疗上非常重要；②是否为常用药；③是否口服；④是否为独一无二的药物；⑤是否存在相应基因发生转化的选择压力；⑥在菌群中存在对相应抗生素的抗性水平。如果 FDA 认为该标记基因可能影响相应抗生素的应用疗效，或该抗生素是唯一的特效药，则该标记基因不能用

作转基因作物的标记基因。

2. 加拿大转基因食品的管理　加拿大负责法规和标签的权力机构是卫生部所属的健康保护局，该局根据《新食品管理条例》和《新食品安全评价准则》的规定对生物技术食品进行管理。其新食品包括：①没有作为安全食用史的物质（包括微生物）；②采取新方法生产、制造、保存或包装的食品，或使食品发生巨大变化的方法，该方法可能对食品的成分、结构、公共价值、或已确认的食品生理产生有害影响，或可能改变对该食品的代谢或对食品的安全产生影响。加拿大的新食品管理条例和准则，反映了经济合作发展组织所提出的实质等同性原则，所收集的新食品安全信息也得到了联合国粮农组织的认可。按加拿大食品管理局授权，该国的食品标签政策由加拿大卫生部和加拿大食品监督局制定。准则要求其标签内容必须真实且容易理解，并且不能造成误导。那些对于健康和安全可能有影响的食品，如可能引起过敏、造成毒性、成分与营养改变的食品，则实行强制性标签。

3. 欧盟转基因食品的管理　欧盟国家对生物技术食品评价作了严格的法律规定。欧盟管理体系基于两方面的考虑：首先是考虑生物技术的应用可能引起的特定风险，此外是考虑最终产物及其安全性。1997 年 5 月 14 日，欧盟通过了《欧盟议会和委员会新食品和食品成分管理条例第 258/97 号令》。该法规规定了新食品的定义、新食品和食品成分上市前安全性评价的机制和对转基因生物（GMOs）产生的食品和食品成分的标签要求。欧盟认为新食品包括含有GMOs 的食品、食品成分、对 GMOs 来源的食品和食品成分以及其他分子结构经过修饰的食品、食品成分等。新食品和食品成分不应给消费者带来危险，不能误导消费者，不能明显不同于现有的食品以至于营养学上不利于消费者。管理法规要求申请者必须提交申请给成员国并提供必要的信息。成员国再把申请复件送给欧盟委员会和各成员国。申请所在成员国受权机构必须在 3 个月内提交给欧盟委员会和所有成员国一份最初的评价报告。若经过 60d，各成员国不提异议，该食品或食品成分可被允许进入欧盟市场。但若该食品包含GMOs，则必须经过由欧盟委员会食品常务委员会等组成的审议程序。为保证消费者的知情权，欧盟对转基因食品和含 1‰ 以上转基因成分的食品实现强制性标签。标签上必须标明该食品的组成、营养价值和食用方法。

4. 国内生物技术食品安全管理及相关法规　我国由于转基因技术发展晚于欧美，在安全性法规和管理上起步晚于发达国家。目前，有关国际组织和国外的现行法规将转基因食品归入"新食品"的管理范畴。所谓新食品是指一个地区或国家以前无食用习惯的食品。在我国的现行法律法规中将这一类食品归类为新资源食品，并将转基因食品也归入新资源食品的管理范畴。1990 年颁布的《新资源食品卫生管理办法》对新资源食品的定义：食品新资源系指在我国新研制、新发现、新引进的无食用习惯的、符合食品基本要求的物品。以食品新资源生产的食品称新资源食品（包括新资源食品原料及成品）。

在《新资源食品卫生管理办法》中还规定："新资源食品的试生产、正式生产由中华人民共和国卫生部审批，卫生部聘请食品卫生、营养、毒理等有关方面的专家组成新资源食品审评委员会，负责新资源食品的审评，新资源食品审评委员会的审评结果，作为卫生部对新资源食品试生产、生产审批的依据。"

为了顺利进行新资源食品的审批，卫生部还制定和颁布了《新资源食品审批工作程序》，依照《食品卫生法》及该程序的规定，新资源食品的审批内容包括：①食品新资源名称及国内外研究利用情况；②新资源食品的名称、配方及生产工艺；③产品成分（包括营养物质、有生物效应物质、有毒有害物质等）的分析报告；④食品新资源的安全性毒理学评价报告或有关文献资料；⑤个别地区有食用习惯的食品，应提供有关食品食用历史的证明资料；⑥该产品的质量标准；⑦产品标签及说明书。

对于新资源生产的食品添加剂，必须由卫生部进行审批。评审内容包括：生产工艺，理化性质，质量标准，使用效果、范围，加入量、毒理学评价结果等。为了开展对新资源食品原料、新资源食品、利用新资源生产加工的食品添加剂进行食品安全性评价，我国还颁布了国家标准的《食品安全性毒理学评价程序与方法》。

此外，我国对基因工程管理的部分内容，也适用于对生物技术食品的管理。1993 年 12 月，中华人民共和国科学技术委员会发布了《基因工程安全管理办法》，对基因工程的安全等级和安全性评价、申报和审批、安全控制措施等作了相应规定。随后，1996 年 4 月农业部颁布了《农业生物基因工程安全管理实施办法》，对不同的农业生物遗传工程体作了详细的规定：植物遗传工程体及其产品安全性评价，动物遗传工程体及其产品安全性评价，植物用微生物遗传工程体及其产品安全性评价，兽用遗传工程体及其产品安全性评价，水生动植物遗传工程体及其产品安全性评价。这些管理细则分别从受体生物的安全性评价、基因操作的安全性评价、遗传工程体及其产品的安全性评价、释放地点、试验方案上进行管理。

我国从 2002 年 3 月 20 日起实施《农业转基因生物标识管理办法》。凡是列入标识管理目录并销售的农业转基因生物应当标识。未标识和不按规定标识的，不得进口或销售。第一批实施标识管理的农业转基因生物包括：大豆种子、大豆、大豆粉、大豆油；玉米种子、玉米、玉米油、玉米粉；油菜种子、油菜子、油菜子油、油菜子粕；棉花种子；番茄种子、鲜番茄、番茄酱。

第三节 食品安全的生物技术检测方法

传统的食品安全检测方法，一般来说成本高、速度慢、效率低。而且，许多有害微生物和毒素还不能检出。随着现代生物技术的发展，新型的食品不断出现，传统的食品安全检测方法已不能满足食品安全检测的需要。同时，随着现代生物技术的发展，现代生物技术检测方法也日趋成熟，以免疫学、分子生物学、微电子技术、微量化学、微量机械、探测系统、计算机技术等学科相结合的现代分子检测技术正在悄然兴起。

一、免疫学检测技术

在哺乳动物细胞中存在一套复杂的自身防御系统，以保护自己在受到外来有害物质和病原菌侵染时不受到致命伤害。其中有一部分防御反应是一种称之为淋巴细胞的细胞经过诱导产生特异的蛋白质，这些蛋白可以与外来物质结合，这种结合物质可以被机体中的专门从事清理外来物质的细胞（如巨噬细胞）吞噬，被消化或被排除体外。机体的这一防御过程就是免疫反应，淋巴细胞产生的特异蛋白就是抗体。与其相对应，能刺激免疫系统发生免疫反应，产生抗体或形成致敏淋巴细胞，并能与相对应的抗体或致敏淋巴细胞发生特异性反应的物质，就是抗原。

抗体最早是由德国微生物学家贝林（Behring）发现的，它们存在于人和脊椎动物的血清中，由于抗体分子具有极其精确的结合特异性，可以识别各种不同的抗原，而且特异性很高，因此，在分子检测领域得到广泛应用。一个抗体分子（免疫球蛋白，Ig）通常包括两个完全相同的轻链分子（L）和两个完全相同的重链分子（H）。轻链分子（L）由大约210个氨基酸残基组成，相对分子质量约 2.3×10^4；重链分子由约450个氨基酸组成，相对分子质量约 5.0×10^4。这4条链在氢键和二硫键共同作用下连在一起，形成"Y"，字形结构（图 8-1）。在"Y"字型的两个支角上，重链和轻链的 N 端区域在一起形成抗原的识别位点。有一段大约110个氨基酸残基的区域，随抗体结合特异性的不同而变化，这端区域叫可变区。除了可变区外，抗体分子上还有恒定区。不同的生物会产生不同种类的免疫球蛋白，无脊椎动物不产生免疫球蛋白，两栖类只产生 IgM 和 IgE；人产生 IgG、IgE、IgA、IgD 和 IgM 五种免疫球蛋白。

相对于抗体，抗原有两项基本属性：一项是免疫原性，即当抗原进入动物体内后能激发免疫系统产生抗体或形成致敏淋巴细胞；另一项是反应原性，即

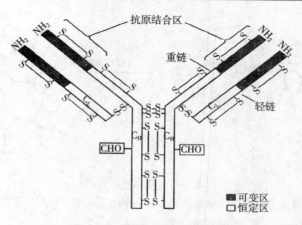

图 8-1　抗体分子结构示意图

能与相对应的抗体或致敏淋巴细胞发生反应。具备上述两项属性的物质，称为完全抗原。只有反应原性而没有免疫原性的物质，称为半抗原。如果把半抗原结合到大分子载体上（如人工合成的多聚氨基酸上），就能得到类似抗原的人工抗原。依据抗原物理性质的不同。抗原可以分为颗粒性抗原和可溶性胶体抗原。细胞、细菌之类属于颗粒性抗原，蛋白质等属于可溶性胶体抗原，一般大于可溶性抗原，颗粒性抗原的免疫原性。

　　抗原和抗体（免疫球蛋白）之间的结合特异性是免疫学检测技术的基础。在检测中，抗原应该是要检测的对象，而抗体是抗原刺激产生的具有对抗原特异结合能力的免疫球蛋白。从目前的研究而言，利用免疫学检测技术已经达到了 ng、pg 级的水平。而可利用抗原的范围也在扩大，现在无论是生物大分子还是有机小分子，都可以通过免疫技术获得相应的抗体（或单克隆抗体），这样就大大拓宽了免疫检侧的应用范围。从目前的现代分子检测技术而言，免疫学检测方法是最特异、最灵敏、用途最广泛的技术之一。

　　1. 免疫检测技术的主要方法

　　（1）凝集反应。是指颗粒抗原与相应抗体结合反应出现的，可以通过肉眼或显微镜观察到的现象。凝集反应中的抗原称为凝集原，抗体称为凝集素（图8-2）。

　　如果将可溶性抗原分子或抗体分子吸附或化学偶联到颗粒载体上（如红细胞、聚苯乙烯乳胶颗粒等），这种方式可以提高灵敏度，并且给检测带来方便。凝集反应有两种检测方式：间接凝集反应和反向间接凝集反应。用将抗体吸附或偶联到红细胞或乳胶颗粒上进行抗原检测的反向间接凝集反应，可以检测出 1ng/mL 的肉毒毒素和 0.7ng/mL 的葡萄球菌肠毒素。

　　（2）沉淀反应。当抗原为可溶性分子时，在与抗体结合后就形成沉淀。利

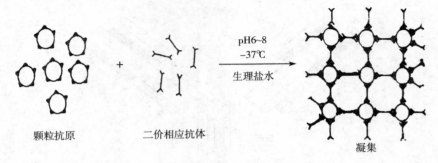

颗粒抗原   二价相应抗体   凝集

图 8-2　凝集反映示意图

用该反应可以对血清成分、激素、酶、各种功能蛋白及基因工程中重组基因的表达产物等的检测。沉淀反应有以下几种。

①絮状沉淀反应：在一系列试管中加入等量的抗体和递增量的抗原，在中性条件下，37℃保温 1～2h，便可以出现蛋白质沉淀。通过对沉淀量的检测，可以测出抗原抗体分子比，这样就可以粗略地计算出抗原决定簇的数目。

②环状沉淀反应：取直径 5mm 左右的小试管，加入抗体后，小心加入相应的抗原，使抗原抗体不相混，37℃保温 10～20min，在抗原抗体界面上出现沉淀，这就是环状沉淀实验。

③双向扩散：双向扩散又称琼脂扩散，是利用琼脂糖凝胶作为支持介质的一种沉淀反应。琼脂糖凝胶是多孔的网状结构，大分子物质可以自由通过。当处在不同位置的抗原抗体通过分子的扩散作用相遇时，就形成抗原抗体复合物，在比例适当时就可以出现沉淀。这时可以在琼脂糖凝胶观察到沉淀弧（线）。沉淀弧（线）的特征与位置取决于抗原抗体分子的大小、分子结构、扩散系数、浓度等因素。根据沉淀弧（线）就可以对抗原进行定性，此法操作简单、灵敏度高，是常用的免疫学检测方法。

双向扩散的操作非常简单，用生理盐水配制 1‰～1.5‰ 的琼脂，取 4mL 倒在显微镜用的载玻片上，等到胶凝固后，按图示在两端打两个梅花状的孔。在中心孔加入抗原，在外周的孔中加入两倍稀释的抗体，这样可以测定抗体的价效。如果在中心孔滴入抗体，外周孔滴入抗原，可以对抗原进行定性检测（图 8-3）。

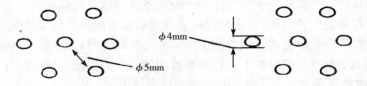

ϕ4mm

ϕ5mm

图 8-3　双向扩散打孔示意图

④单向免疫扩散：该方法是定量抗原的一种检测方法，是在琼脂中加入一定量的抗体，在孔中加入未知量的抗原。在 37℃保温过程中，孔内的抗原不断向四周扩散，在遇到抗体后形成抗原抗体复合物沉淀（图 8-4）。

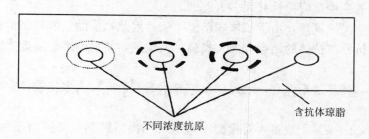

不同浓度抗原　　　　　　　　含抗体琼脂

图 8-4　单向免疫扩散示意图

如果抗原量大，后继的抗原遇到复合物后使之溶解，继续向四周扩散，就这样通过沉淀形成，溶解，再形成，再溶解，复合物沉淀圈也不断扩大，直至孔内的抗原全部形成沉淀。抗原量越大，沉淀圈就越大。因此，可以根据沉淀圈的直径绘制标准曲线来确定抗原含量的多少。

⑤微量免疫电泳：是将免疫学检测方法与电泳分离技术相结合的一种检测方法。其操作过程很简单，就是在装有琼脂的玻璃板中心挖一长槽，在槽的两侧或一侧各挖一个小孔。孔内加入待测的抗原。电泳时，样品中的各种蛋白质因所带电荷不同，被分成几个区带，电泳后在中央槽中加入相应的抗体（可以用未经纯化的免疫动物的抗血清），在 37℃保温 12~24h 后，便可以观察到分离的蛋白质与相应的抗体形成的大小、深浅不同的沉淀弧，一般情况下，每个沉淀弧代表一种成分，以此进行定性或半定量抗原。

⑥对流免疫电泳：对流免疫电泳是一种快速、灵敏的检测方法，在碱性条件下，血清的各组分大都带有数量不等的负电荷，在电场作用下向正极泳动，由于固相介质（琼脂）本身不带有电荷，加之抗体在这一酸碱条件下，接近等电点而带电荷较少，故而电渗效应明显，于是出现了血清抗原成分向正极移动，抗体因电渗效应向负极渗透，抗原抗体分子相遇形成复合物沉淀。在电泳0.5h 就可以看见沉淀线，因此是一种比较快速定性和半定量测定抗原抗体的方法。

⑦火箭电泳：火箭电泳是单向的定量免疫电泳技术。在电场作用下，定量的抗原在泳动过程中不断地出现：抗原-抗体复合物沉淀的形成，溶解，再形成过程，类似单向琼脂扩散。当全部抗原与抗体结合成抗原抗体复合物沉淀时，在琼脂内形成可见的锥形弧峰，形如火箭故称为火箭电泳。

（3）酶联免疫吸附测定法。酶联免疫吸附测定法（ELISA）是免疫酶技术中的一种。免疫酶技术是一项先进的免疫化学测定技术，有其独特的优点：

第一，专一性强，抗原与抗体的免疫反应是专一反应，而免疫酶技术以免疫反应为基础，所检测的对象是抗原（或抗体），使用的抗体除酶标记外，与普通抗体的免疫反应特性并无多大差别。

第二，灵敏度高，由于抗体联结上了酶，因此，借助于酶与底物的显色反应，显示抗原与抗体的结合，大大提高了灵敏度，使检测水平接近放射免疫测定法。

第三，样品易于保存，经过酶反应显示的有色产物大多比较稳定，因此有利于样品的保存。

第四，结果易于观察，对检测结果既可用肉眼观察，又可用显微镜观察，也可用电子显微镜观察，这是因为某些酶反应产物能使电子密度发生改变，从而引被检物的显示。

第五，可以定量测定。

第六，仪器和试剂简单，操作比较简单，操作人员不需要采取安全防护措施。

①用间接 ELISA 法检测特异性抗体：首先将已知定量的抗原吸附在聚苯乙烯微量反应板的凹孔内，加入待测抗体，温浴过夜，或 37℃保温 2h 后，洗涤洗去未结合的杂蛋白，加酶标抗抗体，保温后洗涤洗去未结合的酶标抗抗体，加底物保温 30min 后，加酸或碱终止酶促反应，用目测或光电比色测定抗体含量。

②直接 ELISA 检测方法：首先将抗原吸附于载体表面，然后将酶标记抗体与抗原反应形成酶标记的免疫复合物，最后加入底物产生有色物质，进行光密度测定，计算出抗原存在量。

③双抗夹心 ELISA 检测方法测定抗原：首先将特异抗体的免疫球蛋白吸附在载体的表面，洗涤除去未吸附的抗体，加入含有抗原的待测溶液，保温形成抗原-抗体复合物，洗涤除去杂蛋白后，再加抗原免疫的第二种动物获得的特异抗体。由于抗原是多价的并未被抗体饱和，经保温则可以形成抗体-抗原-抗体复合物，洗涤后加入酶标抗抗体（抗第二种动物抗体的抗体），保温洗涤后加底物呈色，终止酶反应，比色测定抗原量。由于该法不能用来测定半抗原或低于二价的小分子抗原（图 8-5）。

④双抗夹心 ELISA 检测方法测定特异性抗体：原理与双抗夹心 ELISA 检测方法测定水溶性抗原相同，不同之处就是先捕捉抗体包被载体（微量滴定板孔），然后加入抗体温育，洗涤除去未结合的抗体后，加入抗原温育，再洗涤除去未结合抗原后，加入酶标抗体温育，再洗涤除去未结合的酶标抗体后，加

入底物呈色后，终止酶的活性，比色测定抗体的含量。

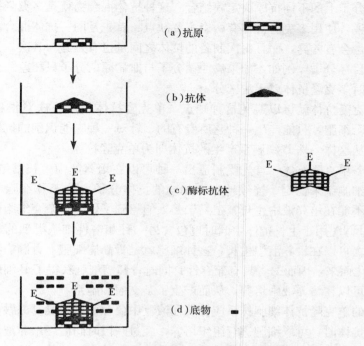

图8-5 间接 ELISA 法检测特异性抗体

（a）将抗原吸附于固相载体上，洗涤除去未吸附的抗原
（b）加抗体，保温，形成抗原-抗体复合物洗涤除去其他杂质
（c）加酶标抗体，保温，洗涤　（d）加入底物，测定底物的降解量＝抗体量

⑤竞争 ELISA 法测定抗原：将含有特异抗体的免疫球蛋白吸附在两份相同的载体 A 和 B 上，然后在 A 中加入酶标抗原和待测抗原，B 中只加入酶标抗原，其浓度相同于 A 中加入的酶标抗原的浓度。保温洗涤后加入底物呈色。待测液中未知抗原量愈多，则酶标抗原被结合的量就愈少，有色产物就愈少，以此便可以测出未知抗原的量，即等于 A 与 B 底物降解量的差值。

⑥酶的交联技术：用于免疫酶技术的酶有很多，如过氧化物酶、碱性磷酸酯酶、葡萄糖氧化酶、6-磷酸葡萄糖脱氢酶等。不同的酶要选择相应的底物。

应用最多的是辣根过氧化物酶，其交联到抗体上的方法主要有两种：戊二醛法和过碘氧化法。此外，在免疫学检测方法中还有放射免疫测定法、发光免疫分析技术以及各种衍生方法。

（4）单克隆抗体。单克隆抗体是针对多克隆抗体而言的，克隆是指无性繁殖细胞系或有机体群体。多克隆抗体的产生是用纯化的抗原免疫动物（一般是兔子），在免疫过的兔子血清中就会产生不同的抗体，每一种抗体都能够特异地与目标分子上的不同抗原决定簇结合，这种抗体混合物就是多克隆抗体。对于检测来说，使用多克隆抗体有两个主要缺点：首先是同一抗体混合物中不同抗体的含量会有差异，而且每次制备的抗体之间量也有差异；其次，无法区分相类似的目标分子，例如，如果病原菌分子与非病原菌分子只相差一个抗原决定簇，这时多克隆抗体就无法区分。

而单克隆抗体就可以避免这种缺点，单克隆抗体是指一株 B 淋巴细胞系中的每一个细胞，只能产生一种它所专有的、针对一种它能识别的抗原决定簇的抗体，从这样一株 B 细胞系产生的抗体即为单克隆抗体。

要制备单克隆抗体，首先要制造出一种可以在培养液中生长繁殖的细胞，利用这种细胞系来稳定、连续地生产相同的抗体分子。由于 B 细胞可以产生抗体，却不能在培养液中生长繁殖，于是人们想到了用一种杂交细胞既包含了 B 细胞的 DNA 用于生长抗体，同时也包含另一种相溶性细胞类型的细胞分裂功能，使之可以在培养液中生长，这种细胞就是骨髓瘤细胞，骨髓瘤细胞是从 B 细胞分化而来，因而二者具有兼容性，同时骨髓瘤细胞获得了 B 细胞所没有的特性，可以在培养液中培养，从而产生了杂交瘤细胞系。

建立的单克隆抗体细胞株系应分装在液氮中保存，切忌反复冻融使细胞失活。需用抗体时，可取细胞进行组织培养，经过一段时间后，培养液内含有大量抗体，此即单克隆抗体。也可将细胞注入小鼠腹腔中，让其生长，出现腹水时，抽取腹水即为所需的单抗，这种方法比较快速、经济。生产的单克隆抗体可以应用于上述的各种免疫学检测方法。单克隆抗体的出现，极大地促进了免疫学检测技术的发展。

二、PCR 的应用检测技术

PCR 技术在现代分子检测领域中的发展非常快，已经成为一种重要的检测方法。常用的方法有以下几种。

1. 普通 PCR 反应　通过对要扩增的目标 DNA 序列设计特异引物（或简并引物），优化反应条件，达到对目标序列扩增的目的。普通 PCR 广泛应用于分子生物学研究的各个领域。如病原菌的检测、转基因生物的检测、疾病的检测、基因的克隆、基因工程载体的构建等。

2. 巢式、半巢式 PCR 技术　巢式及半巢式 PCR 可以减少或去除非特异性产物，同时大大提高 PCR 反应的灵敏性。所谓巢式，是指用一对初级引物（巢外引物）于标准条件或更严格的条件下扩增靶序列，然后以初级 PCR 产物为模板，用位于初级引物内侧的一对次级引物（巢内引物）行次级扩增，由于经过次级 PCR 一个指数级的扩增，初级产物哪怕只有几个拷贝的靶序列被扩增，其次级 PCR 产物的量仍足够用于分析。同时，由于次级引物位于初级引物的内侧，就保证了次级 PCR 中只有正确的产物才得以扩增，从而大大提高了 PCR 反应的特异性及灵敏性。所谓半巢式，是指只有一个次级引物位于初级引物的内侧，其余与巢式相似。

3. 多重 PCR 技术 多重 PCR 技术就是设计一组引物，在一个 PCR 反应过程中，对多个目的片段进行扩增。多重 PCR 的特性，包括内部对照、指示模板数量和质量、消耗的时间和试剂少，使得多重 PCR 技术已发展成为一种通用的技术，已应用于病原体检测、性别筛选、连锁分析、法医研究、模板定量和遗传疾病诊断等。在对细菌的 PCR 分析中，应用多重 PCR 技术非常有优越性，可以区分同一属中的种和株，这样我们就检测出在同一属病原菌中，是否有对人体有害的病原菌或产毒菌。目前，已有利用多重 PCR 技术检测 *Salmonella*、*Escherichia coli*、*Listeriu* 等食品有害菌。

4. PCR‐ELISA 技术 PCR‐ELISA 技术是指用 ELISA（酶联免疫吸附检测法）技术检测 PCR 的产物。在 PCR 反应体系中加入生物素标记的 dUTP 和其他 3 种 dNTP，这样在扩增反应中生物素标记的核苷酸就会掺入到新合成的 DNA 链中去，经过电泳或过柱，除去游离的 dNTP、引物和引物二聚体后，用 3′端经 DIG 标记的特异探针与之结合，然后加到包被有抗生素抗体的酶标板上，此后，再用 EL1SA 法进行定性或定量分析。

三、转基因食品的检测技术

1. 转基因生物的特性 转基因生物中被整合到宿主基因组中的外源基因，一般都具有共同的特点，即由启动子、结构基因和终止子组成，一般称之为基因盒。在许多情况下，可以有两个或更多的基因盒插入宿主基因组的同一位点或不同位点。此外，在转化时，往往还有外源的抗性筛选标记基因和报告基因，这些都是检测时应考虑的。因此，在检测转基因食品时，主要针对外源启动子、终止子、筛选标记基因、报告基因和结构基因的 DNA 序列和产物进行检测。检测的方式主要有基于核酸的 PCR 检测技术、基于蛋白质的酶学和免疫学检测技术、向自动化技术发展的生物传感器与生物芯片技术。

2. PCR 检测技术 在转基因植物源食品中，检测转基因食品时的策略就是针对这些外源的序列进行检测。利用 PCR 检测转基因食品的优点，就是可以从加工过的食品中检测出外源基因，并且具有操作相对简单的特点，因此成为目前应用最为广泛的检测方法。

目前，应用于检测转基因食品的 PCR 技术已有许多种，包括：普通 PCR 技术、巢式 PCR 技术、多重 PCR 技术、PCR - ELISA 技术、定量 PCR 技术、实时定量 PCR 技术等。

3. 基于蛋白质基础的检测技术

（1）酶学检测技术。报告基因和抗性筛选标记基因，是所有转基因生物中具有的共同特点。一般来说，对它们的检测是检测外源基因是否转化成功的第一步。报告基因和抗性筛选标记基因一般都具有两个主要特点：一是其表达产物和产物功能在未转化的生物组织中并不存在；二是便于检侧。目前在基因工程中应用的报告基因和抗性筛选标记基因都是编码某一种酶，主要有卡那霉素抗性标记基因（NptII）、β-葡萄糖苷酸酶基因（GUS）、氯霉素乙酰转移酶基因（CAT）、胭脂碱合成酶基因（NOS）、章鱼碱合成酶基因（OCT）等。因此，检测报告基因和抗性筛选标记基因所表达的特异性酶作为转基因食品的初步鉴定。

酶学检测方法一般适用于对鲜活组织的检测和对接受基因工程改造生物体的初步检测，目前在许多情况下，国外一些公司可以通过一些技术手段删除抗性筛选标记基因，因此用酶学检测转基因食品原料，在应用中有一定的局限性。

（2）免疫学检测技术。在转基因食品的检测中，运用最多的是双抗夹心 ELISA 检测技术。目前，在转基因植物源食品商业化前的安全性评价中，对抗性标记筛选基因、报告基因、外源结构基因表达产物的检测，以及在模拟消化道的降解试验、过敏试验、环境安全等的检测中大多应用这一技术。利用双抗夹心 ELISA 已对卡那霉素抗性基因 Npt II，Bt 内毒素基因 $Cry1A$、$Cry2A$、$Cry3A$、$Cry9C$，草甘膦抗性基因 $CP4FPSPS$、$rnFPSPS$，GOX 基因、GUS 基因等产物进行了检测和安全性评价。但是用 ELISA 不能对加工过的食品进行检测。因为在加工过的食品中，抗原蛋白质发生了变性，不能被抗体所识别，因此在利用上有其局限性。

四、生物芯片与生物传感器检测技术

1. 生物传感器的基本概念及应用　生物传感器是由固定化的并有化学分子识别功能的生物材料、换能器件、信号放大装置等构成的分析工具或系统。

生物传感器的分类主要有两种方法，依据分子识别元件的敏感性物质分类，可以分为酶传感器、微生物传感器、细胞传感器、组织传感器、免疫传感器等；依据信号转换器的分类，可以分为电化学生物传感器、光学生物传感器、半导体生物传感器、介体生物传感器、压电生物传感器等。

生物传感器在检测中应用广泛，在食品安全也有大量的应用，主要包括以下几方面：

（1）检测食品的新鲜度。新鲜度是食品质量的重要指标，现在已有检测鱼类、肉类、牛乳的鲜度传感器的产品在研究开发之中。

（2）食品中细菌和病原菌的检测。食品中微生物的检测一直沿用传统的平皿计数法，方法繁琐、耗时，并且越来越难以适应现代食品工业生产的需要。利用生物传感器可以使检测自动化、快速化。用压电晶体生物传感器测定大肠杆菌，检测细菌的下限可以达到 10^5 个/mL。利用光纤生物传感器与 PCR 技术可以检测食品中少量的病原菌。利用酶联电流免疫传感器可以检测到食品中存在的少量沙门氏菌、大肠杆菌、金黄色葡萄球菌等。

（3）食品中毒素的检测。在各种食品的中毒事件中，微生物食物中毒占有很大的比例。微生物食物中毒可以分为毒素型、感染型和混合型。用微生物传感器可以对 AF - 2、丝裂霉素、克菌丹、黄曲霉素 B_1、硝基胍的检出限分别是 1.6、0.5、0.9、0.8μg/mL。比 Ames 法（化学诱变物的细菌检测试验）时间短，灵敏度高。用光纤传感器检测肉毒杆菌毒素 A，检测下限可达 5ng/mL，并且可以在 1min 内完成。

（4）食品中添加剂的检测。亚硫酸盐作为食品添加剂，除具有漂白作用外，还有防止食品氧化和微生物生长的作用。但由于亚硫酸盐对人体有致敏性，引起哮喘，美国 FDA 规定不能超过 $1×10^{-6}$mol/L。用导电介体四氰基对醌二甲烷、四硫富瓦烯和亚硫酸盐氧化酶顺序沉积在玻璃碳电极表面上，可以检出 5nmol/L 的亚硫酸盐。生物传感器还可用于对食品防腐剂，如对羟基苯甲酸酯、TBZ、酸味剂磷酸、乳酸、乙酸、鲜味剂 L - 谷氨酸、肌氨酸、色素、乳化剂等方面的测定。

2. 生物芯片的应用 生物芯片（biochip）技术是 20 世纪 90 年代初期发展起来的一门新兴技术，通过微加工技术制作的生物芯片，可以把成千上万乃至几十万个生命信息集成在一个很小的芯片上，达到对基因、抗原、活体细胞等进行分析和检测的目的。目前，生物芯片主要用于人类疾病的诊断、人类基因组的研究、单基因突变遗传疾病的研究等。可以相信随着生物芯片研究的深入，生物芯片在食品安全与营养方面会有广阔的应用前景。

五、转基因食品安全性评价案例

（一）转基因酵母的实质等同性评价

1. 受体生物 产品重组面包酵母（*S. cerevisiae*）。

2. 传统产品的评价 传统上新菌株系的面包酵母是不用考虑安全性评价的，因为面包酵母不是致病微生物，已经被人们利用了许多世纪了。

3. 可供利用的传统安全评价数据 虽然，需要评价的菌株是常用的菌株，并且没有正式的可供利用的安全评价数据。但是，申请安全性评价的公司还是提交了必要的与传统菌株相比较的信息。

4. 产品的新组分 传统的酵母菌只能发酵加糖的面团，而重组 DNA 酵母菌可以发酵加糖的面团和未加糖的面团。经过改造的酵母菌分泌的发酵麦芽糖的酶水平增加了，如麦芽糖酶和麦芽糖透性酶，特别在发酵加工的初期。这种重组 DNA 酵母比原来未改造的菌株有较高的代谢活力和发酵初期释放高 CO_2 的能力，这样可以减少发酵的时间。

5. 实质等同性评价 对重组酵母菌的评价应该考虑活酵母菌和死酵母菌对人的安全性，特别应考虑以下几点。

(1) 供体和受体生物的特性。供体和受体生物均来自非致病性的面包酵母菌，差别是用来自同一株系通过增强的重组启动子替代了原有的启动子。

(2) 供体 DNA。绝大部分来自于面包酵母菌，只有少部分是人工合成的非编码 DNA 的连接部分，它使得强启动子与麦芽糖酶和麦芽糖透性酶连接起来。在转化中将重组部分克隆到大肠杆菌 (*E. coli*) 中，通过限制性内切酶或 DNA 序列分析进行鉴定。发现外源 DNA 整合在酵母染色体的位置是在预期的地方，不会引起不良后果。在转化过程中，已删除了抗生素筛选基因和其他外源的原核生物 DNA 序列。

(3) 重组 DNA 生物。重组 DNA 酵母菌在经过 100 代的生长后，通过 DNA 杂交分析表明没有发生重组 DNA 的变化，说明重组 DNA 酵母菌与传统酵母菌一样可以稳定遗传。DNA 从重组酵母菌转入其他微生物的可能性是很小的。众所周知，没有改造的酵母菌死后，在细胞壁降解前细胞内的物质就会完全降解，没有可供转移的 DNA。目前还没有发现酵母菌可以和其他真菌与细菌发生交配和 DNA 的交换，也没有病毒寄生在酵母菌中。从这一点表明，重组 DNA 酵母菌与传统酵母菌一样，不会发生 DNA 的水平转移。

在毒性物质的分析方面，重组 DNA 酵母菌与传统酵母菌一样，不会产生有毒物质。因为受体生物是非病原菌生物；DNA 供体生物与受体生物一样均为酵母菌；仅有麦芽糖酶和麦芽糖透性酶启动子上有差别，受到影响的只是麦芽糖酶和麦芽糖透性酶的产量；麦芽糖酶和麦芽糖透性酶在重组 DNA 酵母菌与传统酵母菌一样，作用底物、酶活性几乎相同。

6. 结论 安全性评价的研究表明，重组 DNA 酵母菌在遗传稳定性方面、基因水平转移方面、产品毒性方面与传统酵母菌是实质等同的。假如传统上使用的酵母菌是安全的话，则重组 DNA 酵母菌也应该是同等安全的。

（二）转基因玉米 MON810 的安全性评价

1. 背景简介 Monsanto 公司分别于 1996 年 7 月 6 日和 8 月 16 日向美国 FDA 提供有关转基因玉米 MON810 安全性评价的研究报告。MON810 对玉米生产的主要虫害欧洲玉米钻心虫（*Ostrinia nubilais*）有抗性，在试验中发现对美国西南玉米钻心虫也有抗性。*Cry*1Ab 基因来源于苏云金杆菌，产生的 δ-内毒素可以吸附在鳞翅目昆虫肠道的内皮细胞上，造成细胞内的离子外泄，使昆虫麻痹而死亡。

2. 遗传背景与基因操作方式 受体材料：玉米为人类长期食用的食物，有安全的食用历史，没有毒性物质和过敏性物质。

供体材料：苏云金杆菌，长期作为一种生物农药，其 *Cry*1Ab 基因产生的 δ-内毒素蛋白专一性地作用于鳞翅目昆虫，对人无毒性。有报告称在食用 MON810 后有过敏现象，但还未得到证实。

基因操作：使用转化载体是质粒 PV-ZMBK07 和 PV-ZMGT10，含有草甘膦抗性筛选标记基因 *CP4 EPSPS*，CaMV35S 启动子，NOS 终止子。转化方式是利用基因枪，将构建好的载体和金粉通过基因枪打入玉米胚细胞。通过 Southern 杂交和 Western 杂交发现在 MON810 中含有 *Cry*1Ab 基因，部分拷贝的 *GOX* 基因（不表达），两个完整拷贝的 *CP4 EPSPS* 基因（表达）。此外，还有 ori-PUC 序列和 *Npt* II 基因。经过五代的筛选，只有 *Cry*1Ab 基因稳定的整合在玉米基因组 *Hi*-II 上，CP4 EPSPS，*GOX*，*Npt* II 基因和 ori-PUC 序列在筛选过程中被除去。

*Cry*1Ab 基因来自苏云金杆菌亚种 kurstaki 的 HD-1 菌株。在 CaMV35S 启动子与 *Cry*1Ab 之间插入的是玉米 *hsp*70 基因的内含子，这个内含子可以增加 *Cry*1Ab 的转录水平。*NOS* 非翻译序列作为 *Cry*1Ab 的转录终止序列。

外源基因表达蛋白：在 MON810 的叶片中检测出 Cry1Ab 蛋白的表达量为 $9.35\mu g/g$，在种子中是 $0.31\mu g/g$，在整株中是 $4.15\mu g/g$，在花粉中是 $0.09\mu g/g$。

3. 环境安全性

（1）远源杂交 MON10 玉米花粉的传播方式。与其他玉米一样，玉米可以与一年生的玉米草任意杂交。但是这些玉米草只生长在中美洲，而在美国和加拿大没有。在美国 Florida 洲的南端有一种叫 *Tripsacum floridanum* 的植物，是否在野生状态下可以与玉米杂交还不清楚。但就目前的研究表明这种远源杂交是很难发生的。

（2）演变成杂草的可能性。栽培玉米的野生竞争力很弱，不具备在野外生存空间扩展的能力，并且，玉米与其他野生植物相比，可供扩散的种子非常有限。

（3）对非靶目标生物的不利影响。由于人类有长期使用 Bt 蛋白的历史，Bt 蛋白对人和其他脊椎动物以及有益昆虫无毒害作用。并且，MON10 玉米产生的 Bt 蛋白与微生物中产生的蛋白完全相同。因此，评价后认为这一条是安全的。

（4）对生物多样性的影响。MON10 与其他玉米一样，没有其他新的表现性状，没有与其他生物远源杂交的优势。因此，不会对生物多样性产生影响。

4. 食品安全性评价

（1）玉米在人类饮食中的地位。玉米作为食品中的主要添加成分，用于生产淀粉、糖、发酵产品、高果糖浆、乙醇和玉米油。在这方面，MON10 与其他玉米是没有差别的。

（2）营养分析。通过对生长在美国和欧洲的 MON810 的营养成分如脂肪酸、蛋白质、氨基酸组成、粗纤维、灰分、肌醇六磷酸、水分等进行分析，蛋白质 13.1%，脂肪 3.0%，水分含量 12.4%，热量 1 705kJ/100g，灰分 1.6%、碳水化合物 82.4%。结果表明 MON810 与非转基因玉米品系没有显著差异。

（3）毒性分析。MON810 表达的抗胰蛋白酶 Cry1Ab 蛋白，与在农业中喷洒作业的近 30 年的微生物产的 Bt 生物农药蛋白完全相同。在与其他毒性蛋白氨基酸序列同源性比较中发现，该蛋白与它们的同源性很差，因此毒性的潜在风险很小。在模拟胃肠道的消化实验中，Cry1Ab 可以很快被消化。在动物实验中，分别用 10 只 CD - 1 雌雄小鼠做喂养实验，安全食用的剂量达到 4 000mg/kg。超过 MON810 表达量的 200～1 000 倍。动物实验表明其毒性低，是安全的。

（4）过敏性。在对 Cry1Ab 蛋白的过敏性分析时，从以下几方面进行了考虑。

理化特性，与已知过敏蛋白氨基酸序列的同源性比较，消化降解能力，含该蛋白微生物的安全使用历史。Cry1Ab 蛋白的相对分子质量为 63 000，不像其他过敏性蛋白，Cry1Ab 不是糖基化蛋白。在同从数据库 GenBank、EMBL、Pir 和 SwissProt 中查找到的已知的 219 个过敏原进行氨基酸序列分析，没有发现有显著的同源性。在模拟人消化道的实验中，Cry1Ab 蛋白在 2min 就有超过 90% 被降解。Cry1Ab 蛋白有长期安全使用的历史。因此，综合以上因素，Cry1Ab 不是潜在的过敏原。

5. 结论 通过以上的安全性评价报告，美国 FDA 和 EPA 认为 MON810 符合美国食品、药品、化妆品法规，可以作为食品和饲料的生产与销售。

思 考 题

1. 生物技术食品安全性评价的主要内容是什么？
2. 生物技术食品安全性评价的原则是什么？
3. 为什么要对生物技术食品进行安全性评价？
4. 请举例说明现代分子检测技术在食品安全领域的应用。

实 训

实训一 质粒DNA提取

一、实训目的

1. 熟悉碱变性法提取质粒DNA的基本原理。

2. 掌握大肠杆菌中质粒DNA的提取纯化方法和操作技术。

二、实训原理

碱变性法提取质粒DNA是根据细菌染色质DNA和质粒DNA分子的大小、结构及变性与复性的差异而达到分离的目的。细菌染色质DNA的分子大，为线性的双螺旋，而质粒DNA的分子小，为共价闭环超螺旋。在pH 12.0~12.6的碱性环境中，染色质DNA的氢键断裂，双螺旋结构解开而变性；质粒DNA的大部分氢键也断裂，但共价闭环超螺旋结构的两条互补链不完全分离。当以pH 4.8的高盐缓冲液调节pH至中性时，质粒DNA恢复到原来的状态，保留在溶液中，但染色体DNA不能恢复而形成缠绕的网状结构，大部分DNA和蛋白质在SDS的作用下形成沉淀。通过离心，染色体DNA与不稳定的大分子RNA、蛋白质SDS复合物等一起沉淀下来而被除去，质粒DNA存在于上清中，用酚、氯仿抽提可进一步纯化。

三、实训器材

(1) 大肠杆菌JM109 - pBR322 - HBV。

(2) STE：0.1 mol/L NaCl、10mmol/L Tris - Cl（pH8.0）、1mmol/L EDTA（pH8.0）。

(3) 溶液Ⅰ：50mmol/L 葡萄糖、25mmol/L Tris - Cl（pH8.0）、10mmol/L EDTA（pH8.0），该溶液配制后，6.76×10^4Pa消毒15min，4℃储存。

(4) 溶液Ⅱ（pH12.6）（新鲜配制）：0.2mol/L NaOH、1‰SDS。

(5) 溶液Ⅲ（pH4.8）：100mL含5mol/L NaAc 60mL、冰醋酸11.5mL、双蒸水28.5mL。

(6) TE（pH8.0）：10mmol/L Tris - Cl（pH8.0）、1mmol/L EDTA（pH8.0）。

(7) 溶菌酶（10mg/mL）、酚（饱和）、氯仿/异戊醇（24∶1）、乙醇

（冷）等。

四、实训操作

（一）质粒 DNA 的小量制备

1. 细菌的培养及质粒扩增

（1）取甘油保存的工程菌 JM109－pBR322－HBV，涂布含氨苄西林（Amp）的 LB 琼脂平板，37℃过夜。

（2）挑取培养板上的单个菌落，接种到 2～5mL 含 Amp 的 LB 液体培养基中，37℃强烈摇荡（220r/min）过夜。

2. 细菌的收集及裂解

（1）取 1.4mL 培养液移至 1.5mL 的 Eppendorf 管中，12 000r/min，4℃，（或室温）离心 30s。

（2）弃上清，1mL 溶液 I 悬浮菌体 12 000r/min，离心 30s。

（3）弃上清，将细菌沉淀悬浮于 100μL 冰预冷的溶液 I 中，强烈振荡混匀。

（4）加入 200μL 溶液 II，颠倒混匀 5 次（不要强烈振荡），放置冰浴中 3～5min。

（5）加入 150μL 溶液 III，温和混匀 10s，冰浴内放置 3～5min。12 000r/min，4℃（或室温），离心 5min。

3. 质粒 DNA 的分离与纯化

（1）取上清移至 1 个新的 1.5mL 的 Eppendorf 管中。加入 1/2 体积饱和酚、1/2 体积氯仿/异戊醇（24：1），颠倒混匀 2min，12 000r/min，4℃（或室温），离心 5min。

（2）取上清移至另 1 个 1.5mL 的 Eppendorf 管中。加入 2 倍体积 100% 冰乙醇，混匀，室温放置 5～30min。12 000r/min，4℃（或室温），离心 5min。

（3）弃上清，加入冷 70% 乙醇 1mL，颠倒漂洗，12 000r/min，4℃（或室温），离心 3min。

（4）弃上清，将 Eppendorf 管于吸水纸上倒置 1min，室温放置 10～15min，或真空抽干 2min。加 20μL TE（pH8.0，含无 DNA 酶的 RNA 酶 20μg/mL），溶解 DNA，短暂混匀，室温放置 30min 以消化 RNA。取 2μL 可用于电泳、内切酶酶切实验，或－20℃储存。

（二）质粒 DNA 的大量制备

1. 细菌的培养及质粒扩增

（1）挑取培养板上的单个菌落，接种到 2mL 含 Amp 的 LB 液体培养基中，37℃强烈振荡（220r/min）培养过夜，再取 0.5mL 接种至 25mL 含 Amp 的 LB 培养基中培养至 $OD_{600} \approx 0.6$。

（2）取 24mL 培养液接种到 500mL 含 Amp 的 LB 培养基中，37℃强烈振荡 4～6h。加入氯霉素至终浓度 170μg/mL，37℃强烈振荡培养 12～16h。

2. 细菌的收集及裂解

（1）将培养液移入离心管内，4 000r/min，4℃，离心 15min，弃上清，用 100mL 冰预冷的 STE 悬浮细菌，再离心收集菌体。

（2）将细菌悬浮于 10mL 冰预冷的溶液 I 中，强烈振荡混匀，加入 1mL 溶菌酶（10mg/mL）混匀，冰浴放置 5min。

3. 质粒 DNA 的分离与纯化

（1）加入 20mL 溶液 II，颠倒混匀 5～7 次（不要强烈振荡），放置 5min。

（2）加入 15mL 冰预冷的溶液 III，温和颠倒混匀，冰浴放置 10min，12 000r/min，4℃，离心 20min。

（3）将上清通过 4 层消毒纱布滤入一个新的离心管中，加入 0.6 倍体积的异丙醇混匀，室温放置 10min，12 000r/min，室温离心 15min。

（4）小心弃上清，用 70％乙醇溶液室温漂洗 1 次，12 000r/min 离心 5min。小心弃上清，倒置离心管在滤纸上，流净液体，或用消毒滤纸小条小心吸尽管壁上的乙醇；室温（或 37℃）放置 10～15min。

（5）加 3mL TE（pH8.0）溶解 DNA。进一步纯化可根据具体条件选用超速离心法、层析过柱法或 PEG 法。

[注意事项]

1. 操作时应戴手套，所用试剂与容器均需高压灭菌，以避免 DNase 污染。

2. 每一步操作中，加入溶液后均需充分混匀。

3. 碱变性时，要充分混匀使菌体完全裂解，一旦裂解（变黏稠），应立即加入酸溶液中和。

4. 菌体裂解后，每步操作动作要轻，不要强烈振荡，以防损伤 DNA。

实训二　基因组 DNA 提取

一、实训目的

1. 熟悉哺乳动物细胞基因组 DNA 的提取方法和原理。

2. 掌握基因组 DNA 提取纯化的操作技术。

二、实训原理

在进行真核基因工程、Southern 杂交或 PCR 时，需从组织或细胞中获得完整的基因组 DNA，因而真核生物的组织或细胞（包括培养细胞）常成为制备 DNA 的主要材料。提取基因组 DNA 的一般原理是取冰冻或液氮冻结的组织，经剪碎、匀浆器研碎或用工具砸碎以后，经 SDS 和蛋白酶 K 作用使细胞充分裂解释放出 DNA，然后用饱和酚和氯仿/异戊醇去除蛋白质，用 RNA 酶去除 RNA，就可以产生 100～200kb 左右的基因组 DNA 片段，经适当剪切后，可适用于以入噬菌体作为载体的基因组文库的构建。

三、实训器材

（1）磷酸盐缓冲液（PBS）：称取磷酸氢二钠（$Na_2HPO_4 \cdot 12H_2O$）0.37g 与磷酸二氢钠（$NaH_2PO_4 \cdot 2H_2O$）2.0g，加蒸馏水适量，溶解并稀释至 1 000mL（pH 约为 5.7）。

（2）匀浆缓冲液：0.25mol/L 蔗糖、25mmol/L Tris - HCl（pH7.5）、25mmol/L NaCl、25mmol/L $MgCl_2$。

（3）细胞裂解缓冲液（TNE）：10mmol/L Tirs - HCl（pH7.4）、10mmol/L NaCl、10mmol/L EDTA。

（4）10%SDS；Proteinase K（10mg/mL）、饱和酚（pH8.0）、氯仿/异戊醇（24：1）、3mol/L NaAc、无水乙醇等。

四、实训操作

1. 取小鼠新鲜肝组织，在电子天平上称取 0.1g，放置于青霉素小瓶中备用或−20℃存放。

2. 用一锐利剪刀将组织剪成尽可能小的块（处理过程中要保持组织的潮湿）。加入 1mL PBS 混匀。

3. 将剪好的组织移至 1.5mL Eppendorf 管内，5 000r/min 离心 2min。

4. 弃上清，用冷匀浆缓冲液 1mL 悬浮沉淀，转移至匀浆器内，于冰上研磨 15～20 次（不能超过 30 次）。

5. 再将研磨好的组织移至新的 1.5mL Eppendorf 管内，5 000r/min 离心 2min。

6. 弃上清，用 1mL PBS 悬浮沉淀，5 000r/min 离心 2min。

7. 弃上清，用 1mL 细胞裂解缓冲液悬浮沉淀，加入 $50\mu L$ 10%SDS 使终浓度为 0.5%，轻轻混匀后，加入 $20\mu L$ 10mg/mL 的 Proteinase K 至终浓度为 $200\mu g/mL$，充分混匀。

8. 37℃水浴过夜后，分至两个 1.5mL Eppendorf 管内。

9. 加入等体积酚/氯仿/异戊醇（25：24：1）混合，抽提 10min。

10. 12 000r/min 离心 15min，吸出水相至另一新 1.5mL Eppendorf 管中。如果中间变性蛋白层较厚，再加入 1/4 体积的细胞裂解缓冲液至含酚和中间层的管中，如上步骤再提取一次，合并两次的水相。

11. 重复第9、10步。

12. 取上清液至另一新1.5mL Eppendorf管中，加入1/10体积3mol/L NaAc和2倍体积无水乙醇，混匀，可见DNA呈絮状析出，此时可用玻璃棒将DNA绕出溶于TE中，剩余液体可放置－20℃ 2h或过夜。

13. 12 000r/min，离心10min使DNA沉淀，沉淀用70％乙醇漂洗一次，所得DNA样品溶于50μL TE中。

[注意事项]

1. 组织块取材要新鲜，应尽量剪碎。

2. 所用匀浆器须配套适中，过大过小均不利于研磨组织块。

3. SDS在加样前要求溶解，可将其置于37℃水浴中促溶。

4. 尽可能使用新鲜配制的蛋白酶K，使用前需进行预试验确定其活性。

5. 加入等体积酚/氯仿/异戊醇（25∶24∶1）混合抽提时应颠倒混匀，要轻柔，避免剧烈震荡。

6. 苯酚腐蚀性很强，可引起严重的烧伤，注意防护。

实训三　　DNA分子电泳

一、实训目的

1. 熟悉DNA电泳的原理。

2. 掌握DNA电泳的操作方法。

二、实训原理

电泳是分子生物学技术中分离、鉴定和提纯DNA的重要手段。

核酸分子是两性解离分子，在pH为8.0～8.3的电泳场中，碱基几乎不解离，磷酸全部解离，核酸分子带负电荷，向正极泳动。

带电颗粒在电泳场中的泳动可用迁移率表示，不同大小和构象的核酸分子通过一定孔径的支持物介质时，表现出不同的迁移率（即分子筛效应），从而使DNA分离开来。

电泳中常用溴酚蓝或二甲苯青为示踪染料指示样品的迁移过程。溴酚蓝呈蓝紫色，在2％琼脂糖凝胶中电泳时，迁移率接近0.15kb的双链线性DNA。根据分离样品中DNA分子大小，参照溴酚蓝的迁移情况尚可决定是否停止电泳。

核酸需染色才能显出带型。溴化乙锭（EB）是一种荧光染料，其扁平分子可嵌入核酸双链的配对碱基之间，在紫外线激发下发出橙红色荧光。

因其染色操作简单、灵敏，不影响 DNA 功能而最常使用。EB 染色一般是在凝胶中加入终浓度为 $0.5\mu g/mL$ 的 EB，可在电泳过程中观察核酸的迁移情况。

三、实训器材

（1）EB 储存液：用双蒸水配成 10mg/mL，磁力搅拌使 EB 充分溶解，4℃避光保存。

（2）琼脂糖凝胶：根据待测 DNA 分子大小，选择适当浓度凝胶，用电泳缓冲液配制。

（3）TBE 缓冲液（5×）：Tris 碱 54.0g、硼酸 27.5g、0.5mol/L EDTA（pH 8.0）20mL，加双蒸水至 1 000mL，使用时 1:5 稀释。

（4）上样缓冲液（6×）：0.25%溴酚蓝、40%（W/V）蔗糖，溶于水中，4℃保存。

（5）DNA 样品：pBR322 - HBV 质粒。

四、实训操作

1. 制备 1%的琼脂糖凝胶：在电子天平上称取 1g 琼脂糖，加入 100 mL 电泳缓冲液，微波炉内煮沸 3min，冷却至 50～60℃时，加入 EB 溶液 $5\mu L$，备用。

2. 灌胶：将配制好的琼脂糖凝胶加热熔化，冷至 60℃，灌入胶槽中，胶厚 3.5～5mm，插入样品梳，待胶凝固后小心地拔掉样品梳。

3. 将胶置入电泳槽内，加入 TBE（1×），使液面稍高出胶面 1～2mm。

4. 上样：取 $10\mu L$ DNA 样品，加 $2\mu L$ 上样缓冲液，混合后加到凝胶样品孔中。

5. 电泳：接通电源，加样侧接负极，另一侧接正极，调整电场强度不超过 5V/cm，电泳 2～3h。

6. 当溴酚蓝在凝胶中迁移约 2/3 或 4/5 凝胶时，停止电泳，紫外分析仪上观察电泳后的带型。

［注意事项］

1. 琼脂糖凝胶熔化要均匀，灌胶时避免气泡。

2. 凝胶厚度 3.5～5mm。过薄则加样量小，样品孔易撕裂，过厚则紫外线不易穿透。

3. 加样时不要加进气泡，不要用吸头碰坏凝胶孔壁。

4. EB 是强诱变剂，应戴手套操作，勿接触皮肤。见光易分解，应避光保存。

5. 电极不要接反。电路接通后，负极电解产气泡比正极多。

实训四　酶的性质

一、实训目的

通过实验加深对酶的性质的认识。

二、实训原理

本实验由酶的专一性、温度对酶活力的影响、pH 对酶活力的影响三组实验组成。

1. 酶的专一性　本实验以唾液淀粉酶和蔗糖淀粉酶对淀粉和蔗糖的作用为例，来说明酶的专一性。淀粉和蔗糖无还原性，唾液淀粉酶水解淀粉生成有还原性的麦芽糖，但不能催化蔗糖的水解。蔗糖酶能催化蔗糖水解产生还原性葡萄糖和果糖，但不能催化淀粉的水解。用 Benedict 试剂检查糖的还原性。

2. 温度对酶活力的影响　在最适温度下，酶的反应速度最高，大多数动物酶的最适温度在 37～40℃，植物酶的最适温度为 50～60℃。酶对温度的热稳定性与其存在形式有关。有些酶的干燥制剂，虽加热到 100℃，活性并无明显改变，但在 100℃ 的溶液中都很快地完全失去活性。低温能降低或抑制酶的活性，但不能使酶失活。

3. pH 对酶活力的影响　不同酶的最适 pH 不同。本实验观察 pH 对唾液淀粉酶活性的影响，唾液淀粉酶的最适 pH 约为 6.8。

淀粉和可溶性淀粉遇碘呈蓝色。糊精按其分子的大小，遇碘可呈蓝色、紫色、暗褐色或红色，最小的糊精和麦芽糖遇碘不呈色。在不同的温度下，淀粉被唾液淀粉酶水解的程度，可由其遇碘呈现的颜色来判断。

三、实训器材

1. 试剂

(1) 2% 蔗糖溶液，溶于 0.3% 氯化钠的 1% 淀粉溶液（需新鲜配制），0.2% 淀粉的 0.3% 氯化钠溶液（需新鲜配制），新配制的溶于 0.3% 氯化钠的 0.5% 的淀粉溶液，稀释 200 倍的新鲜唾液，0.2mol/L 磷酸氢二钠溶液，0.1mol/L 柠檬酸溶液，pH 试纸。

(2) 碘化钾-碘溶液：将碘化钾 20g 溶于 100mL 水中。使用前稀释 10 倍。

(3) 蔗糖酶溶液：将啤酒厂的鲜酵母用水洗涤 2～3 次（离心法），然后放在滤纸上自然干燥。取干酵母 100g 置于乳钵内，添加适量蒸馏水及少量细砂，用力研磨，提取约 1h，再加蒸馏水，使总体积约为原体积的 10 倍。离心，将上清液保存于冰箱中备用。

(4) 班氏（Benedict）试剂：无水硫酸铜 1.74g 溶于 100mL 热水中，冷却后稀释至 150mL，取柠檬酸钠 173g，无水碳酸钠 100g 和 600mL 水供热，溶解后冷却并加水至 850mL。再将冷却的 150mL 硫酸铜溶液倾入。本试剂可长久保存。

2. 器材　恒温水浴、沸水浴、试管及试管架、50mL 锥形瓶、吸管、滴管、白瓷板。

四、实训操作

称取干酵母 2g，置研钵中，加入少量蒸馏水及石英砂，用力研磨，提取 0.5～1h，加蒸馏水至 25mL，过滤，滤液即为蔗糖酶，保存备用。

唾液淀粉酶的制备：清水漱口，取 1mL 唾液至 50mL 量筒中，用蒸馏水稀释至 50mL，即为唾液淀粉酶。唾液稀释倍数因人而异，一般稀释 50～400 倍，甚至更高。

1. 酶的专一性

（1）淀粉酶的专一性按表实-1 操作。

表实-1　淀粉酶专一性操作表

管　号	1	2	3	4	5	6
1%淀粉溶液/滴	4	—	4	—	4	—
2%蔗糖溶液/滴	—	4	—	4	—	4
稀释唾液/mL	—	—	1	1	—	—
煮沸过的稀释唾液/mL	—	—	—	—	—	1
蒸馏水/mL	1	1	—	—	1	—
37℃恒温水浴 15min						
Benedict 试剂/mL	1	1	1	1	1	1
沸水浴 2～3min						
现　象						

（2）蔗糖酶的专一性按表实-2 操作。

表实-2　蔗糖酶专一性操作表

管　号	1	2	3	4	5	6
1%淀粉溶液/滴	4	—	4	—	4	—
2%蔗糖溶液/滴	—	—	—	4	—	4
蔗糖酶溶液/mL	—	—	1	1	—	—
煮沸过的蔗糖酶溶液/mL	—	—	—	—	—	1
蒸馏水/mL	1	1	—	—	1	—
37℃恒温水浴 15min						
Benedict 试剂/mL	1	1	1	1	1	1
沸水浴 2～3min						
现　象						

2. 温度对酶活力的影响　取 3 支试管，编号后按表实-3 加入试剂。

表实-3　试剂添加量表

管　号	1	2	3
淀粉溶液/mL	1.5	1.5	1.5
稀释唾液/mL	1	1	—
煮沸过的稀释唾液/mL	—	—	1

摇匀后，将1号、3号两试管放入37℃恒温水浴中，2号试管放入冰水中。10min后取出，（将2号管内的液体分为两半），用碘化钾-碘溶液来检验1、2、3管内淀粉被唾液淀粉酶水解的程度，记录并解释结果。将2号管剩下的一半溶液放入37℃水浴中继续保温10min后，再用碘液试验，判断结果。

3.pH对酶活力的影响　取4个标有号码的50mL锥形瓶，用吸管按表实-4添加0.2mol/L磷酸氢二钠溶液和0.1mol/L柠檬酸溶液以制备pH5.0～8.0四种缓冲液。

表实-4　试剂添加量表

瓶号	0.2mol/L磷酸氢二钠/mL	0.1mol/L柠檬酸/mL	pH
1	5.15	4.85	5.0
2	6.05	3.95	5.8
3	7.72	2.28	6.8
4	9.72	0.28	8.0

从4个锥形瓶中各取缓冲液3mL，分别注入4支编好号的试管中，随后于每个试管中添加0.5%淀粉溶液2mL和稀释200倍的唾液2mL。向各试管中加入稀释唾液的时间间隔各为1min。将各试管内容物混匀，并依次置于37℃恒温水浴中保温。

在第4管中加入唾液2min后，每隔1min由第4管取出一滴混合液，置于白瓷板上，加一小滴碘化钾-碘溶液，检验淀粉的水解程度。待混合液变为橘黄色时，向所有试管依次添加1～2滴碘化钾-碘溶液。添加碘化钾-碘溶液的时间间隔，从第1管起，亦均为1min。观察各试管内容物呈现的颜色，分析pH对唾液淀粉酶活性的影响。

实训五　蛋白酶的活性测定

一、实训目的

1. 熟悉测定蛋白酶活力的方法。

2. 掌握分光光度计的原理和使用方法。

二、实训原理

酚试剂又名 Folin 试剂，是磷钨酸和磷钼酸的混合物，它在碱性条件下极不稳定，可被酚类化合物还原产生蓝色（钼蓝和钨蓝的混合物）。酪蛋白经蛋白酶作用后产生的酪氨酸可与酚试剂反应，所生成的蓝色化合物可用分光光度计测定。

三、实训器材

1. 试剂

（1）酚试剂：于 200mL 磨口回流装置内加入钨酸钠（$Na_2WO_4 \cdot 2H_2O$）100g、钼酸钠（$Na_2MoO_4 \cdot 2H_2O$）25g、水 700mL，85% 磷酸 50mL、浓盐酸 100mL。微火回流 10h 后加入硫酸锂 150g、蒸馏水 50mL 和数滴溴摇匀。煮沸约 15min，以驱逐残溴，溶液呈黄色。冷却后定容至 1 000mL，过滤，置于棕色瓶中保存。使用前用氢氧化钠标定，加水稀释至 0.5mol/L（约加 1 倍水）。

（2）0.55mol/L 碳酸钠溶液。

（3）10% 三氯乙酸溶液。

（4）0.5% 酪蛋白溶液：称取酪蛋白 2.5g，用 0.5mol/L 的氢氧化钠溶液 4mL 湿润，加 0.02mol/L pH7.5 磷酸缓冲液少许，在水浴中加热溶解。冷却后，用上述缓冲液定容至 500mL，此试剂临用时配制。

（5）0.02mol/L pH7.5 磷酸缓冲液：称取磷酸二氢钠（$Na_2HPO_4 \cdot 12H_2O$）71.64g，用水定容至 1 000mL 为 A 液。称取磷酸氢二钠（$NaH_2PO_4 \cdot 2H_2O$）31.21g，用水定容至 1 000mL 为 B 液。取 A 液 840mL、B 液 160mL，混合后即成 0.02mol/L pH7.5 磷酸缓冲液，临用时稀释 10 倍。

（6）100μg/mL 酪氨酸溶液：准确称取干的酪氨酸 100mg，用 0.2mol/L 盐酸溶液溶解，定容至 100mL，临用时用水稀释 10 倍，再分别配制成几种 10~60μg/mL 浓度的酪氨酸溶液。

（7）酶液：称取 1g 枯草杆菌蛋白酶的酶粉，用少量 0.02mol/L pH7.5 磷酸缓冲液溶解，然后用同一缓冲液定容至 100mL，振摇约 15min，使其充分溶解，然后用干纱布过滤。吸取滤液 5mL，稀释至适当倍数（如 20 倍、30 倍、40 倍）供测定用（此酶液可在冰箱内保存 1 周）。

2. 器材

（1）721 型或其他型号分光光度计。

（2）恒温水浴。

（3）试管和试管架。

（4）吸管、漏斗。

四、实训操作

1. 绘制标准曲线　取不同浓度（10～60μg /mL）酪氨酸溶液各 1mL，分别加入 0.55mol/L 碳酸钠溶液 5mL、酚试剂 1mL。置于 30℃恒温水浴中显色 15min，用分光光度计在 680nm 处测定吸光值，用空白管（只加水、碳酸钠溶液和酚试剂）作对照，以吸光值为纵坐标，以酪氨酸的微克数为横坐标，绘制标准曲线。

2. 酶活力测定　吸取 0.5％酪蛋白溶液 2mL 置于试管中，在 30℃水浴中预热 5min 后加入预热 5min 的酶液（30℃，5min）1mL，立即记时，反应 10min 后，由水浴取出，并立即加入 10％三氯乙酸溶液 3mL，放置 15min 后，用滤纸过滤。

另同时做一对照管，即取酶液 1mL，先加入 3mL 10％的三氯乙酸溶液，然后再加入 0.5％酪蛋白溶液 2mL，30℃保温 10min，放置 15min，过滤。

取 3 支试管，编号。分别加入样品滤液和水各 1mL。然后各加入 0.55mol/L 的碳酸钠溶液 5mL，混匀后再各加入酚试剂 1mL，立即混匀，在 30℃显色 15min。以加水的一管作空白，在 680nm 处测对照及样品的光吸收值。

3. 计算酶活力　规定在 30℃、pH7.5 的条件下，水解酪蛋白每分钟产生酪氨酸 1μg 为 1 个酶活力单位。则 1g 枯草杆菌蛋白酶在 30℃、pH7.5 的条件下所具有的活力单位为

$$酶活力 = (A_样 - A_对) \cdot K \cdot \frac{V}{t} \cdot N$$

式中　$A_样$——样品液光吸收值。

$A_对$——对照液光吸收值。

K——标准曲线上光吸收值为 1 时的酪氨酸的微克数。

t——酶促反应的时间（min），本实验 $t=10$。

V——酶促反应管的总体积（mL），本实验 $V=6$。

N——酶液的稀释倍数，本实验 $N=2\,000$。

实训六　糖化酶的固定化

一、实训目的

1. 熟悉酶的固定化技术和原理。

2. 掌握糖化酶的固定化操作过程。

二、实训原理

在一定 pH 条件下，带正电荷的明胶与海藻酸根阴离子形成聚合物，同

时，海藻酸钠与钙离子在一定条件下结合形成不溶于水的微球，从而使混合于其中的糖化酶被包埋固定化。戊二醛含有两个醛基，可与蛋白质中的氨基、酚基、巯基发生反应，相互交联而使固定化酶硬化，由于带正电荷的明胶与海藻酸根阴离子形成聚合物已将绝大部分游离酶包埋起来，因此这种交联主要发生在明胶与戊二醛之间，使固定化酶的使用时间延长、机械强度增大、稳定性提高。

三、实训器材

1. 仪器设备　磁力搅拌器、pH 计、水浴锅、500mL 烧杯、50mL 注射器、6 号注射器针头、冰箱。

2. 试剂、材料　糖化酶、明胶、海藻酸钠、氯化钙、戊二醛、生理盐水。

四、实训操作

将 15mL 糖化酶液与 40℃ 150mL 3％ 的海藻酸钠溶液混合搅拌，加入 40℃ 150mL 3％ 的明胶溶液混合乳化约 10min，调节 pH 为 4，缓慢搅拌并降温至 5～10℃，用 6 号注射器的针头将上述冷却液从 3cm 的高度注进 1％ 氯化钙溶液中，立即形成光滑的微球，然后保持温度为 4℃，球在氯化钙溶液中被硬化 30min，将球取出置入 30℃ 5％ 的戊二醛溶液中进一步硬化 1h，用生理盐水洗涤后，过滤得固定化糖化酶，贮存在 0～5℃冰箱内备用，同时测定固定化糖化酶的结合效率和回收率。

实训七　无菌操作及愈伤组织诱导技术

一、实训目的

1. 掌握无菌操作技术。

2. 基本掌握植物愈伤组织诱导培养技术和调控条件。

二、实训原理

选择合适的植物材料，经过表面消毒处理，在无菌条件切取未受损伤或污染的组织或器官（外植体），置于固体培养基上，25～28℃黑暗或低光照条件下培养，则在切口处生长出非组织化的无定形细胞团（即愈伤组织）。当愈伤组织生长到一定大小后，转置到新鲜固体培养基中继代培养或转置到液体培养基中悬浮培养。

三、实训器材

（1）外植体材料：烟草无菌苗叶片。

（2）按本教材表 4-2 配制 MS 培养基母液：大量元素配 20×，微量元素和其他成分配制成 200×，母液储存于 2～4℃ 的冰箱中。

（3）设备及工具：超净工作台，不锈钢镊子、剪刀、解剖刀、酒精灯等，75％酒精。

四、实训操作

烟草无菌试管苗培养：将烟草种子用 84 消毒液消毒后，无菌水洗 3 次，无菌吸水纸吸干水分，接种在 MS 培养基上。种子苗具 4～5 叶时继代扩繁 90 盒，保证每学生 1 盒。无菌培养皿每学生 2 套。实验课开始前 30min，将实验用具、培养基及无菌烟草苗同时用 75％酒精擦洗后置于超净工作台，打开超净工作台风机和紫外灯。

1. 在自来水管下将手洗净，然后用 75％酒精将手消毒，再进入超净工作台开始接种操作。

2. 点燃酒精灯，将镊子、解剖刀在酒精灯下烤干。

3. 取一无菌培养皿，然后用解剖刀切取 1～2 片无菌苗叶片，置于无菌培养皿中，并用锋利解剖刀将叶片切成 $2mm^2$ 左右的小片，然后将其接种于准备好的培养基上，一般每瓶接种 4～5 小片。

4. 快速封好瓶口，用记号笔写上姓名和接种日期。

5. 接种后的三角瓶置于 24℃，黑暗条件下培养 1 周，然后在同样温度下有光照和全黑暗下培养直至愈伤组织形成。

注意外植体切割时，动作要快，否则会造成失水而影响生长。为防止操作时失水也可在培养皿中滴几滴无菌水，然后将无菌苗置于其中进行切割。

五、记载内容

培养基凝固状况；实验操作过程；叶片生长状况、接种外植体大小；每瓶接种数、接种总瓶数。

实训八　大蒜细胞大规模培养工艺

一、实训目的

1. 熟悉植物细胞大规模培养工艺。

2. 掌握大蒜细胞培养生产 SOD 技术。

二、实训原理

可以利用从动植物组织中分离提取的超氧化物歧化酶（SOD）制品生产功能性食品，但这样成本很高，经济效益低。大蒜是 SOD 含量较高的天然植物之一，可由它提取出 SOD 来生产功能性食品。利用大蒜细胞培养生产 SOD 具有成本低、实用性强的优点，易实现工业化生产规模。

利用大蒜细胞培养生产富含 SOD 功能性食品的工艺，包括大蒜愈伤组织的诱导形成及培养、大蒜细胞悬浮培养与深层发酵、SOD 浓缩液的提取等过程。

三、实训器材

1. 培养用植物　生长良好的大蒜。

2. 仪器、设备　不锈钢刀、通用式发酵罐、离心机。

3. 培养基和试剂

（1）诱导大蒜愈伤组织的培养基：愈伤组织的诱导培养基以 3‰蔗糖为碳源，添加 0.8‰琼脂，pH 5.8。添加 2mg/kg 的 2,4 -二氯苯氧乙醇（植物细胞生长素）和 0.1mg/kg 的 6 -糠基氨基嘌呤（植物细胞分裂素）对诱导大蒜愈伤组织的形成有明显的促进作用。

（2）大蒜细胞增殖培养的培养基：增殖培养基与诱导培养基相同，只是新添加了 0.02‰的酪蛋白水解物。

四、实训操作

1. 大蒜细胞种质的选择与处理　先将大蒜放在 8℃的低温环境中贮藏 1 个月，以打破其休眠期，取出剥去保护叶后用无菌水冲洗蒜瓣，再在无菌条件下用 70‰乙醇漂洗 15～30s，置于 0.1‰的升汞溶液中消毒 8min，取出经无菌水冲洗三遍，备用。

2. 愈伤组织的诱导　取已消毒的蒜瓣切成 0.5cm×0.3cm×0.2cm 带表皮的蒜块，接种于盛有愈伤组织诱导培养基的三角瓶中，培养温度 25℃，光照度 600lx，每天循环光照 12h，过 20d 左右移植于盛有愈伤组织增殖培养基的三角瓶中，在相同条件下培养 20d。如此重复移植培养 4～5 次。

SOD 的产率不仅取决于细胞内 SOD 的含量，还取决于大蒜细胞的数量。为了提高 SOD 的产率，必须同时提高细胞得率和 SOD 含有率，故需进行大规模的液体悬浮培养和深层发酵。

3. 大蒜细胞悬浮培养　将处于对数生长期（约培养 15d）的大蒜愈伤组织，接种于悬浮培养基中进行液体培养。培养温度为 25～30℃，pH 在 5～6，以 28℃、pH5.8 为好。经过 7d 的培养后，单细胞和部分小细胞团从结构松散的愈伤组织上脱落下来，由此获得的单细胞作为悬浮培养种子进行液体悬浮扩大培养或深层发酵。

4. 大蒜细胞扩大培养　最初的大蒜细胞形态大小不一，经 3～4 次移种培养后，细胞趋于整齐一致，以圆形或椭圆形为主，可以此为种子液进行深层发酵扩大培养。

在大蒜细胞的液体扩大培养中，碳源的选择是很重要的，可选用的碳源包括蔗糖、葡萄糖、果糖、半乳糖、蜂蜜、乳糖、淀粉水解物等，其中以蔗糖和葡萄糖的效果较好。糖类既是碳源又是培养液的渗透压调节剂，其浓度的变化会影响到细胞的生长和代谢物的产生。因此糖类的浓度有个适宜范围，如蔗糖的范围为 1.5%～4.5%（最佳值为 3%）。小于 1.5%，则因碳源不足，对数期较短；大于 4.5%，则会抑制细胞的生长。

氮源对植物细胞的生长和代谢物的积累起关键作用，常见的有 NO_3^-（如 KNO_3）和 NH_4^+（如 NH_4NO_3）两种。对大蒜细胞培养来说，NH_4NO_3 能刺激细胞的生长但不利于 SOD 的积累，KNO_3 能刺激 SOD 的积累但会抑制细胞的生长。两者的合理配合，如 0.17% KNO_3 溶液和 0.2% 的 NH_4NO_3 溶液对细胞生长和 SOD 积累均有满意的结果。

5. 大蒜细胞的收获　大蒜细胞深层发酵结束后，经离心机处理，去除上清液，收集沉积的细胞，用水冲洗数次，然后加入 2～3 倍体积的 K_3PO_4 缓冲溶液（50mmol/L，pH7.8）研磨或破壁匀浆，再次离心处理取上清液，经超滤浓缩后即得 SOD 浓缩液。可以此浓缩液为主剂，配合些甜味剂、酸味剂、食用香精等，调制成富含 SOD 的功能性饮料。

实训九　红曲液体菌种的扩大培养

一、实训目的

熟悉红曲液体菌种的扩大培养方法

二、实训原理

红曲霉在一定的营养及适宜外部条件下，会大量生长，生成大量的菌丝体，为大规模红曲霉培养提供菌种。液体摇瓶培养法制备的种曲快速方便，作为种子与固体培养的接触比较均匀。

三、实训器材

红曲斜面菌种、三角瓶、恒温培养箱、超净工作台、高压蒸汽灭菌锅。

四、实训操作

1. 豆芽培养基的配制：豆芽 200g，加水 1 000mL，煮沸 10min 后过滤，滤液中加 2% 葡萄糖。

2. 在 500mL 三角瓶中装豆芽汁培养基 100mL，用 8 层纱布封口，加牛皮纸包扎，在 0.08MPa 条件下灭菌 30min。

3. 灭菌结束后，冷却。在无菌条件下，每瓶豆芽汁中接入 1/2 支红曲斜面菌种。

4. 接种结束后，在 30℃恒温摇床中 180r/min 摇瓶培养 3～5d，至培养液变为深红色即可。

5. 在 4℃冰箱保存备用。

［注意事项］

1. 注意无菌操作。

2. 注意温度控制，温度不能超过 30℃，否则会影响种子质量。

3. 三角瓶中液体培养基的量不能太多，否则摇瓶摇晃时料液容易晃出，而且会造成液体中溶解氧含量不足；另外摇床转速不能太慢，否则菌丝体会结成大球。摇床转速快，结成的球数量多，体积小，有利于接种时分布均匀。

实训十　甜酒酿发酵

一、实训目的

1. 了解淀粉在糖化菌和酵母菌作用下制成甜酒酿的过程。

2. 掌握甜酒酿的制作方法。

二、实训原理

甜酒酿是以糯米为主要原料，通过微生物的发酵过程酿制而成的。由于酵母不能直接利用淀粉，因此必须先用糖化菌如根霉、毛霉等把淀粉分解成单糖或双糖。甜酒酿即是在糖化菌和酵母菌共同作用下酿制而成的。

三、实训器材

糯米、市售甜酒药、电饭锅、淘米箩、高压灭菌锅、一次性塑料碗、保鲜膜、恒温培养箱。

四、实训操作

1. 浸米　将糯米在清水中浸泡 12～24h（冬天长些，夏天短些），以使淀粉吸水膨胀，有利于蒸煮糊化。

2. 洗米　将浸好的米用自来水冲洗干净，并沥干。

3. 蒸饭　将沥干水的米在电饭锅的蒸架（衬干净纱布）上蒸，圆汽后再蒸 30min。要求达到熟而不黏，透而不烂，疏松易散，均匀一致。

4. 淋饭　用冷开水淋洗糯米饭，以达到降温增水的目的，并使熟饭表面光滑，易于拌入酒药。淋饭时，要边拌边淋，使米饭快速降温至 35℃左右，避免因缓慢冷却导致微生物污染。

5. 拌酒药　将冷却至 35℃左右的米饭，按量拌酒药，不同的组可用不同接种量（0.5%～3.0%）进行对比试验。

6. 搭窝　将拌好酒药的米饭装入一次性塑料碗中，搭成喇叭形凹窝（中间低，四周高），表面再洒上少许酒药，杯口盖上保鲜膜。

7. 保温培养　在 25℃恒温培养箱中培养 36～40h，待喇叭形凹窝内有许多液体渗出，即可食用，此时酒酿酸甜可口，酒味淡薄。若要品尝酒香浓郁的酒酿，可适当延长发酵时间。

[注意事项]

1. 尽可能无菌操作。

2. 酿制糯米甜酒时糯米一定要蒸熟，不能太硬或夹生；米饭一定要凉透至35℃以下才能拌酒曲，否则会影响正常发酵。

实训十一　啤酒发酵

一、实训目的

1. 了解啤酒发酵的过程。

2. 掌握酵母发酵的规律。

二、实训原理

啤酒发酵是将酵母接种至盛有麦汁的容器中，在一定温度下培养的过程。由于酵母是一种兼性厌氧微生物，先利用麦汁中的溶解氧进行繁殖，然后进行厌氧发酵生成酒精。在发酵过程中，随着培养基中糖的消耗，CO_2 和酒精的产生，相对密度不断下降，总酸不断升高，酒精含量不断增加。在发酵进程中可以用糖度来监视。

啤酒发酵采用低温发酵工艺。传统的啤酒发酵分为主发酵和后发酵，主发酵又分为酵母增殖期、起泡期、高泡期、落泡期和泡盖形成期。现代啤酒发酵采用单罐一次性发酵，主发酵和后发酵体现不很明显。

三、实训器材

麦芽汁、酵母泥（或啤酒专用干酵母）、带冷却装置的发酵罐、糖度计、温度计。

四、实训操作

1. 对发酵容器及发酵器具进行全面彻底地清洗、消毒、灭菌。

2. 调整麦芽汁浓度，使其浓度为10°P。

3. 将冷却至8℃的麦芽汁送入发酵罐，接入酵母泥或活化后的干酵母，使酵母数达到 $1.5 \times 10^7 \sim 2.0 \times 10^7$ 个/mL，然后充分充氧。保持罐压为0.01MPa，避免染菌。

4. 大约20h后，溶解氧被消耗，进入主发酵期。此时注意控制温度，使之保持在10℃左右。

5. 当主发酵进行至2～3d后，糖度下降至 3.8～4.0°P 时，封罐，升温，使温度达到12℃左右，压力逐渐升至0.08MPa。

6. 在 12℃保持 45d 左右，开始降温，注意控制降温速度，开始可以快些，之后逐渐放慢降温速度，在 5～7℃时排出罐底部的废酵母泥。

7. 继续降温，降至 0℃左右，压力保持在 0.04MPa 以上，保持此温度2～3d，发酵结束。

8. 发酵测定项目，接种后取样作为第一次测定，以后每过 12h 测一次，直到发酵结束。全部数据叠画在一张坐标纸上，纵坐标为测定项目，横坐标为发酵时间。共测定以下项目：①糖度；②细胞浓度、出芽率、染色率；③酸度；④α-氨基氮；⑤还原糖；⑥酒精度；⑦pH；⑧色度；⑨浸出物浓度；⑩双乙酰含量。

9. 画出发酵周期中上述各个指标的变化曲线，并解释它们的变化，记下操作体会与注意点。

[注意事项]

除少数测定项目外，应将发酵液排气，再经过滤后，滤液用于分析。分析工作应尽快完成。

实训十二　氨基酸纤维素薄层层析

一、实训目的

1. 熟悉纤维素薄层层析的操作方法。

2. 掌握分配层析的原理。

二、实训原理

以纤维素作为支持物，把它均匀地涂布在玻璃板上成一薄层，然后在此薄层上进行层析即为纤维素薄层层析。纤维素是一种惰性支持物，它与水有较强的亲和力，而与有机溶剂亲和力较弱。层析时吸着在纤维素上的水是固定相，而展层溶剂是流动相。当欲被分离的各种物质在固定相和流动相中的分配系数不同时，它们就能被分离开。

三、实训器材

1. 实验材料　绿豆芽或萌发小麦种子

2. 仪器　烧杯 50mL×1、玻璃板 5cm×20cm×1、层析缸、毛细管、喷雾器、研钵。

3. 试剂

(1) 标准氨基酸溶液：丝氨酸、色氨酸、亮氨酸，分别以 0.01mol/L 盐酸配成 4mg/mL 的溶液。

(2) 纤维素粉（层析用）或微晶型纤维素（层析用）、羧甲基纤维素钠

（CMC）。

  （3）层析溶剂系统：正丁醇∶冰醋酸∶水＝4∶1∶1（V/V）。

  （4）显色剂：0.1％茚三酮-丙酮溶液。

四、实训操作

  1. 氨基酸的提取 取已萌发好的小麦种子2g（或绿豆芽下胚轴2g），放入研钵中，加95％乙醇4mL及少量的石英砂，研成匀浆后，倒入离心管中，3 000r/min离心15min，上清液即为氨基酸提取液，用滴管小心吸入点样瓶中备用。

  2. 制板 取少量羧甲基纤维素钠（约12mg），置研钵中充分研磨，再称取纤维素粉3g于研钵中研磨，再加入14mL水研磨匀浆，把纤维素匀浆倒在洗净烘干的玻璃板上，轻轻震动，使纤维素均匀分布在玻璃板上，水平放置风干，用前放入100～110℃烘箱中活化30min。

  此处羧甲基纤维素钠是起黏合剂作用，它使纤维素粉能较牢固地黏附于玻璃板上，加入量过多会破坏纤维素薄层的毛细作用而使层析速度延缓，加的量过少则黏合不牢固，因此需要注意加量控制。

  3. 点样 用刀片将薄层板上薄层的左右各边刮削掉0.5cm，以防止"边缘效应"。在纤维素薄板上距一端15mm处，用铅笔轻轻画出点样记号。样点之间距离1.3cm。用毛细管吸取样品，在记号处点样，样品斑点直径控制在2mm左右。

  4. 展层 将薄板有样品的一端浸入已存放展层溶剂的层析缸中，层析溶剂液面不能高于样品线。待展层溶剂走到距薄板顶端0.5～1cm时取出此薄板（1～2h），用铅笔在前沿处做一记号后用电吹风吹干。

  5. 显色 将茚三酮显色剂喷雾在板上，用热吹风吹数分钟，（或置于70～80℃烘箱中烘干）即可观察到紫红色的氨基酸斑点，脯氨酸例外，为黄色斑点。用铅笔圈出氨基酸斑点，量出溶剂前沿的距离及各斑点中心与起点之间的距离，并计算各氨基酸的R_f值。R_f值为迁移率（rate of flow，R_f），在恒定条件下，每种氨基酸有其一定的R_f值。R_f值表示为

$$R_f = \frac{原点到层析点中心的距离}{原点到溶剂前沿的距离}$$

  根据已知标准氨基酸的R_f值，与小麦（或绿豆芽）提取液中氨基酸的R_f值比较，确定提取液中含有哪几种氨基酸。

  [注意事项]

  1. 在操作过程中，手必须洗净，只能接触薄板上层边角；不能对着薄板说话，以防唾液掉在板上。

2. 配制展层剂时，要用纯溶剂，应现用现配，以免放置过久其成分发生变化（酯化）。

实训十三　蛋白质的盐析与透析

一、实训目的

1. 了解蛋白质的盐析与透析的原理。

2. 掌握蛋白质的盐析与透析的操作技术。

二、实训原理

血清中的蛋白质，用盐析的方法，可以分离出清蛋白、α、β 和 γ - 球蛋白。另选择适宜孔径的半透膜，使蛋白质分子被截留，小分子的中性盐透出而达分离的目的。但透析时正负离子透过半透膜的速度不同，如硫酸铵中的 NH_4^+ 的透出较快，膜内 SO_4^{2-} 剩余而生成 H_2SO_4，其酸度足以使蛋白质变性，因此，除盐时开始应对 0.14mol/L 的 NH_4OH 透析。本实验分别用双缩脲试剂和 Nessler 试剂检验蛋白质和 NH_4^+ 的存在。

三、实训器材

1. 仪器材料　离心管、试管及试管架、2mL 刻度吸管、玻璃棒、小烧杯、透析袋、离心机。

2. 试剂药品

（1）饱和硫酸铵溶液、硫酸铵粉末。

（2）双缩脲试剂：称取 $CuSO_4 \cdot 5H_2O$ 2.5g，加蒸馏水少许，微热溶解后稀释至 100mL。另取酒石酸钾钠（$NaKC_4H_4O_6 \cdot H_2O$）10g 和 KI 5g，溶于 500mL 蒸馏水中，再加入 20％氢氧化钠 300mL，混匀后，慢慢加入硫酸铜溶液中，加蒸馏水至 1 000mL。此液可长期储存。

（3）Nessler 试剂：称取 150g 碘化钾置于三角烧瓶中，加蒸馏水 100mL 使之溶解，再加入 110g 碘，待完全溶解后加 140～150g 汞，用力振摇 10min 左右，此时产生高热，须将三角烧瓶放入水中继续摇动，直至棕红色的碘转变成带绿色的碘化汞钾为止。将上清液倾入 2 000mL 容量瓶中，并用蒸馏水洗涤瓶内的沉淀数次，将洗涤液一并倒入容量瓶内，用蒸馏水稀释至刻度，此为储存液，储于棕色瓶中备用。

取储存液 150mL，加 10％氢氧化钠 700mL，混匀后加蒸馏水 150mL，混匀，此为应用液，储于棕色瓶中，如浑浊可过滤或静置数天后取上清液使用。本试剂需有适宜的 pH，调节至用 1mol/L 盐酸 20mL 滴定时，需本试剂 11.0～11.5mL 时为宜。

（4）血清样本。

四、实训操作

1. 取 2mL 血清加入离心管中，再加入 2mL 饱和硫酸铵溶液，用玻璃棒搅匀，静置 5～10min 后，用 2 000r/min 离心 5min，将上清液移至另一离心管中，分次加入少量硫酸铵粉末，并用玻璃棒搅拌至有少量硫酸铵不再溶解为止，静置 5～10min 后，同上离心，得沉淀和上清液。

2. 取在蒸馏水中煮沸约 1h 的 15mm×60mm 透析袋一条，一端打结后检查是否漏水，不漏则将水倒掉，加入用 3mL 蒸馏水溶解的第二次沉淀液，挂于盛有蒸馏水的小烧杯中，使袋内外的液面处于同一水平，透析约 30min，每隔 10min 更换一次透析液。

3. 检查：取 6 支试管，按表实-5 操作。

表实-5　检查操作表

单位：滴

试　剂	管　号					
	1	2	3	4	5	6
袋内液	10	10	—	—	—	—
透析液	—	—	10	10	—	—
蒸馏水	—	—	—	—	10	—
饱和硫酸铵	—	—	—	—	—	10
双缩脲试剂	10	—	10	—	—	10
Nessler 试剂	—	10	—	10	10	—

混匀后观察并记录结果。

实训十四　从茶叶中萃取咖啡因

一、实训目的

1. 熟悉液-固萃取的基本原理。

2. 掌握液-固萃取的基本操作技术。

二、实训原理

从固体混合物中萃取所需要的物质，是利用固体物质在溶剂中的溶解度不同而达到分离、提取的目的。通常采用浸出法和加热提取法，浸出法是选用合适的溶剂对固体混合物进行长时间的浸渍，能溶解的物质便可以与难溶的物质借过滤或倾析法加以分离。但此方法耗时间，浪费溶剂且效率不高。

实验室大多采用加热提取法。一种是用普通回流装置提取，另一种是用索氏提取器（脂肪提取器）来提取，当溶剂被加热至沸腾时，溶剂的蒸气上升至冷凝管，被冷却后不断变成液体回流到脂肪提取器中，待液体达到一定高度时，通过虹吸原理使萃取液到达蒸馏烧瓶中，从而避免了有机溶剂因挥发而损失，且固体物质每一次均为纯溶剂所萃取，效率高。

本实验用脂肪提取器从茶叶中提取咖啡因。在液-固萃取前，应先将固体物质研细，在烧瓶或脂肪提取器中连续萃取，然后用减压蒸馏或普通蒸馏法回收有机溶剂，再经浓缩、过滤等操作，即可得到粗咖啡因。由于粗咖啡因尚含有其他生物碱和杂质，还可以用升华的方法进一步提纯。

三、实训器材

1. **仪器材料** 脂肪提取器（索氏提取器）、圆底烧瓶（100mL）、直形冷凝管、酒精灯、蒸发皿、漏斗、尾接管、结晶铲、布氏漏斗、滤纸、压力计、坩埚钳、油泵。

2. **试剂药品** 95％乙醇、生石灰、茶叶末。

四、实训操作

1. **加热提取** 称取茶叶末 5g，用滤纸包好放入脂肪提取器中。在烧瓶中加入 50mL 95％乙醇。在酒精灯上加热，连续提取 30min 后，待冷凝液刚刚虹吸下去时，立即停止加热。

2. **浓缩提取液** 将提取液倒出，用普通蒸馏装置回收大部分乙醇，将提取液浓缩到 4～5mL 为止。

3. **焙炒** 把浓缩得到的提取液倒入蒸发皿，拌入 2～3g 生石灰，在酒精灯上蒸干。最后将蒸发皿移至石棉网上小心焙炒片刻，使水分全部除去，立即停止加热。冷却后将沾在蒸发皿边上的粉末用滤纸擦去，以免升华时污染产物。

4. **升华** 把穿有许多小孔的滤纸盖在蒸发皿上，再用直径和蒸发皿相近的漏斗罩上，在其颈口上塞上一点疏松棉花。用石棉网小火加热升华，一直加热到纸孔上出现的白色针状结晶物不再增长时，停止加热。待冷却至室温后，揭开漏斗和滤纸，仔细地把附在纸上及器皿周围的咖啡因刮入表面皿中，再转入到收集瓶中。

实训十五 生化需氧量（BOD）的测定

一、实训目的

1. 学会 BOD 水样的采集方法。

2. 掌握 BOD 的测定技术。

二、实验原理

分别测定水样培养前的溶解氧含量和在 20±1℃培养 5d 后的溶解氧含量，

两者之差即为五 d 生化过程所消耗的氧量（BOD_5）。

对于某些地表水及大多数工业废水、生活污水，因含较多的有机物需要稀释后再培养测定，以降低其浓度，保证降解过程在有足够溶解氧的条件下进行。其具体水样稀释倍数可借助于高锰酸盐指数或化学耗氧量（COD）推算。

对于不含或少含微生物的工业废水，在测定 BOD_5 时应进行接种，以引入能分解废水中有机物的微生物。当废水中存在难于被一般生活污水中的微生物以正常速度降解的有机物或含有剧毒物质时，应接种经过驯化的微生物。

三、实训器材

1. 仪器

（1）恒温培养箱。

（2）1 000～2 000mL 量筒。

（3）玻璃搅棒：棒长应比所用量筒高度长 20cm，在棒的底端固定一个直径比量筒直径略小，并带有几个小孔的硬橡胶板。

（4）溶解氧瓶：200～300mL，带有磨口玻塞，并具有供水封闭的钟形口。

（5）5～20L 细口玻璃瓶。

（6）虹吸管：供分取水样和稀释水用。

2. 试剂

（1）磷酸盐缓冲溶液：将 8.5g 磷酸二氢钾（KH_2PO_4）、21.75g 磷酸氢二钾（K_2HPO_4）、33.4g 磷酸氢二钠（$Na_2HPO_4 \cdot 7H_2O$）和 1.7g 氯化铵（NH_4Cl）溶于水中，稀释至 1 000mL。此溶液的 pH 应为 7.2。

（2）硫酸镁溶液：将 22.5g 硫酸镁（$MgSO_4 \cdot 7H_2O$）溶于水中，稀释至 1 000mL。

（3）氯化钙溶液：将 27.5g 无水氯化钙溶于水，稀释至 1 000mL。

（4）氯化铁溶液：将 0.25g 氯化铁（$FeCl_3 \cdot 6H_2O$）溶于水，稀释至 1 000mL。

（5）0.5mol/L 盐酸溶液：将 40mL 盐酸溶于水，稀释至 1 000mL。

（6）0.5mol/L 氢氧化钠溶液：将 20g 氢氧化钠溶于水，稀释至 1 000mL。

（7）c（$1/2Na_2SO_3$）＝0.025mol/L 亚硫酸钠溶液：将 1.575g 亚硫酸钠溶于水，稀释至 1 000mL。此溶液不稳定，需当天配制。

（8）葡萄糖-谷氨酸标准溶液：将葡萄糖和谷氨酸在 103℃干燥 1h 后，各称取 150mg 溶于水中，移入 1 000mL 容量瓶内，定容并混合均匀。此标准溶液临用前配制。

（9）稀释水：在 5～20L 玻璃瓶内装入一定量的水，控制水温在 20℃左右。然后用无油空气压缩机或薄膜泵，将此水曝气 2～8h，使水中的溶解氧接近于饱和，也可以鼓入适量纯氧。瓶口盖以两层经洗涤晾干的纱布，置于20℃培养箱中放置数小时，使水中溶解氧含量达 8mg/L 左右。临用前于每升水中加入氯化钙溶液、氯化铁溶液、硫酸镁溶液、磷酸盐缓冲溶液各 1mL，并混合均匀。稀释水的 pH 应为 7.2，BOD_5 其应小于 0.2mg/L。

(10) 接种液：可选以下任一种，以获得适用的接种液。

城市污水：一般采用生活污水，在室温下放置一昼夜，取上清液使用。

表层土壤浸出液：取 100g 花园土壤或植物生长土壤，加入 1L 水，混合并静置 10min，取上清液使用。

其他：含城市污水的河水或湖水、污水处理厂的出水。

当分析含有难于降解物质的污水时，在排污口下游 3～8m 处取水样作为污水的驯化接种液。如无此种水源，可取中和或经适当稀释后的污水进行连续曝气，每天加入少量该种污水，同时加入适量表层土壤或生活污水，使能适应该种污水的微生物大量繁殖。当水中出现大量絮状物，或检查其化学耗氧量的降低值出现突变时，表明适用的微生物已进行繁殖，可用做接种液。一般驯化过程需要 3～8d。

(11) 接种稀释水：取适量接种液，加入稀释水中，混匀。每升稀释水中接种液加入量：生活污水为 1～10mL，表层土壤浸出液为 20～30mL，河水、湖水为 10～100mL。

接种稀释水的 pH 应为 7.2，BOD_5 值在 0.3～1.0mg/L 范围内为宜。接种稀释水配制后应立即使用。

四、实训操作

1. 采样　采取具有代表性的水样。

2. 水样的预处理

(1) 水样的 pH 若超出 6.5～7.5 的范围时，可用盐酸或氢氧化钠溶液调节至 7，但用量不要超过水样体积的 0.5%。

(2) 水样中含有铜、铅、镉、铬、砷、氰等有毒物质时，可使用经驯化的微生物接种液的稀释水进行稀释，或增大稀释倍数，以减少有毒物质的浓度。

(3) 含有少量游离氯的水样，一般放置 1～2h 游离氯即可消失。对于游离氯在短时间内不能消散的水样，可加入亚硫酸钠溶液，以除去之。

(4) 从水温较低的水域中采集的水样，可遇到含有过饱和溶解氧，此时应将水迅速升温至 20℃ 左右，充分振摇，以赶出过饱和的溶解氧；从水温较高的水域或污水排放口取得的水样，则应迅速使其冷却至 20℃ 左右，并充分振摇，使其与空气中氧分压接近平衡。

3. 水样稀释倍数的确定　工业废水的稀释倍数可由重铬酸钾法测得的

COD 值来确定。通常需做三个稀释比，即使用稀释水时，由 COD 值分别乘以系数 0.075、0.15、0.225，即得到三个稀释倍数；使用接种稀释水时，则分别乘以 0.075、0.15、0.25，获得三个稀释倍数。

稀释倍数确定后可按下列方法之一测定水样。

(1) 一般稀释法：按照选定的稀释比例，用虹吸法沿筒壁先引入部分稀释水（或接种稀释水）于 1 000mL 量筒中，加入需要量的均匀水样，再引入稀释水（或接种稀释水）至 800mL，用带胶板的玻璃棒小心上下搅匀。搅拌时勿使搅棒的胶板露出水面，防止产生气泡。

以虹吸法将约 20℃ 的稀释水样转移至两个溶解氧瓶内，转移过程中应注意不使其产生气泡。以同样的操作使两个溶解氧瓶充满水样，加塞水封。装瓶后立即测定其中一瓶溶解氧，将另一瓶放入培养箱中，在 20±1℃ 培养 5d 后，测定其溶解氧。另取两个溶解氧瓶，用虹吸法装满稀释水（或接种稀释水）作为空白，分别测定 5d 前后的溶解氧含量。

(2) 直接稀释法：直接稀释法是在溶解氧瓶内直接稀释。在已知两个容积相同（其差小于 1mL）的溶解氧瓶中，用虹吸法加入部分稀释水（或接种稀释水），再加入根据瓶容积和稀释比例计算出的水样量，然后引入稀释水（或接种稀释水）至刚好充满，加塞，勿留气泡于瓶内。其余操作与一般稀释法相同。

在 BOD$_5$ 测定中，一般采用叠氮化钠改良法测定溶解氧。如遇干扰物质，应根据具体情况采取其他测定法。

[注意事项]

1. 测定一般水样的 BOD$_5$ 时，硝化作用很不明显或根本不发生。但对于生物处理池出水，则含有大量的硝化细菌。因此，在测定 BOD$_5$ 时也包括了部分含氮化合物的需氧量。对于这种水样，如只需测定有机物的需氧量，应加入硝化抑制剂，如丙烯基、硫脲（ATU、$C_4H_8N_2S$）等。

2. 在两个或三个稀释比的样品中，凡消耗溶解氧大于 2mg/L 和剩余溶解氧大于 1mg/L 都有效，计算结果时，应取平均值。

3. 为检查稀释水和接种液的质量及化验人员的操作技术，可将 20mL 葡萄糖-谷氨酸标准溶液用接种稀释水稀释至 1 000mL，测其 BOD$_5$，其结果应在 180～230mg/L 之间。否则，应检查接种液、稀释水或操作技术是否存在问题。

数据处理：

$$BOD_5 \ (mg/L) = \frac{(c_1 - c_2) - (b_1 - b_2) \ f_1}{f_2}$$

式中 c_1——水样在培养前的溶解氧浓度（mg/L）；

c_2——水样经 5d 培养后剩余溶解氧浓度（mg/L）；

b_1——稀释水（或接种稀释水）在培养前的溶解氧浓度（mg/L）；

b_2——稀释水（或接种稀释水）在培养后的溶解氧浓度（mg/L）；

f_1——稀释水（或接种稀释水）在培养液中所占的比例；

f_2——水样在培养液中所占比例。

主 要 参 考 文 献

[1] 王岁楼. 食品生物技术. 北京：海洋出版社，1998

[2] 彭志英. 食品生物技术. 北京：中国轻工业出版社，1999

[3] 陆兆新. 现代食品生物技术. 北京：中国农业出版社，2002

[4] 罗云波. 食品生物技术导论. 北京：中国农业大学出版社，2002

[5] 刘冬. 食品生物技术. 北京：中国轻工业出版社，2003

[6] 邬敏辰. 食品工业生物技术. 北京：化学工业出版社，2005

[7] 张柏林，杜为民，郑彩霞等. 生物技术与食品加工. 北京：化学工业出版社，2005

[8] ［英］J.E. 史密斯. 著. 郑平，胡宝兰译. 生物技术概论. 第四版. 北京：科学出版社，2006

[9] 吴乃虎. 基因工程原理（上）. 第2版. 北京：科学出版社. 1998

[10] 宋思扬，楼士林. 生物技术概论. 北京：科学出版社，1999

[11] 岑沛霖. 生物工程导论. 北京：化学工业出版社，2003

[12] 陈宏. 基因工程原理与应用. 北京：中国农业出版社. 2003

[13] 马贵民，徐光龙. 生物技术导论. 北京：中国环境科学出版社，2006

[14] 孙俊良. 发酵工艺. 北京：中国农业出版社，2002

[15] 李弘. 环境监测技术. 北京：化学工业出版社，2002

[16] 石保金. 食品生物化学. 北京：中国轻工业出版社，2004

[17] 罗立新. 细胞融合技术与应用. 北京：化学工业出版社，2004

[18] 王蒂. 细胞工程学. 北京：中国农业出版社，2003

[19] 郑建仙. 功能性食品生物技术. 北京：中国轻工业出版社，2004

[20] 余龙江. 发酵工程原理与技术应用. 北京：化学工业出版社，2006

[21] 梁世中. 生物工程设备. 北京：中国轻工业出版社，2006

[22] 贺小贤. 生物工艺原理. 北京：化学工业出版社，2003

[23] 熊宗贵. 发酵工艺原理. 北京：中国医药科技出版社，1995

[24] 毛忠贵. 生物工业下游技术. 北京：中国轻工业出版社，1999

[25] 严希康. 生化分离工程. 北京：化学工业出版社，2001

[26] 王重庆. 分子免疫学基础. 北京：北京大学出版社，1997

[27] 刘谦，朱鑫泉. 生物安全. 北京：科学出版社，2001

[28] 王德平，王丽伟. 我国转基因植物研究与产业化现状及发展对策. 农业科技管理. 2004（5）：7～10

[29] 许曼力. 生物技术在食品工业发展中的应用. 江苏食品与发酵. 2005（4）：13～16

[30] 冯婷，何聪芬. 生物技术在食品工业中的应用. 生物技术通报. 2004（3）：36～39

[31] 袁仲．现代生物技术在食品工业中的应用．农产品加工．2005（6）：64～66
[32] 贾士荣．转基因植物食品中标记基因的安全性评价．中国农业科学．1997（2）：1～15
[33] 贾士荣．转基因作物的安全性争论及对策．生物技术通报．1999（6）：1～7
[34] C. A. MacCormick，H. G. Griffin，et al. Common DNA sequences with potential for detection of genetically manipulated organisms in food. Journal of Applied Microbiology. 1998（84）：969～980

郑 重 声 明

中国农业出版社依法对本书享有专有出版权。任何未经许可的复制、销售行为均违反《中华人民共和国著作权法》，其行为人将承担相应的民事责任和行政责任，构成犯罪的，将被依法追究刑事责任。为了维护市场秩序，保护读者的合法权益，避免读者误用盗版书造成不良后果，我社将配合行政执法部门和司法机关对违法犯罪的单位和个人给予严厉打击。社会各界人士如发现上述侵权行为，希望及时举报，本社将奖励举报有功人员。

反盗版举报电话：（010）65005894，64194974，64194971

传　　真：（010）65005926

E－mail：wlxyaya@sohu.com

通信地址：北京市朝阳区农展馆北路 2 号中国农业出版社教材出版中心

邮　　编：100026

购书请拨打电话：（010）64194972，64195117，64195127

数码防伪说明：

本图书采用出版物数码防伪系统，用户购书后刮开封底防伪密码涂层，将 16 位防伪密码发送短信至 95881280，免费查询所购图书真伪，同时您将有机会参加鼓励使用正版图书的抽奖活动，赢取各类奖项，详情请查询中国扫黄打非网（http://www.shdf.gov.cn）。

短信反盗版举报：编辑短信"JB，图书名称，出版社，购买地点"发送至 9588128

短信防伪客服电话：（010）58582300/58582301

图书在版编目（CIP）数据

食品生物技术导论/刘远主编 . 一北京：中国农业出版
社，2007.8
21 世纪农业部高职高专规划教材
ISBN 978 - 7 - 109 - 11934 - 5

Ⅰ . 食…　Ⅱ . 刘…　Ⅲ . 生物技术－应用－食品工业－高
等学校：技术学校－教材　Ⅳ . TS201.2

中国版本图书馆 CIP 数据核字（2007）第 122772 号

中国农业出版社出版
（北京市朝阳区农展馆北路 2 号）
（邮政编码 100026）
责任编辑　郭元建　江玉霞

北京中兴印刷有限公司印刷　新华书店北京发行所发行
2007 年 8 月第 1 版　2007 年 8 月北京第 1 次印刷

开本：720mm×960mm 1/16　印张：17
字数：300 千字
定价：23.50 元
（凡本版图书出现印刷、装订错误，请向出版社发行部调换）